流域水电智慧调度

——大渡河探索与实践

李攀光　贺玉彬　陈仕军　　
罗　玮　陈　媛　李　佳　著

科学出版社
北　京

内 容 简 介

本书是对国家能源投资集团有限责任公司大渡河流域水电开发有限公司在流域水电智慧调度探索与实践中取得成果与经验的提炼总结，分为实时感知、精准预测、智能调控3篇，共9章。主要内容包括数据采集、数据传输、数据处理、气象预报、洪水预报、中长期径流预报、梯级联合优化调度、负荷实时调控及闸门智能控制，涵盖了流域水电智慧调度的主要环节。本书所述理论紧密联系生产实际，结合各项研究成果在大渡河流域的成功应用，从技术层面与实践层面进行详细阐述。

本书可供能源、电力、水利等部门的管理和技术人员阅读参考，也可作为高等院校和研究机构的能源、电力、水文水资源、自动化等相关专业的研究生教学参考书。

图书在版编目(CIP)数据

流域水电智慧调度:大渡河探索与实践 / 李攀光等著.—北京：科学出版社, 2019.12

ISBN 978-7-03-063625-6

Ⅰ.①流…　Ⅱ.①李…　Ⅲ.①大渡河–梯级水电站–水库调度–研究　Ⅳ.①TV74

中国版本图书馆 CIP 数据核字（2019）第 273950 号

责任编辑：莫永国　刘莉莉 / 责任校对：彭　映
责任印制：罗　科 / 封面设计：墨创文化

科学出版社出版
北京东黄城根北街16号
邮政编码：100717
http://www.sciencep.com

四川煤田地质制图印刷厂印刷
科学出版社发行　各地新华书店经销

*

2019年12月第　一　版　开本：787×1092　1/16
2019年12月第一次印刷　印张：13 3/4
字数：320 000

定价：120.00 元

（如有印装质量问题，我社负责调换）

本书著者简介

李攀光　高级工程师，国家能源投资集团有限责任公司大渡河流域水电开发有限公司副总经理、智慧企业研究发展中心副主任、生产指挥中心主任。长期从事水电生产管理，先后参与、主持了龚嘴、铜街子水电站增容改造、“无人值班(少人值守)、远方集控”和大渡河流域梯级水电站群智慧调度建设工作。曾获省部级科技成果奖励6项，参与电力行业多项标准编写和审查。

贺玉彬　高级工程师，国家能源投资集团有限责任公司大渡河流域水电开发有限公司生产指挥中心党委书记、副主任。长期从事信息化、梯级调度、智慧企业建设工作。先后参与、负责了大渡河大数据中心、大渡河流域梯级水电站群集中控制和智慧调度建设工作。曾获省部级科技成果奖励10余项，中文核心期刊发表论文10余篇。

陈仕军　工学博士，管理科学与工程博士后，四川大学水利水电学院助理研究员。主要从事流域水电智能运行管理、清洁能源互补消纳、电力市场研究，先后主持或参与完成了国际合作、国家、省部及企事业单位重点科研生产项目多项，获省部级科技成果奖4项，授权专利、软件著作权等知识产权多项，在国内外高水平学术刊物上发表论文20余篇，其中SCI/EI收录多篇。

罗　玮　工程师，研究生，四川大汇大数据服务有限公司副总经理。长期从事流域优化调度工作，先后参与大渡河流域梯级水电站智慧调控关键技术研究、流域高精度水情气象预报技术研究等科研项目10余项。获得7项省部级科技奖励，授权专利、软件著作权等知识产权5项，在国内外高水平学术刊物上发表论文10余篇，其中SCI/EI收录2篇。

陈　媛　工程师，研究生，四川大汇大数据服务有限公司数据三部主任助理兼高级数据分析师。长期从事水文预报、水电经济运行管理，主要负责大渡河流域水情气象预报系统开发，先后参与了WRF模式下的高精度流域数值天气预报模型研发、新安江等物理模型调优、实时洪水概率预报技术研究等工作。

李　佳　高级工程师，研究生，国家能源投资集团有限责任公司大渡河流域水电开发有限公司生产指挥中心经济运行处副处长。长期在生产一线部门从事梯级水电站联合优化调度、经济运行技术研究、创新及管理工作，先后参与并高效完成了大渡河下游梯级水电站群变尺度预报调控一体化技术研究及实施、复杂环境下水电经济运行及评价体系研究与应用等多项重点科研生产项目。

本书在编写过程中得到了四川大学马光文教授、成都信息工程大学陈权亮教授的亲切指导，应用了谷歌地球(Google Earth)等软件。同时钟青祥、陈在妮、刘金全、王璞、张珍、朱阳、曲田、李雪梅、顾发英、尤渺、何红荣、黄炜斌、王金龙、李基栋等同志为本书的编著提供了大量帮助。

序

在清洁低碳发展和人工智能引领的时代背景下，大渡河公司率先提出智慧企业理论框架并开展实践。在流域调度领域，大渡河公司率先提出流域梯级水电站群智慧调度的理念，依托云计算、大数据、物联网、移动互联、人工智能等新兴技术指导梯级水电站群调度运行管理，统筹协调梯级水电站群发电、防洪等综合利用需求，充分发挥流域梯级水电站群的综合效益，提高流域水电调度管理的自动化、智能化和智慧化水平。

智慧调度是智慧企业在水电流域的具体运用和落地，属于智慧企业业务单元脑的范畴。通过大渡河流域梯级水电站群的生产运行实际开展流域水电智慧调度探索与实践，大渡河公司首次提出并定义了智慧调度是在梯级水电站集中控制调度的基础上，以“实时感知、精准预测、智能调控”为目标，全面搜集、深度挖掘流域气象、水情、市场、设备、防洪、发电等海量数据，打造数据驱动，人机协同，知识共享，集预测、管控、决策、评价于一体的流域调控新模式；并开展了积极的实践，取得了突出的成果，不仅在实际运行方面成效显著，还较好实现了远程操作、集控调度、经济运行的目的，为国内其他流域开展智慧调度建设提供了最佳实践案例。该书对大渡河流域水电智慧调度的具体做法及突出经验做了重点阐述，在国内相关行业中具有积极的指导借鉴意义。

该书分别从感知、分析、洞察三个层面阐述了数据、算法、场景方面的研究和实践，充分体现了智慧企业工业化、信息化和管理现代化三化融合的思想，形成了一批标准，打造了一批平台和系统，积累了丰富的知识和算法应用，形成了完整的实践体系框架。

在实时感知方面，该书从数据采集、数据传输、数据处理三个维度，重点介绍了大渡河流域水电智慧调度的信息实时采集技术、通信系统，以及大渡河流域水电智慧调度云数据中心的数据采集、数据存储、数据质量保障等核心技术。

在精准预测方面，该书从气象预报、洪水预报、中长期径流预报三个维度开展了大量预报研究，结合研究成果在大渡河流域的成功应用，进行了技术层面与实践层面的详细阐述。包括如何开展大渡河数值天气预报案例分析、降水预报方案优化，实现大渡河流域不同时空尺度定时定点定量的高精度降水预报等；如何建立以新安江模型为确定性预报基础、以水文不确定性处理器 HUP 为核心的洪水概率预报模型，实现大渡河典型断面洪水预报等。

在智能调控方面，该书从梯级联合优化调度、负荷实时调控、闸门智能控制三个维度进行了介绍。可以看到，大渡河公司以大渡河流域梯级水电站为主体，以智能化手段为技术支撑，建立了梯级水电站中长期优化调度、短期优化调度和站间负荷分配模型，并开展了水库汛末分期蓄水、中小洪水实时预报调度等洪水资源化利用方法研究。同时，从实践的角度开展经济调度控制（economic dispatch control，EDC）案例分析，对大渡河公司提出的国内首套瀑布沟、深溪沟、枕头坝一级梯级水电站 EDC 系统建设的关键问题、梯级水电站站间负荷实时分配策略、负荷实时分配控制模型及其求解算法做了重点介绍。此外，还提出了梯级水电站闸门控制方案自动生成策略，介绍了闸门智能控制系统在大岗山、瀑布沟两个典型电站的应用案例。

该书是大渡河公司在流域水电智慧调度探索与实践中取得的创新性成果的集中展现，是大渡河公司集控中心、各电厂单位及相关高校、科研单位及供应厂商多年协同努力的结果，凝聚了各方的心血，充分体现了企业自主创新、协同创新的行动，为传统行业践行数字化转型提供了样板，是响应国家创新驱动发展号召的具体体现。谨向他们表示祝贺。

希望该书的出版能够为正在进行流域梯级水电站群联合优化调度探索、迫切向“智慧”转型的同行业单位提供参考与帮助。愿大渡河公司在流域梯级水电站群智慧调度的建设过程中，能和更多的同仁们共同努力，为推动大型流域智慧调控理论发展和技术进步贡献力量。

涂扬举

2019 年 12 月

目　　录

上篇　实时感知

中篇　精准预测

下篇　智能调控

绪　论

新中国成立以来，我国水能资源得到了大力开发，水电建设已取得了举世瞩目的巨大成就，金沙江、雅砻江、大渡河等在内的十三大水电生产基地相继形成。流域大规模巨型水电站群先后建成和投运，西电东送、全国混合电网互联和流域水资源统一调度格局初步形成。随着流域各梯级水电站不断开发，以及计算机监控技术在水电行业的广泛应用，梯级集中控制模式如雨后春笋般在流域各梯级水电站管理中涌现，先后建成了清江梯调管理中心、三峡梯调通信中心、乌江梯级集控中心、黄河梯级集控中心、澜沧江梯级集控中心、大渡河梯级集控中心、雅砻江梯级集控中心等大型流域集控中心，对所属电站开展统一调度、集中控制，使梯级水电站更好地满足综合利用要求，发挥巨大的经济和社会效益。然而流域水电能源的梯级规模化开发在充分利用水能资源、提高水能利用率的同时，也较大程度地改变了流域水电站间的径流演化规律，使得梯级水电站间的水力联系和电力联系等变得更加复杂，为流域水电站群联合优化调度带来了极大的挑战。

国外关于水电站优化调度模型的研究起步于20世纪40年代，其优化调度概念最早是由美国人Masse引入水电站调度领域。随后线性规划、动态规划等算法相继引入水电站优化调度模型的求解中，揭开了水电站优化调度模型高效求解算法研究的序幕。20世纪70年代开始，国外研究热点随着电站规模的增加而聚焦在水库群联合优化调度研究上，各种智能优化算法逐渐被引入到梯级水电站联合优化调度问题的求解中，为其提供了良好的技术支撑。

国内水电站优化调度的研究从20世纪60年代开始，经历了单库调度、水库群调度、多目标联合调度等多个阶段。基于动态规划和Markov过程理论建立的优化调度模型，开创了我国水库调度实践的先河。20世纪90年代后，我国水电建设事业进入蓬勃发展期，大量水电工程兴建投运，促进了我国水电站优化调度理论的快速发展。同时，随着大量实际工程问题的涌现，水电站优化调度也由理论研究逐步拓展至以解决实际工程问题为目的、理论结合实际的研究。水电站群跨区多电网联合调峰优化调度模型、基于人工智能与传统优化技术相结合的优化调度模型相继出现，为解决梯级水电站群多电网调峰调度问题提供了重要支撑。

综合国内外研究概述，国内外学者在短、中、长期水库调度问题的数学建模及算法求解方面均取得了丰硕的成果。但随着水电、电网、市场等的快速发展，从水电系统调度运行新需求考虑，大型流域梯级水电站群不仅肩负着流域发电、防洪、灌溉、供水、航运、生态等综合利用需求，而且承担着所在省级电网甚至区域电网的调峰调频、安稳运行等多重调度责任，同时涉及流域区内外、梯级上下游、河道左右岸等多级管理要求。因此，大型流域梯级水电站群的调度运行是一类典型的多目标、多属性系统工程控制决策问题，有效实现其精细化控制、综合化利用、实用化计算是国内外学者一直以来的研究热点和难点。

近年来，计算机技术的飞跃发展极大地提高了水电行业的信息化程度，海量数据的采集和存储为进一步提高水电调度决策的高效性和实用性创造了新的契机。传统数据处理方法难以快速挖掘历史运行数据、调度人员经验中隐藏的信息和规则。随着云计算、大数据、物联网、移动互联、人工智能等新兴技术的兴起和快速发展，需要合理利用更为先进的数据处理技术实现历史信息和人工经验的数字化，提高调度结果的计算效率和可用性，促进结果真正落地。

在新兴技术飞速发展的时代背景下，智慧地球、智慧城市、智能工厂、智能制造等概念不断被提出，与此同时，中国气象局提出了智慧气象，著名水文水资源学家王浩院士提出了智慧流域等概念，智慧调度的概念也在梯级水电站群调度中应运而生。国家能源投资集团有限责任公司大渡河流域水电开发有限公司(以下简称“大渡河公司”)通过依托云计算、大数据、物联网、移动互联、人工智能等新兴技术，从智慧调度整体技术架构设计到洪水预报、中长期水文预报以及机组、泄洪闸门的智能调控等各个方面均进行了探索与研究，并取得了积极进展。

1. 大渡河流域简介

大渡河流域是我国十三大水电基地之一，规划布置了 28 个梯级水电站，规划装机容量约 2700 万 kW。截至 2018 年底，干流已投产电站 14 座，装机容量 1725.7 万 kW。流域地处青藏高原和四川盆地过渡地带，干流全长 1062km，集中落差 4175m，水文情势复杂多变，是长江流域防洪体系的重要组成部分。区域内有成昆铁路、下游河心洲等多个重点防汛对象。

大渡河公司负责大渡河干流 17 个梯级水电站的开发，涉及四川省三州两市(甘孜州、阿坝州、凉山州、雅安市、乐山市)14 个县，总装机容量约 1800 万 kW，目前投产装机容量 1133.8 万 kW，约占四川统调水电总装机容量的四分之一。

大渡河流域梯级水电站群作为重大基础设施，其安全建设和运行事关国家防洪安全、能源安全和绿色发展，是国家唯一综合管理试点流域。大渡河公司所属的大渡河梯级水电站群安全管控面临坝高、库大、库多、多库联调且流域洪峰流量大等世界级难题。

2. 智慧调度概念

智慧调度是在梯级水电站集中控制调度基础上，以“实时感知、精准预测、智能调控”为目标，全面搜集、深度挖掘流域气象、水情、防洪、发电、设备、市场等海量数据，打造数据驱动，人机协同，知识共享，集预测、管控、决策、评价于一体的流域调控新模式。

智慧调度从内涵来说是对现有宽带移动互联技术、水情气象预测预报技术以及物联网、云计算、人工智能等信息技术的高度集成，形成机器“智慧”的综合技术；是调度基础设施与信息基础设施的有效结合，是信息技术在流域调度领域的一种大规模的综合普适应用。智慧调度的核心是数据，这不仅仅是传统数据库中的数据，而且是大容量、非结构、可联通、可跨媒体、可深加工的数据类型，并且这些大容量的数据之间必须存在着或远或近、或直接或间接的关联性，才具有相当的分析挖掘价值，才能从中获取更多 “新”的信息。深度的关联挖掘分析就需要综合运用灵活的、多学科的方法，包括数据聚类、数据挖掘、分布式处理等，而以云计算、大数据、物联网、移动互联、人工智能为代表的新兴技术手段使这些“新”的信息产生智慧调度成为发展趋势。如果将智慧调度比喻为人的大脑，数据是大脑产生意识的基础，物联网是大脑的感觉神经，是获取数据来源的途径；云计算是大脑的中枢神经，对数据进行挖掘分析产生意识；人工智能是大脑的运动神经，将中枢神经产生的意识付诸实施，并不断向大脑反馈数据，供中枢神经决策使用。

3. 智慧调度建设目标

细分智慧调度定义，可分为以下三个子目标——实时感知、精准预测、智能调控。智慧调度目标架框如图 0-1 所示。

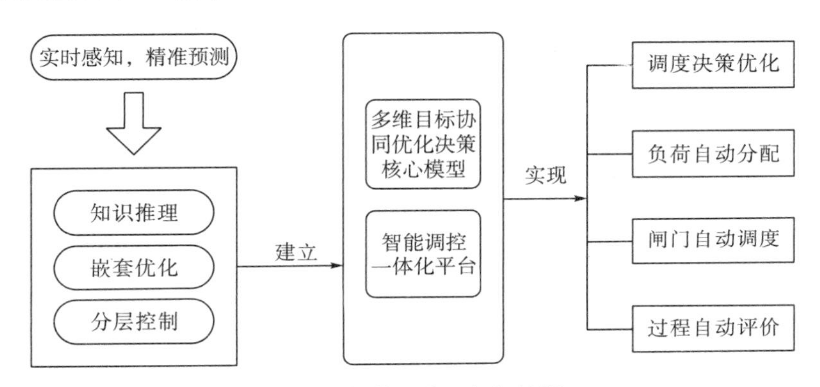

图 0-1 智慧调度目标架构图

实时感知是指利用完善的基础物联网和现代化信息通信技术，以智慧企业各大业务单元专业数据中心为基石，对水电站生产调度过程中相关基础信息进行自动采集、传输、汇总、存储，从而实现对设备、水情、气象、市场、防洪等生产状态的实时同步感知。

精准预测是指在数据充分采集、系统互联互通、人人知识共享的基础上，运用大数据分析技术，实现气象、水情、市场等关键生产要素的精细准确预测。

智能调控是指在传统远方集中控制“遥控”“遥调”的基础上，依托实时感知、精准预测和智慧电厂、智慧检修成果，运用人工智能技术和多维目标协同优化决策核心模型，优化调控流程，重塑调控模式，实现梯级水电站设备健康状态自动诊断、故障自动判断、调度自动控制和经济运行滚动优化。

4. 智慧调度主要特征

与目前水电调度的网络化、数字化、智能化建设相比，智慧调度的主要特征可以从以下四个方面来阐述。

一是互联互通，更加注重设备与设备、设备与系统、系统与系统之间的连接，实现气象、水情、工情、设备、防洪、发电、市场、生态、航运等调度数据的自由流动与实时共享。二是人机协同，更加注重人、设备、系统之间的协调配合，实现复杂调度环境下的高效决策与协同控制。三是自主学习，更加注重水情气象预报、复杂调度过程的大数据挖掘与深度学习，实现对模型参数的自率定与自优化。四是智能决策，更加注重调度风险的自动识别、调度方案的自动迭代，实现复杂调度过程的自主优化。

5. 智慧调度技术架构

1)业务架构

大渡河流域提出的智慧调度业务层的建设采用“1+3”的总体架构，即 1 个多维目标协同优化决策核心模型；数据感知预测中心、调度决策指挥中心、智能调控应用中心 3 个中心(图 0-2)。

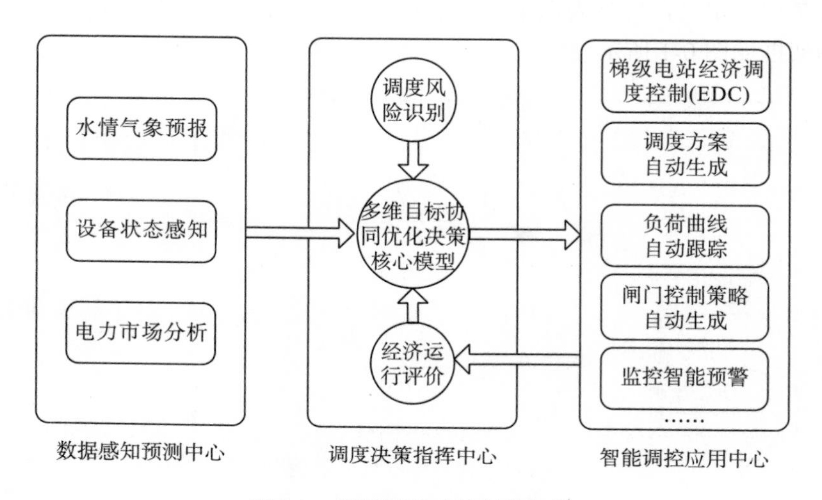

图 0-2 智慧调度建设总体架构

集控中心建有各类自动化系统和通信网络保障，通过“两化融合”的不断深入，实现对计算机监控系统、水库调度系统、工业监视系统、生产管理系统等的数据和系统融合，具有较高的集成化和自动化程度。

数据感知预测中心，包含水情气象预报、设备状态感知、电力市场分析三个单元，实时感知、收集、挖掘和预测气象、水情、市场、设备等海量数据，是智慧调度的“数据仓库”。

水情气象预报单元，包含水情预报和气象预报两方面内容。中长期径流预报主要依托于水情自动测报系统，采用人工神经网络、门限回归、支持向量机、最近邻等多种模型分别从旬、月、年不同时间尺度建立中长期径流预报模型，并且不同时间尺度、不同月份、不同旬时段分别确定其影响因子，充分考虑降雨和上游电站调蓄影响，采用多种预报模型的组合预报成果，预报精度较高。气象信息主要包括美国国家环境预测中心发布的全球背景场数据和中国气象局发布的全国气象站观测数据、降水趋势、卫星云图，以及欧洲中期天气预报中心和美国国家环境预测中心发布的降水数值预报成果等。流域水电企业通过网络专线方式直接获取气象行业内更加丰富的信息，例如格点化数值天气信息，不同时间尺度、空间尺度的格点化数值天气预报成果，以及多普勒雷达降水反演数据等。同时通过不断引进先进的多源数据融合技术和同化技术，为预报模型提供更加精细化、准确化的初期状态，为精细模拟、精准预测提供支持和动态的参数修正。

设备状态感知单元，主要是指通过计算机监控系统、工业电视、继电保护信息子站等系统对接入梯级集中控制中心的各梯级水电站“五遥”（遥信、遥测、遥调、遥控及遥视）信息及集中控制中心相关系统的设备信息进行收集，供梯级集中控制中心相关系统调度决策使用。设备信息由各类感应节点设备及其所属的智能组件和感应网络构成，实现信息的采集与感知。这些信息决定了调度控制策略，数据类型一般包括模拟量、开关量、中断量、视频图像等。

电力市场分析单元，是通过网络、电力交易平台、电网数据获取交互等渠道获取市场信息，并进行整合分析，将感知到的市场信息及时转化为边界条件输入优化调度模型，输出符合实际的可以消纳的方案，做出更加科学合理的判断和决策，避免因市场因素把握不到位造成枯期水库消落不到位、汛期弃水过多等诸多问题。在负荷需求与外送通道不足、电量过剩的大背景下，汛期弃水已成为普遍现象。发电情况与所在电网的网源结构、电力供需关系、电网调度策略、国家政策、交易规则等密切相关，市场感知显得尤为重要。市场与来水情况是影响调度决策的最重要因素。

调度决策指挥中心，利用精准预测的各生产要素数据，通过多维目标协同优化决策核心模型自动计算、自动匹配，快速生成最优调度决策方案，自动滚动识别调度过程中的偏差和风险，实现决策方案的迭代优化，是智慧调度的“中枢大脑”。

传统的梯级优化调度仅限于根据来水进行水量时空分布调配的计算条件，调度策略边界条件单一。多维目标协同优化决策核心模型主要以中长期、短期优化调度和实时经济运行校核为主要模型，实现流域气象与水情耦合、预报与调控耦合的双耦合模式，使调度决策向实质“多维化”迈进。多业主、多库联合优化调度技术研究是中长期优化调度模型的典型代表，以统筹发电与水库综合利用关系，充分发挥流域梯级水电潜力，减少弃水，最大限度地利用大渡河下游梯级水电站水能及水资源，适应电力市场改革的要求，共同面对市场竞争，提高梯级水电站群联合运行效益。

调度决策指挥中心还具有自动学习和自我演进的特点，在不断积累的数据支持下，搭建了“考核利用小时完成差异率”考评模型。该模型是集数据采集、自动测算、综合展示、预警分析于一体的水电经济运行分析平台，通过水电站运行数据的每日更新及指标滚动跟踪，为各单位经济运行管控提供更加及时、准确、科学的决策支持，实现多维目标协同优化决策核心模型参数的滚动优化。

此外，调度决策指挥中心还研究实施了一系列经济运行辅助决策功能：一是依据运行策略(计划曲线或固定出力等)滚动计算梯级水电站运行水位、电量、耗水率、负荷率、弃水量等经济运行指标。二是依据经济运行指标，滚动计算梯级水电站运行过程，实现自动寻优。三是实现预估经济指标偏离值分级报警。

智能调控应用中心，是数据驱动的智能协同中心，包含调度方案自动生成、负荷自动分配和闸门自动调度等多个智能应用，是智慧调度人机交互的“智能管家”。

调度方案自动生成，利用精准预测的各生产要素数据，通过经济运行多维决策模型自动计算、自动匹配，快速生成当前状态下最优的调度决策方案。

梯级水电站经济调度控制(EDC)，通过实现对流域梯级总负荷的厂间实时分配，使得流域水电站在负荷与水量上匹配，提高水量利用率，增加发电效益。同时在确保电力系统安全的前提下不会出现非正常弃水、水库拉空等不合理现象，从而达到科学、经济的目的。

负荷曲线自动跟踪，实现流域水电站负荷自动调整，从而代替人工手动调整负荷跟踪计划曲线，减少负荷调节次数，提高工作效率和安全性。同时，提高负荷调节精度，在一定程度上减少因调节精度问题而导致的考核电量。

闸门控制策略自动生成，挖掘最广泛梯级流域和水电站机电设备的数据资源，在流域梯级水电站集中控制模式下，提供一种控制策略自动生成梯级水电站群溢洪闸门开度，有效解决梯级水电站防洪调度兼顾电力安全生产和沿河所有防洪目标的约束，根据溢洪设施工况合理分配溢洪闸门开度，充分利用梯级水电站调节性能和洪水资源，提高梯级水电站的安全和经济效益。

监控智能预警，通过建立简报信息专家库，利用先进算法，实现简报信息的自动归类、事故自诊断、事故处理指导等功能，最终达到及时、迅速、正确处理事故的目的。同时监控系统新增事故时自动提示薄弱环节功能，最短时间对薄弱环节给出调整优化建议，最大程度降低在运设备运行风险，提高在运设备健康运行水平。

2) 系统平台架构

大渡河智慧调度系统平台架构按照横向分区、纵向分层设计。横向根据《电力监控系统安全防护规定》分为生产控制和管理信息两个大区。纵向按三层分成要素感知层、数据集成层和智慧应用层(图 0-3)。

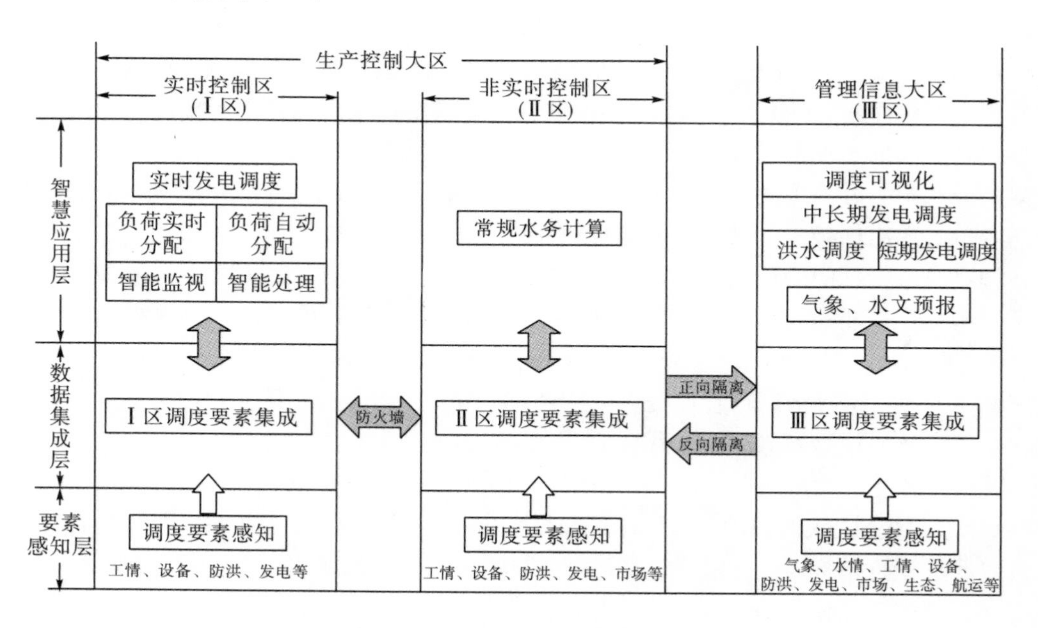

图 0-3 梯级水电站智慧调度架构

要素感知层是将调度过程和调度业务数字化。业务量化通过各种最新技术的应用，将企业的各项业务全面数字化，使企业从过去定性描述、经验管理，逐步转变为数据说话、数据管理。

数据集成层则实现各类专业数据的标准化，并在统一运用平台上相互交换、实时共享，为大数据价值的持续开发利用提供支撑，消除管理单位和业务系统间分类建设、条块分割、数据孤岛的现象，从而形成集中、集约的管理系统。

智慧应用层主要实现人机互动，智能协同，通过对大数据的专业挖掘和软件开发，形成自动识别风险、智能决策管理以及多脑协调联动的“云脑”，对企业进行管理。

支持系统则有对网络、系统和应用服务三个层次的业务定时巡检诊断、故障记录、告警通知、故障管理、应急处置、统计分析等功能。

该调度平台具有广泛意义的建设参考价值，在中国电力企业联合会团体标准《梯级水电厂智慧调度技术导则》中作为参考性资料附录，获得行业专家的认可，这里做一个简单说明，以供参考。

上篇　实时感知

第1章　数 据 采 集

流域水电智慧调度是由各个业务系统共同支撑的，各个业务系统对各种各样的数据进行汇总、萃取、分析、归纳后支撑智慧调度决策，所以实时感知各种基础数据变得尤为重要。数据采集作为实时感知的重要组成部分，其完成的质量直接关系着智慧调度的实现。本章将着力介绍大渡河在数据采集方面较为突出的经验。

1.1　气　　象

气象是指发生在天空中的风、云、雨、雪、霜、露、虹、晕、闪电、打雷等一切大气的自然现象。气象学研究的对象是大气层内各层大气运动的规律、对流层内发生的天气现象和地面上旱涝冷暖的分布等。气象要素是表明大气物理状态、物理现象以及某些对大气物理过程和物理状态有显著影响的物理量，主要有：气温、气压、风、湿度、云、降水、蒸发、能见度、辐射、日照以及各种天气现象。

气象信息是反映天气的一组数据，可分为天气资料和气候资料。天气资料是为天气分析和预报服务的一种实时性很强的气象资料；气候资料通常所指的是用常规气象仪器和专业气象器材所观测到的各种原始资料的集合以及加工、整理、整编所形成的各种资料。天气资料和气候资料的主要区别是：天气资料随着时间的推移转化为气候资料；气候资料的内容比天气资料要广泛得多；气候资料是长时间序列的资料，而天气资料是短时间内的资料。

1.1.1　气象信息获取方式

为了取得宝贵的气象资料，全世界各国都建立了各类气象观测站，如地面站、探空站、测风站、火箭站、辐射站、农气站和自动气象站等。新中国成立以来，我国已建成类型齐全、分布广泛的台站网，台站总数达到2000多个。

地面气象观测站网，由全国两千多个国家级地面气象站及约五万个区域自动站组成，测量靠近地面的大气层气象要素。观测项目包括：气温、气压、空气湿度、风向、风速、云、能见度、天气现象、降水、蒸发、日照、雪深、地温、冻土、电线结冻等。

高空气象观测，通常测量近地面到35km的大气层气象要素，测量方法以气球携带探空仪升空探测为主，观测项目包括：温度、气压、湿度、风向、风速等。观测时间主要在北京时间8时和20时，少数测站还在北京时间2时和14时开展加密观测。探空站远少于地面站，全球只有一千多个，全国仅一百多个，全国平均间距约 300km。

雷达观测，探测高度范围可达 1～100km，所以又称为中层-平流层-对流层雷达，主要用于探测风、大气湍流和大气稳定度等大气动力学参数的铅直分布。气象雷达提供液态水含量、小时定量估测降水等产品，并以垂直剖面图、层叠剖面图、单站分析图等方式展现，对于天气(尤其是强降水)监测预警具有举足轻重的作用。全国规划建设 216 部气象雷达，目前已建成 210 部。

风廓线雷达站，用于高空风场观测。在风廓线雷达基础上增加声发射装置构成无线电-声探测系统，可以遥感探测大气中温度的垂直廓线。风廓线雷达在探测精度、垂直分辨率和探测时间间隔等方面优于常规大气探测设备。

雷电观测站，全国仅 399 个，观测项目包括：雷电发生的时间、方位角、磁场强度、峰值电场等大气雷电过程的电磁参量。观测设备主要为 ADTD 雷电探测仪，每个雷电探测仪的探测距离可达 200km，每 3 个雷电探测仪就可以精确探测具体的闪电位置。经济发达区域 150km 基线定位精度为 500m，探测效率大于 90%；西部区域基线 200km，定位精度 1.0km，探测效率大于 70%。

飞机气象数据下传系统，提供飞机起降阶段观测获得的大气层气象要素廓线资料。每天大约收到飞机 50 000 份航空气象资料，通过全球通信系统(global telecommunication system，GTS)每天接收 10 000 份航空气象资料，3000 架飞机提供气压、风、温度报告。

风云系列气象观测业务卫星，目前在轨运行 10 颗，包括极轨卫星风云三号 A/B/C/D 和静止卫星风云二号 D/E/F/G/H、风云四号 A，搭载光学成像、气象要素、微波成像、大气成分、辐射收支等多类遥感观测仪器。风云三号卫星上搭载的中分辨率光谱成像仪扫描效果可达到 250m 空间分辨率，风云四号具备 15 分钟间隔全圆盘成像和分钟级的区域成像能力。中国气象卫星已成为世界天基观测网的重要组成部分，并与国外气象卫星开展数据交换。

1.1.2 大渡河流域气象信息收集

1.1.2.1 基础数据来源和类型

随着数值天气预报的发展，数值预报模式产品资料也随之诞生，包括各标准高度层的温压湿风、降水等基本气象要素，也包括对流有效位能(convective available potential energy，CAPE)等重要的大气状态参量。目前国际上最常用的模式产品为美国国家环境预报中心(National Centers for Environmental Prediction，NCEP)模式和欧洲中期天气预报中心(European Centre for Medium-Range Weather Forecasts，ECMWF)模式，以及中国 GRAPES(Global Regional Assimilation and Prediction System)模式、德国和日本模式产品。

大渡河收集的气象信息包括美国国家环境预报中心发布的全球背景场数据和中国气象局发布的全国气象站观测数据、降水趋势、卫星云图，以及欧洲中期天气预报中心和美国国家环境预报中心发布的降水数值预报成果等。数值天气预报需要背景场、边界条件、观测资料和地理信息等多方面的资料作为初始数据，总体上可以分为背景场资料和观测资料两大类，其中，背景场资料为数值预报系统所必需，观测资料缺少一部分不影响系统运行。背景场资料来源于美国国家环境预报中心(NCEP)分辨率为 1°×1°的 GFS(Global Forecast System)全球预报数据，观测资料来源于全国气象站及大渡河流域雨量测站。表 1-1 中全球范围格点场数据为背景场资料，气象站观测数据、雨量实测数据为观测资料。

表 1-1　用于数值天气预报的气象信息

数据来源	数据内容	采集频度	数据格式
美国国家环境预报中心(NCEP)	全球范围格点场	每 6 小时	GRIB2
美国国家环境预报中心(NCEP)	全球范围格点场	每天	GRIB2
全国气象站观测数据	全国地面和高空观测的温度、湿度、气压、风速、风向	每小时	Txt 格式
大渡河数据中心	雨量实测数据	每小时	

大渡河流域短期气象预报模式模拟所用的初始和边界条件都来自美国国家环境预测中心的第二代气候模型全球分析资料场。NCEP-GFS 全球的预报场数据气象要素包含地面和高空标准气压层的风速、风向、温度、湿度、位势高度、气压，还包含土壤湿度和温度等。该数据集包含几种不同的分辨率，分别是 0.25°、0.5°、1.0°和 2.5°，大致对应 25km、50km 和 100km 和 250km 的水平分辨率。基于全球大尺度的背景场数据，采用气候模型数据和中尺度气象模型相结合的方法，将气候模型的数据降尺度到中尺度区域模型 WRF(weather research & forecasting)，然后进行中尺度区域气候模拟和预报。

虽然全球通用大尺度背景场资料等可以驱动系统运行，但本地数据源的缺乏意味着系统初始化没有建立在可靠的气象观测资料基础上。因此，为了提升预报质量，高分辨率、多种仪器、多种物理量的本地观测资料是 WRF 模式本地化的首要抓手，数据类型至少包括：台站观测资料以及流域自身的观测资料。因此，系统引入全国气象站及大渡河流域雨量测站数据。

1.1.2.2　基础数据的获取方式

大渡河在预报平台中配置 1 台数据采集服务器用于与外网连接，下载外部的气象信息。基础数据源根据获取途径可分为三类：国外气象研究机构、中国气象局、流域自有观测仪器。三种获取方式有所不同。

(1) 国外气象数据，包括美国国家环境预报中心的背景场资料以及欧洲中期天气预报中心和美国国家环境预报中心发布的降水数值预报成果。其中美国国家环境预报中心的背景场资料单次下载量较小，在 0.8GB 上下，每天定时四次发布并随后自动下载，采用不小于 10M 的独享带宽，单次下载约需 2 小时；欧洲中期天气预报中心和美国国家环境预报中心发布的降水数值预报成果每日上午自动下载，日数据量约 930KB。

(2) 中国气象局气象台站资料，包括 160 多个台站和卫星云图资料，其中台站资料每日数据量约 38MB，卫星云图每小时下载 2 次(整点 15 分、45 分)，每日数据量约 4.42MB。

(3) 流域自有观测资料，主要为自动雨量计资料，数据量较小，已实现自动采集。

1.1.2.3 气象信息丰富计划

目前，大渡河气象信息获取存在制约因素：一是国外数据时效性较弱，通过国际互联网下载时受国际网络限制，下载速度有限，耗时较长，是数据获取的主要瓶颈；二是数据要素有限，本地化数据只有有限的自建测站测量的雨量数据。

大渡河公司通过加强与四川省专业气象台的交流，将逐渐形成合作方式，通过网络专线方式直接获取气象行业内更加丰富的信息，例如格点化数值天气信息，不同时间尺度、空间尺度的格点化数值天气预报成果，以及多普勒雷达降水反演数据等。通过不断引进先进的多源数据融合技术和同化技术，考虑不同数据的误差性和优势，融合不同信源数据，同化气象、水文等全方位资料，为预报模型提供更加精细化、准确化的初期状态，为精细模拟、精准预测提供支持和动态的参数修正。

1.2 水 情

流域水电站群的优化调度，是一个如何对流域水能资源合理分配和充分利用的命题，而决定调度质量的基础就是整个流域完善的实时水雨情资料。水情测报系统是应用遥测、通信、计算机和网络等技术，完成流域或测区内固定及移动站点的降水量、蒸发量、水位、流量、含沙量、潮位、风向、风速和水质等水文气象要素以及闸门开度等数据的采集、传输、处理和应用的信息系统，是有效解决江河流域及水库洪水预报、防洪调度难点及水资源合理利用的先进手段。它综合了水文、电子、电信、传感器和计算机等多学科的相关最新成果，用于水文测量和计算，提高了水情测报速度和洪水预报精度，改变了以往仅靠人工测量水情数据的落后状况，扩大了水情测报范围，对江河流域及水库安全度汛、水电站经济运行、水资源合理利用等方面都能发挥重大作用。

1.2.1 水情信息获取方式

水情信息主要包括河道水情、水库水情和降雨信息，最直接、最实时的获取方式是采用水情测报系统。同时，还可通过水文局等机构发布数据的方式获取。大渡河公司建成了一套覆盖全流域的水情测报系统，为第一时间获取流域水雨情实时数据提供了保障。同时，利用水文局发布水文站的数据对水情测报系统的数据进行检验和补充，从而获得全面、及时、可靠的水雨情基础数据。

1.2.2 大渡河流域水情信息收集

大渡河水情信息的收集主要依靠自建的水情测报系统。该系统作为大渡河公司最重要的生产指挥系统之一，于 2008 年建成并投运。系统在充分利用已建瀑布沟、龚嘴水电站水情自动测报系统站网的基础上合理布设水情站网，以满足大渡河干流在建电站施工期及梯级水电站运行期水情信息测报和洪水预报的需求。系统的组成包括中心站、通信网络、遥测站。

(1) 中心站：由服务器、公网专线(或移动专线)、水情监测系统软件组成。

(2) 通信网络：采用 GMS(global system for mobile communications)短消息、北斗卫星无线传输方式，在具备条件的水文站、坝上坝下站也可以采用 Internet 公网/移动专线等更可靠稳定的有线传输方式。

(3) 遥测站：由水情遥测终端(RTU)、蓄电池、太阳能板、雨量传感器、水位计等组成。

水情测报系统的设计具有以下特点：

(1) 站网布设与水文预报模型相匹配，与原有水文站网资料相衔接。通过对已建成的水情测报系统现有站网进行合理性论证，调整或增补遥测站，使站网布设合理，满足预报精度要求。

(2) 系统结构、信息流程的设计符合大渡河流域梯级水电枢纽水情调度的实际需求，同时便于系统的运行管理和维护。

(3) 水情信息采集、传输方案的设计充分考虑大渡河流域固有自然地理及水文特性。在满足系统功能要求的基础上，遵循经济性原则，减少工程的总投资和建成后的运行维护费用。

(4) 在水情信息采集、传输、接收、处理过程中，以及计算机网络等子系统的设计中充分考虑可靠性措施，能避免包括雷电干扰、无线电干扰和工业干扰等各种外界干扰，保证硬件、软件及数据的安全。

(5) 共性的设施和设备，如天线杆、雨量筒等采用统一的标准化设计，利于施工的质量控制和系统运行的维护管理。

(6) 系统满足先进性、可靠性、实用性的要求，符合和遵循相应的规范、标准，并具有开放性、兼容性、可扩充性。

(7) 预报软件突出功能，强调实用，建立了一套满足流域防汛调度决策和安全运行管理的洪水预报系统。在编制预报方案使用资料时，水文资料不少于 10 年，其他满足 GB/T 22482—2008《水文情报预报规范》的相应要求。

(8) 方案的编制和软件设计设置不同预见期方案，互为补充，逐级设防；方案配置上，有骨干方案(正式预报方案)、一般方案(参考性预报方案)和参考方案(参考性估报方案)。

1.2.2.1　水情测报系统中心站

中心站负责接收全系统的实时水情数据，经处理后存入实时数据库，供洪水预报系统和信息服务系统调用。中心站可对遥测站进行监控。国家发改委 2014 年第 14 号令《电力监控系统安全防护规定》中规定，“生产控制大区的业务系统在与其终端的纵向联接中使用无线通信网、电力企业其它数据网(非电力调度数据网)或者外部公用数据网的虚拟专用网络方式(VPN)等进行通信的，应当设立安全接入区”。同时，由于水情测报系统中心站接收主机一般采用北斗卫星或 GSM 等无线通信方式与遥测站进行通信，所以，中心站接收部分应部署于管理信息大区(III区)内，由数据库服务器、水情数据接收机、GSM 调制解调器、北斗卫星天馈线等附属部件构成，并通过反向隔离装置，将接收的实时数据推送给部署于生产控制大区非实时控制区（II区）的水调自动化系统，结构如图1-1所示。

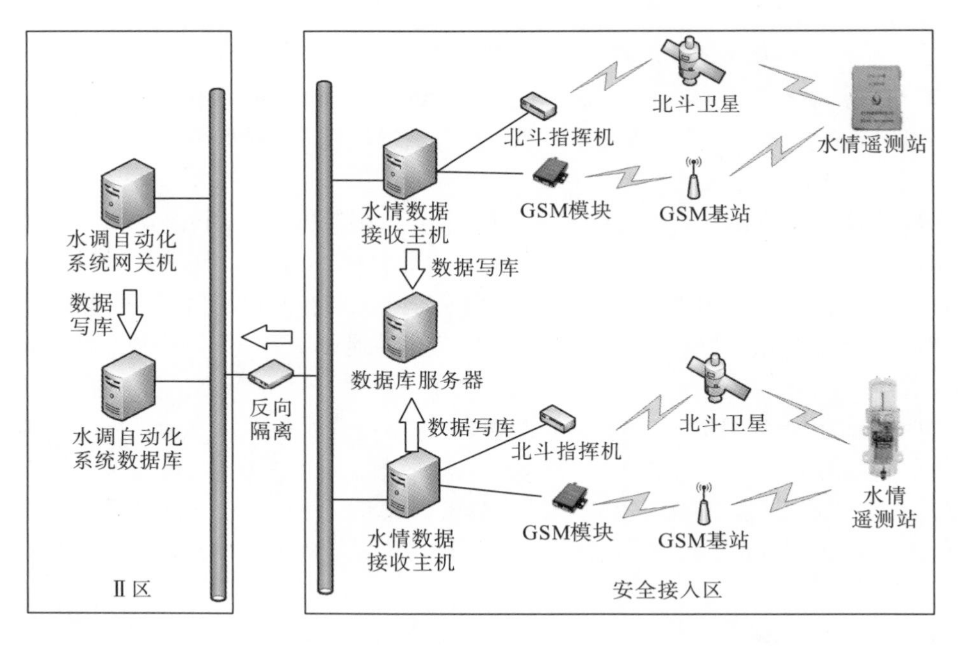

图1-1 水调自动化系统结构

大渡河水情自动测报系统于2017年进行升级改造，建设了一套新的中心站平台软件，单独设立一个无线数据安全接入区，将原数据接收机由安全区II迁移至安全接入区，通过反向隔离装置将水情数据实时同步至安全II区中的水调自动化系统数据库。在建设一套新的中心平台软件后，可以兼容其他第三方厂商的遥测站设备接入目前的大渡河水情测报系统，通过良性竞争的方式有效降低运维成本。建设内容包括：一套水情中心站新平台，新增一台数据接收机和一台水情数据库服务器。新水情数据接收机用于接收其他厂商的遥测站数据，将旧水情接收机迁移到安全接入区，同时将II区中的旧水情数据库停用，将数据库迁移到安全接入区中新增的数据库服务器上，这样新水情数据库、旧水情数据库合并到一个数据库服务器上，数据库仍然保留各自的结构。改造后的系统结构如图1-1所示，整个数据流向如下：

（1）为保证现有系统不受影响，旧水情中心站平台除了迁移到安全接入区以外，其他功能保持不变，仍然通过北斗卫星指挥机、GSM信道实时接收旧遥测站数据，收到数据后直接写入水情数据库服务器上的旧水情数据库中。

（2）新数据接收机通过另外一套北斗卫星指挥机和GSM模块接收新建遥测站（其他厂商的遥测站设备）的数据，收到数据后直接写入水情数据库服务器上的新水情数据库中；同时通过数据库同步的方式将旧水情数据库中的数据实时同步到新水情数据库中，这样新水情数据库中拥有全部遥测站（旧水情遥测站与新建第三方遥测站）的数据。

（3）在新数据库服务器中部署一套数据同步程序，将全部遥测站更新的数据生成纯文本文件，通过反向隔离存放到II区水调自动化系统网关机上；在水调自动化系统网关机上部署一套数据写库软件，将反向隔离送入的纯文本文件数据写入水调自动化系统数据库中，以完成整个水情数据到水调自动化系统的数据流程。

1.2.2.2　水情测报系统遥测站

遥测站自动采集的水雨情数据，通过北斗卫星通信、GSM 短信通信组成主备式数据传输网自动发送到中心站。

系统共有 105 个遥测站，覆盖整个大渡河 7.7km^2 面积。上游以大金水文站(双江口梯级)为界，控制流域面积 4km^2，占全流域面积的 51.95%；共布设遥测站点 26 个，占整个系统站点的 25%，上游人烟稀少，不利于遥测站点安装，因此站点布置相对较稀疏。中游以瀑布沟坝下站(瀑布沟梯级)为界，控制流域区间面积 2.8km^2，占全流域面积的 36.36%；共布设遥测站点 51 个，占整个系统站点的 49%，站点布置相对密集。下游以铜街子电站坝址为界，控制流域区间面积 0.88km^2，占全流域面积的 11.43%；共布设遥测站点 28 个，占整个系统站点的 27%，站点布置最密集。

为保证水情测报系统可靠、有效地运行，遥测站的建设采用测、报、控一体化的结构设计，定时(时间间隔可编程)采集雨量、工况数据，数据带时标存储，缺省采样间隔为 5 分钟，水文站包含人工流量数据。遥测站至中心站采用北斗卫星、GSM 通信网络组成主备式双通信信道，遥测站的数据采集器、通信终端和避雷等设备集中安装于机箱内，便于遥测站设备的安装和管理。

遥测站以数据采集器(RTU)为核心，配备北斗卫星通信单元、GSM 单元、蓄电池、太阳能电池板、充电控制器或充电机等电源供应设备。同时根据站点类型配置水位传感器、雨量计等传感器设备。遥测站组成见图 1-2。

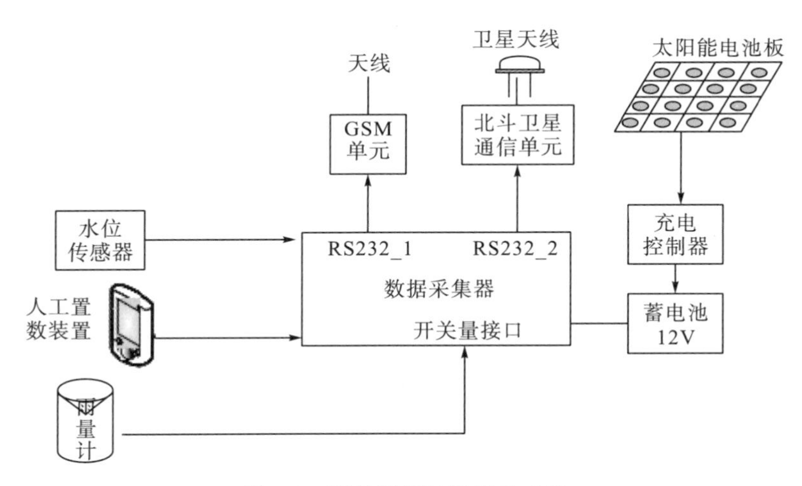

图 1-2　野外遥测站设备构成图

1.2.2.3　其他获取方式

除了自动采集一手水情数据的方式，大渡河公司也同四川省水文水资源勘测局、四川省电力调度控制中心、四川省人民政府防汛抗旱指挥部、流域中其他业主单位水电站等外部机构，通过水文拍报、水文数据交换、数据抓取、人工填报等多种混合方式进行水情数据的获取。一方面，可以弥补数据的不足，如流域中其他业主单位的电站，自然河道的流量经过这些电站后，受到了影响，不易被掌握。如能取得对方的诸如负荷、出入库流量等数据，将提高对河道水情的掌握。另一方面，也可以作为重要水文站点水情数据的补充，这些数据平时可作为校验数据，在自动测报数据缺失的情况下，可以转为数据源，对缺失数据进行补充。

总而言之，水情数据获取的最终目的是确保水调自动化系统所能使用到的数据及时、准确、连续、可靠。系统的逻辑结构应当是在以满足信息系统安全防护的基本要求为前提下，尽可能的高效可靠。

1.3 市　　场

在负荷需求与外送通道不足、电量过剩的背景下，西南水电汛期弃水已成为普遍现象，电网无法消纳水库优化调度后增加的发电量。发电情况与所在电网的网源结构、电力供需关系、电网调度策略、国家政策、交易规则等密切相关，市场感知显得尤为重要，尤其是限电地区，将感知到的市场信息及时转化为边界条件输入优化调度模型，才能输出符合实际的消纳方案，做出更加科学合理的判断和决策，避免因市场因素把握不到位造成枯期水库消落不到位、汛期弃水过多等诸多问题。大渡河公司所属水电站均隶属限电严重的四川电网，市场与来水情况是影响调度决策的最重要因素。

1.3.1 市场信息获取方式

1. 网上获取公开信息

公开数据包括统计局的数据、公司自己发布的年报、其他市场机构的研究报告，或者根据公开的零散信息整理的数据。

2. 电力交易平台获取披露信息

电力市场信息披露管理办法中，交易中心作为市场成员中的一员，除了需要承担信息公开平台的角色外，还要对自身的企业基本信息、交易预测、交易结果等信息进行披露。在披露时间上，四川省的信息披露办法根据信息的属性对披露时间做出了具体规定，使信息披露有更强的时效性和实用性，市场成员披露信息包括但不限于基本信息、交易信息(交易信息包括年度交易、月度交易和周交易的公告、过程、结果和结算等信息)、运行信息、违约信息。广西壮族自治区的信息披露办法则围绕交易过程展开，要求在交易的不同阶段公布不同类型的信息。披露信息类型分为公众信息、公开信息和私有信息三类，广西壮族自治区和四川省电力交易平台披露信息分别如表 1-2、表 1-3 所示。

表 1-2 广西壮族自治区电力交易平台披露信息

序号	信息披露的类型	信息披露内容	披露对象	披露时间	披露途径
1	公开信息	安全校核结果（年度、月度）	工信委、监管机构、相关市场主体	校核后 1 个工作日内	交易网站
2		剔除容量	工信委、监管机构、相关市场主体	成交后 1 个月内	交易网站
3		年度交易计划	工信委、监管机构、相关市场主体	合同签订后 5 个工作日内	交易网站
4		月度交易计划	工信委、监管机构、相关市场主体	每月 26 日前	交易网站
5		月度执行情况	工信委、监管机构、相关市场主体	次月 15 日前	交易网站
6		年度执行情况	工信委、监管机构、相关市场主体	次年 1 月	交易网站
7	公众信息	年度交易方案	全社会	每年 11 月	交易网站
8		市场成员准入名单	全社会	政府部门公布名单后当日	交易网站
9		成交信息公告	全社会	成交后 3 个工作日内	交易网站
10		交易公告（年度、月度）	全社会	交易前 3 个工作日	交易网站
11	公众信息、公开信息	市场成员注册、注销、诚信名单及基础信息	所有市场主体、工信委、监管机构	不定期	交易网站
12	私有信息	年度交易协议汇总	工信委、调度机构	每年 12 月	交易网站
13		交易合同、成交结果通知单	监管机构、相关市场主体	合同签订后 5 个工作日内	交易网站

表 1-3 四川省电力交易平台披露信息

市场成员	私有信息
发电企业	基本信息中的机组调频、调压、调峰等性能参数（向电力调度机构、电力交易机构提供） 年度交易结果信息中的双边电力交易合同、购售电合同（向电力交易机构提供） 月度交易结果信息中的双边电力交易合同（向电力交易机构提供） 周交易结果信息中的双边合同电量转让合同（向电力交易机构提供） 运行信息中的水电来水、弃水、水库水位控制情况、火电电煤库存、来煤、煤耗情况、风能太阳能监测信息、气象信息（向电力调度机构、电力交易机构提供）
电力交易机构	年度交易过程信息中的购售双方申报电量包排位（向市场成员提供自身信息） 年度交易结果信息中的市场成员预成交及最终成交明细（向市场成员提供自身信息） 月度交易结果信息中的市场成员预成交及最终成交明细（向市场成员提供自身信息） 月度交易结算信息中的市场成员的结算成分、结算电量、结算电价、结算开始时间、结算结束时间（向市场成员提供自身信息） 周交易结果信息中的市场成员预成交及最终成交明细（向市场成员提供自身信息）
售电企业	年度交易结果信息中的双边电力交易合同、交易签约用户明细、与签约用户的购售电合同（向电力交易机构提供，其中交易签约用户明细同时向电网企业提供） 月度交易结果信息中的双边电力交易合同（向电力交易机构提供） 运行信息中的日用电量及用电负荷曲线预测、实时用电量及用电负荷曲线（向电力调度机构、电力交易机构提供）
电力用户	年度交易结果信息中的双边电力交易合同或与售电企业的购售电合同（向电力交易机构提供） 月度交易结果信息中的双边电力交易合同（向电力交易机构提供） 运行信息中的日用电量及用电负荷曲线预测、实时用电量及用电负荷曲线（向电力调度机构、电力交易机构提供）
电网企业及电力调度机构	月度交易结算信息中的机组上网电量、机组跨省跨区交易日前发电计划电量及月度累加（含调度日内调整）、机组上调或下调电量、机组辅助服务交易调用情况、机组并网运行考核费用及有偿辅助服务费用、电力用户，以及售电企业及费用市场用户电量（向电力交易机构提供）

3. 电网数据交互获取

通过电网与电厂数据专网交互获取电网调度、潮流等数据，目前实现了电厂侧实时将运行数据传输给电网，但获取电网侧数据有限，国家电网几乎没有电网侧向电厂侧的市场信息数据传输，南方电网市场数据相对更加公开透明。电网数据的实时获取是目前市场感知的最大难题。

1.3.2 大渡河公司所需市场信息收集

1.3.2.1 基础数据来源和类型

结合四川省电网实际情况，将市场信息分为网源结构、电力供需关系、电网调度策略、政策规则四大类。

1. 网源结构

首先要对所在地区网源结构有一个总体的把控，需要感知电网调度层级及对应关系、电源类型及装机容量、主要电站基本参数等基础信息。以四川省为例，截至 2018 年底，四川省全省电力装机容量 9832.7 万 kW，分别归属国调、西南网调、省调、地调四级电力调度机构调度。其中，向家坝、溪洛渡、锦屏一、二级和官地 5 座水电站(装机 2310 万 kW)由国调直调，二滩水电站(装机 330 万 kW)由西南网调直调，其他大中型电站归省调调度(装机 5839.5 万 kW)，剩余的小电站由地调调度。四川省调机组中水电、火电、新能源装机分别为 4183.4 万 kW、1238.3 万 kW 和 417.8 万 kW (图 1-3)，装机占比分别为 71.6%、21.2%和 7.2%。大渡河公司 9 站总装机 1133.8 万 kW，均由四川省调调度，占省调水电装机的 27.1%。

我们通常把由四川省调直接调度的大网叫作四川主网，主网加上一些地调调度的小网(小水电为主)一起组成了四川电网。不同于大多数(尤其是北方)以火电为主的省份，四川电网以水电为主。因水电来水的季节性及不确定性等因素，四川电网边界条件更为复杂，市场方面需要考虑的因素更多。

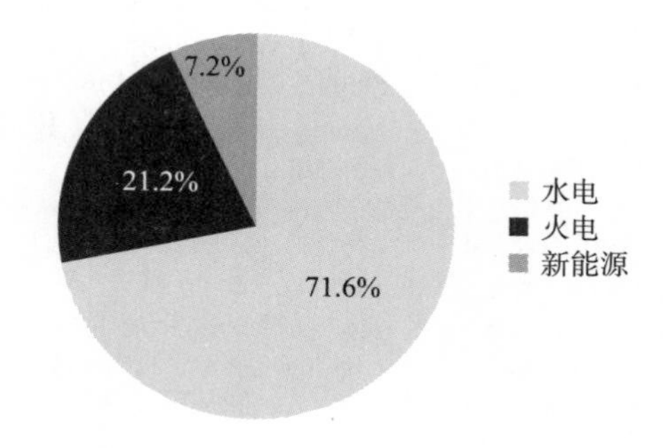

图 1-3 四川主网(省调机组)装机占比图

2. 电力供需关系

水电企业作为市场供给侧的参与主体，需要全面感知所在电网包括电力需求量、电力供给能力在内的供需关系以及竞争对手发电能力等信息。

1) 供需关系

因数据获取问题(四川主网数据相对齐全)，我们通常分析四川主网供需关系。从四川主网供需情况看，电力需求主要包括主网用电量和外送电量两部分，电力供应主要包括省调电厂发电量、国调网调留川电量和外购电量三部分。分别分析需求侧与供应侧对应的电能大小，确定供需关系(供大于求、供不应求或是供需平衡)，根据供需平衡公式计算富余或缺口电量大小。四川主网以水电为主且长期处于供大于求状态，汛期产生大量富余电量，即装机弃水电量。

供需平衡公式为：省调电厂发电量+留川电量+外购电量=主网用电量+外送电量。

2) 电力需求量

主网用电量：主网用电量又叫主网供电量。四川主网用电量指通过四川主网在四川本地消纳的电量。2018 年，四川主网用电量 1892.8 亿 kW • h，同比增加 16.8%。未来时段主网用电量通常采用预计的用电量增幅估算。

外送电量：四川外送电量即通常说的“川电外送”电量，指主网通过电力外送通道送到四川省外消纳的电量。电网通常在每年 5 月择机启动川电外送，到 10 月底结束，以缓解四川汛期弃水压力。

目前，四川已形成“四直一交”电力外送通道，分别为宾金直流、复奉直流、锦苏直流、德宝直流及川渝断面交流，合计外送能力 2700 万 kW。其中，宾金直流为溪洛渡电站专用，复奉直流为向家坝电站专用，锦苏直流为锦官电源组(锦西、锦东、官地电站)专用，三大直流无富裕容量供川内其他水电外送。仅德宝直流及川渝断面交流(540万 kW)可供四川主网稳定外送，外送通道与电源建设不匹配。因此，四川电力省内消纳也是目前主要的消纳方式，外送占比较小。由于大渡河距负荷中心近，按照规划，大渡河公司水电电量主要在四川消纳，无专用外送通道。

2018 年，省调机组外送电量 318.9 亿 kW • h，同比减少 10.7%。2019 年渝鄂背靠背工程投运，另规划建设康蜀串补工程、雅安加强工程、甘蜀改接工程。随着这些工程陆续投产，四川水电通道及重要断面的送出不再受大电网约束，输电能力将得到释放。预计 2019 年省调机组全年外送电量 320 亿 kW • h 左右。

3) 电力供给能力

省调电厂发电量：2018 年，省调电站发电量 1883.8 亿 kW • h，同比增长 12.4%。未来时段省调电厂发电量可以根据发电能力与弃水电量的差值估算，也可以根据供需平衡公式估算。发电能力通常根据预计来水情况进行测算。

留川电量：国调网调机组发电量通常按 30%的比例留存四川消纳。2018 年，国调网调机组留川电量为 318.7 亿 kW • h，同比增加 3.6%。

外购电量：因水电来水季节性因素，省调枯期通常会外购西北火电。2018 年，四川主网外购电量 32.1 亿 kW • h，同比增加 26.9%。

4）供需平衡分析计算案例

以预测2019年省调电厂发电量为例，2019年国调、网调留川电量及外购电量按与2018年持平考虑，2019年主网用电量按增长6%考虑，根据四川主网供需平衡公式计算：

省调电厂发电量+留川电量（318.7亿kW·h）+外购电量（32.1亿kW·h）=主网用电量（1892.8×1.06亿kW·h）+外送电量（320亿kW·h）

由此反推出省调电厂2019年发电量约1970亿kW·h。

5）竞争对手发电能力

感知竞争对手发电能力，主要是为发电、竞价策略制定提供数据支持。通常通过对手的水雨情信息，预计其发电能力。

3. 电网调度策略

1）“三公”调度

为平衡各发电企业的利益，四川主网执行“三公”（公平、公正、公开）调度。电网会对各站发电指标及进度进行平衡、控制。因此，需要感知各大水库蓄能比、发电进度等关键控制性指标。

2）各类电量调度

水、火、新能源电量分配时序、外购、外送也由电网调度机构决定。比如2019年枯水期，四川省经济和信息化厅预测2019年四川主网用电需求平均增幅6%，预测枯水期用电需求较好，整体形势为“供小于求”，尤其是1月份四川主网供电量同比增加8%。为此，枯水期1～4月份，主网省调调度思路为“前发火电、后发水电”（2018年调度策略为“前发水电、后发火电”）。1月份加大火电出力，水电减少出力维持高蓄能值，保证后期电力供应；2月份春节社会整体用电较低，降火电出力运行，水电维持正常水平发电；3～4月份加大水电出力，汛前保证各调节性水库消落至目标水位。电网这种大的调度策略执行与调整就会对大渡河公司水库消落与发电安排影响很大。

4. 政策规则

近年来，政府出台了可再生能源配额制、国网混改十大举措、清洁能源消纳行动计划、关于深化四川电力体制改革的实施意见等一系列政策，对水电消纳、水电全面参与市场竞价乃至水电调度运行等都产生了深远影响。

四川电力市场电量品种繁多，每天发出的电量其实都是由很多电量品种组成的，每种电量的价格和量都是不一样的，具体交易规则复杂多变，我们必须及时感知，及时调整策略。概括来说，主要分为优先发电量和市场电量两大类，优先发电量主要包含合同电量、留州电量、留州市场补偿电量、留存电量、精准扶贫电量、试运行电量、计划外送电量等；市场电量又可分为省内市场电量和外送电量，其中省内市场电量主要有：直购电量、直购增量、精准扶持直购电、富余及自备电量、水火替代电量、火火替代电量、自备替代电量、关停补偿电量、日前日内交易电量、留州电量、精准扶持电量、铝硅（铝电奖励电量）、上下调电量等。

四川实行丰枯分时电价政策，全年分为丰、平、枯3个时期，丰水期上网电价在平水期基础上下降24%，枯水期上网电价在平水期基础上上浮24.5%。为了保证梯级发电收益最大，各调蓄性水库(如瀑布沟)汛前必须消落至最低点，增加平枯水期发电量。

随着电改深入推进，市场交易机制逐步健全，特别是下一步现货交易的开展，对水电站指标调剂能力提出更高的要求，流域统调的优势将进一步显现。

1.3.2.2　基础数据的获取方式

目前在市场信息披露滞后的环境下，一方面通过按期收集政府、电网、行业协会、交易平台等部门定期发布的市场相关数据，手工录入系统存储并分析；另一方面，通过及时和调度机构沟通交流，了解最新调度策略和计划安排。另外，有专门的市场营销部门组织对市场相关国家政策和交易规则收集、学习、执行。

目前，难以全面、及时掌握市场数据也是大渡河公司智慧调度建设推进过程中的最大制约因素。未来，随着电力体制改革的不断推进，数据越来越公开透明，最终需要实现市场信息自动感知。

1.4　设　　备

设备信息主要是指通过计算机监控系统、工业电视、继电保护信息子站等系统将接入集控中心的各梯级水电站“五遥”(遥信、遥测、遥调、遥控及遥视)信息及集控中心相关系统的设备信息进行收集，供集控中心相关系统调度决策使用。

1.4.1　设备信息种类

(1) 电站进水口和枢纽泄洪的金属结构与相应建筑物的运行状态、参数，大坝及水工建筑物监测系统数据信息。

(2) 电站主要设备、开关站设备及主要辅助设备、公用设备的运行状态和参数，如母线电压、频率、有功功率、无功功率、输电线路潮流、线路电流、一些重要的非电量、水位、越限报警、状变、机组开停机过程等。

(3) 电站计算机监控系统运行状态、运行方式及系统状况。

(4) 集控中心至各梯级水电站及上级调度单位的通信通道运行情况。

(5) 各梯级水电站保护装置定值、版本号、模拟量、开关量、装置告警事件、动作时间、录波事件、报告、当前运行状态(运行、信号、检修、停用)等信息。

(6) 集控中心各系统运行状态。

1.4.2　设备信息获取方式

信息感知系统通过各类感应节点设备及其所属的智能组件和感应网络，实现信息的采集与感知。设备信息一般指反映设备实时状态的信息，如有功功率、电压、频率、故障信号、保护动作信号、保护功能投退情况及设备运行画面等信息，这些信息决定了调度控制策略。数据类型一般包括模拟量、开关量、中断量、视频图像等类型。

大渡河集控中心设备信息一部分通过各梯级水电站现场计算机监控系统实时采集，然后通过专用通道上送集控中心，实现“四遥”信息的采集。一部分保护功能的投退等信号通过各梯级水电站继电保护信息子站上送集控中心获取，另外的设备运行画面视频图像等通过工业电视系统采集。

大渡河集控中心计算机监控系统，对大渡河公司所属的大渡河流域梯级水电站进行集中远方实时监控、经济运行和联合优化调度、管理。计算机监控系统采用全开放的分布式结构，由网络上分布的各节点计算机单元组成，各节点计算机采用局域网联结；计算机监控系统与水调自动化系统、综合数据平台、工业电视系统、电能量采集、报(竞)价系统等各总站系统及国电营销系统进行通信。系统网络结构图如图 1-4 所示。

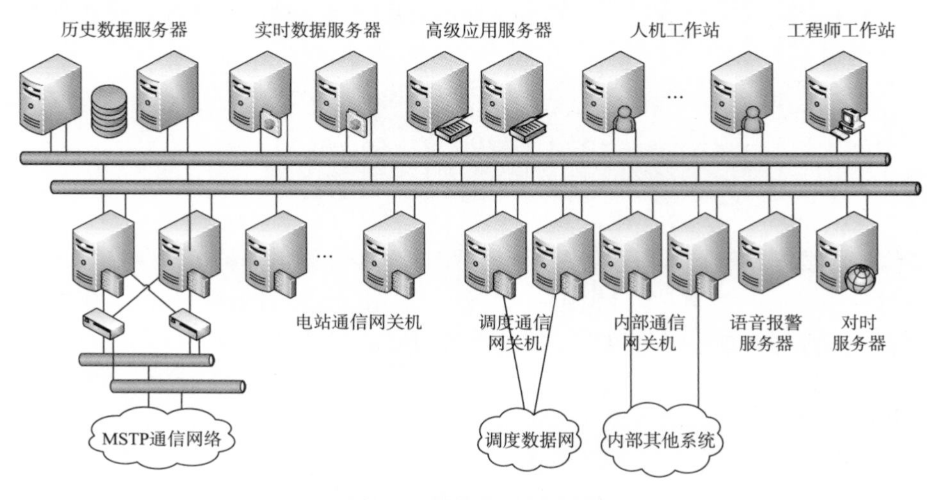

图 1-4　系统网络结构图

大渡河集控中心继电保护运行及故障录波管理系统的主要功能是将流域各梯级水电站的继电保护和故障录波信息接入集控中心并实现统一管理，便于集控中心调度人员在发生事故时及时判断、发现、处置故障。系统网络拓扑图如图 1-5 所示。

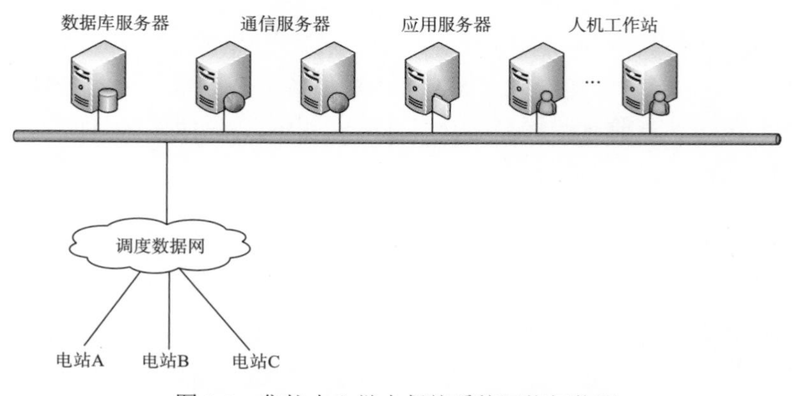

图 1-5　集控中心继电保护系统网络拓扑图

1.5 环　　境

环境感知是对水电站所处环境，包括大坝、厂房、边坡以及防汛对象等通过视频、远程遥测等手段进行感知。视频信号的采集由工业电视系统完成。远程遥测主要包括库坝监测系统。

1.5.1 环境信息种类

环境所涉及的信息种类非常多，如库坝监测到的一些关于大坝、边坡位移的结构化数据。同时，有很多相关的数据都是非结构化的，如文件、政策、值班记录等文本类数据，还有如视频、音频、图像、流媒体等数据。这些数据不仅容量大，在管理和检索上相对于结构化数据也较困难。

1.5.2 环境信息获取方式

环境所涉及的信息种类非常多，而且很多相关的数据都是半结构化或非结构化的数据。这些数据的获取、存储、检索都比较困难。对于结构化的数据，比如库坝监控系统的数据，可按照传统的模式进行。对于半结构化或非结构化数据，分词工具、图像识别、语音识别等技术将其打上相关的标签，将其与结构化的数据匹配结合，便于下一步检索和使用。

1.5.2.1 库坝监测信息

库坝监测系统是一个集 GNSS (global navigation satellite system) 卫星定位、计算机通信、网络传输、数据处理与管理、分析计算及新型传感器等高新技术于一体的系统工程。它利用现有各类主流传感器获取的有关坝体、边坡、气象、水位等各监测指标的数据，通过采集器组成无线自组织网络，将监测数据在没有有线通信和移动通信信号的条件下，安全高效地传输到监测中心，最终实现大坝安全的多源监测集约化与可视化。

首先，根据大坝及边坡的具体情况对监测点位进行计算及选址。再经过实地踏勘，根据工作区域设计点位周边存在的树木、高压线等自然环境问题，参考点位静态数据成果，结合经济赔偿等实际情况，对部分点位的位置进行调整。

GNSS 监测型接收机定位于提供高质量、高稳定性与高可靠性的结构监测服务，主要应用于大坝、桥梁、滑坡、建筑物等需要自动化高精度监测的各个行业。

大坝上的观测点数据一般采用光纤传输。光纤沿大坝坝体上游的桥架走线槽布置，横穿坝体时在坝体上开槽。其余不能架设光纤的观测点数据采用 4G 模块传输，信号传输至机房，进行数据处理。4G 模块传输信号的优点是传输数据稳定，受周围环境(如树木遮挡等)影响小，传输距离远，具有通信速度快、网络频谱宽、通信灵活等特点。

供电方面，大坝上的观测点由电站提供稳定的交流供电。每个观测点的机柜内配置有空气开关及避雷保护器，可保证观测点的用电安全。其余不能采用稳定交流供电的观测点，可采用太阳能电池板供电。

控制中心由服务器、交换机、配电设施、网络设施、消防设施、避雷等硬件系统和GNSS 解算软件、Geomos 采集分析软件以及库坝信息系统组成，实现监测数据的获取、存储、显示、综合分析。

通过库坝监测系统，我们可以得到关于观测目标的位移、变形等数据。

1.5.2.2 视频信息

视频信息主要通过工业电视系统传输、采集。采集内容包括各投运电站的工业电视视频信号和在建工地的工业电视视频信号。

工业电视系统主要用于接收流域电站、在建工程工业电视系统上送的实时工业电视监控画面，实现对流域各梯级水电站的遥视功能。大渡河梯级集中控制中心工业电视系统设置有图像管理服务器、流媒体服务器，实现了龚嘴、铜街子、瀑布沟、深溪沟、吉牛、枕头坝一级、大岗山、猴子岩、沙南共 9 个水电站，以及双江口等在建工程的工业电视图像接入。

在集控中心设置有 8 套终端进行远程视频实时调度、查看，同时设置 2 台视频解码主机，通过解码输出图像，送至大屏幕系统进行集控中心实时图像显示，同时实现重要图像通过转码后上传至国网四川省电力公司、四川省人民政府防汛抗旱指挥部办公室。系统网络拓扑图如图 1-6 所示。

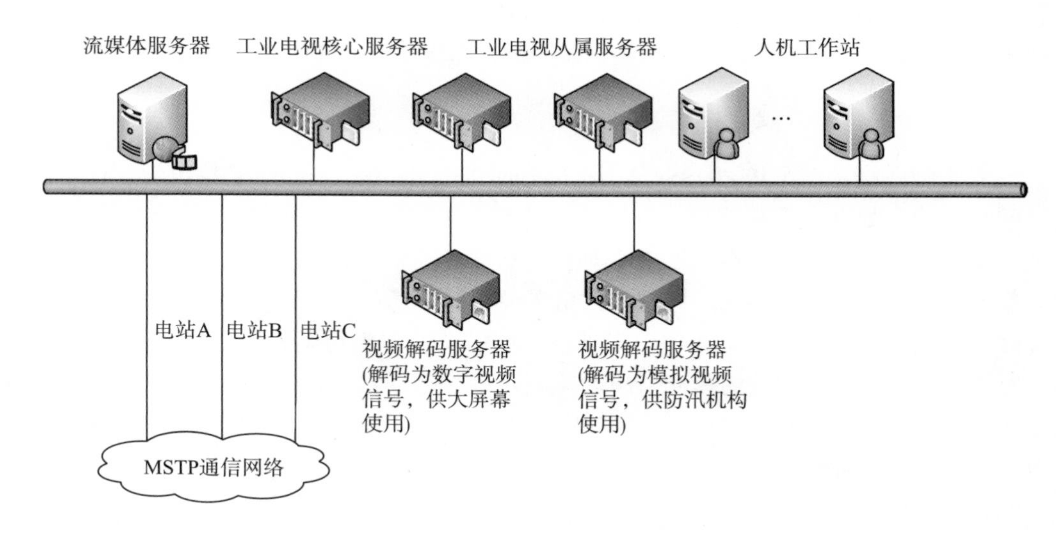

图 1-6 集控中心工业电视网络拓扑图

集控中心工业电视系统是一套综合视频监控管理平台，该平台具有前端视频设备管理、电子地图、视频监视和回放等多方面系统功能。综合视频监控管理平台支持ONVIF(open network video interface forum)、GB/T28181 等多种标准通信协议，并且还能提供 SDK(software development kit)开发包可供第三方系统平台的接入，具有良好的通用性和扩展性。同时采用了高性能的网络转发传输技术，实现了大数据量的视频数据综合业务处理，提供了高清视频、安全存储、高速转发等功能。

集控中心监控平台采用分布式结构，主要由若干台服务器、网络交换机、监控/管理客户端、上墙解码显示设备等构成。服务器包括管理服务器、通信服务器等。另外工业电视系统与计算机监控系统采用 RS232 的串口通信，修订的 Modbus 协议实现计算机监控系统发生事故、故障报警信号时与预先设定好的就近摄像头产生联动，以便运行人员立即可以观看到现场情况及危险点信号的产生。

第2章　数 据 传 输

大渡河流域梯级水电站集中控制的重要依托，除了各种感知数据的系统，最为重要也最为关键的就是将感知到的数据通过稳定的传输通道，高效地完成数据交换。在数据交换领域通常分为有线和无线方式。有线传输方式往往能在相同投资的情况下，获得更多的带宽资源，能够跨越更广的地域，具有相对更稳定的通信质量。但无线传输方式，在一些不便布设有线通信线路，或应急指挥等场景下有着更好的应用。大渡河流域梯级水电站就采用了自建光纤环网，租用运营商光纤通道和商业卫星通道，以及在上一章中提到的通过移动通信网络、北斗卫星通信网络、互联网等方式，组成强大的复合数据传输通道，完成各种场景下不同需求的数据交换。

2.1　光 纤 通 信

光纤通信系统是以光为载波，利用纯度极高的玻璃拉制成极细的光导纤维作为传输媒介，通过光电变换，将信息从一处传至另一处的通信方式，被称为“有线”光通信。当今，光纤以其传输频带宽、抗干扰性高和信号衰减小，而远优于电缆、微波通信的传输，已成为世界通信中的主要传输方式。

最基本的光纤通信系统由数据源、光发送机、光学信道和光接收机组成。其中数据源包括所有的信号源，它们是话音、图像、数据等业务经过信源编码所得到的信号；光发送机和调制器则负责将信号转变成适合于在光纤上传输的光信号，先后用过的光波窗口有850nm、1310nm和1550nm；光学信道包括最基本的光纤，还有中继放大器EDFA（erbium doped fiber amplifier）等；而光接收机则接收光信号，并从中提取信息，然后转变成电信号，最后得到对应的话音、图像、数据等信息。

光接口是光通信系统最具特色的部分，由于它实现了标准化，使得不同网元可以经光路直接相连，节约了不必要的光/电转换，避免了信号转换带来的损伤(如脉冲变形等)，节约了网络运行成本。按照应用场合的不同，可将光接口分为三类，即局内通信光接口、短距离局间通信光接口和长距离局间通信光接口。不同的应用场合用不同的代码表示，见表2-1。

代码的第一位字母表示应用场合：I 表示局内通信；S 表示短距离局间通信；L 表示长距离局间通信。字母横杠后的第一位表示STM（scanning tunnel microscope）的速率等级，如1表示STM-1，16表示STM-16。第二个数字（小数点后的第一个数字）表示工作的波长窗口和所有光纤类型：1和空白表示工作窗口为1310nm，所用光纤为G.652光纤；2表示工作窗口为1550nm，所用光纤为G.652或G.654光纤；3表示工作窗口为1550nm，所用光纤为G.653光纤。

表 2-1　光接口代码参数一览表

应用场合	局内	短距离局间	长距离局间
工作波长/nm	1310	1310、1550	1310、1550
光纤类型	G.652	G.652	G.652、G.653
传输距离/km	≤2	15	40、60
STM-1	I-1	S-1.1、S-1.2	L-1.1、L-1.2
STM-4	I-4	S-4.1、S-4.2	L-4.1、L-4.2
STM-16	I-16	S-16.1、S-16.2	L-16.1、L-16.2

2.1.1　大渡河光纤通信系统概述

为实现大渡河集控中心对所属各流域电站实施远方监控及对各电站水库的远方调度，需在集控中心与各梯级水电站之间建立稳定、可靠的光纤通信传输网络，为集控中心提供流域梯级水电站综合自动化系统的数据、话音以及图像信息的传输通道。2008 年经与四川省电力公司努力沟通、协商，本着互利互惠和资源利用最大化的原则，提出并促成由国电大渡河公司投资建设四川电力川西南光纤环网新棉—冕山段“500kV/24 芯”OPGW(optical fiber composite overhead ground wire)光缆，除自用 2 芯外，其余 22 芯置换四川电力川西南光纤环网其余光缆线路纤芯，组建大渡河流域光纤通信网络的合作方案。通过实施该设计方案，实现了投资 120km 光缆建设，实际完成近 1500km 的大渡河流域光纤通信网络建设。该网络建成，使得大渡河流域各梯级水电站可通过其接入系统接入该光纤网络，从而实现与大渡河集控中心安全可靠通信。

大渡河流域光纤通信系统于 2008 年建成并投运，采用中兴 ZXMP 390/S85 系列的 SDH(synchronous digital hierarchy)设备，带宽为 2.5G。2008 年完成龚嘴、铜街子水电站接入，2010 年完成瀑布沟、深溪沟水电站接入，2014 年完成大岗山、枕头坝一级水电站接入，2016 年完成猴子岩、沙南水电站的接入，使流域各梯级水电站至集控中心分别有 2 条不同路由的电力光纤通信通道。目前整个系统共有 30 台光纤通信设备，其中 18 台中兴 ZXMP S380 光通信设备(2012 年之前投运)、7 台中兴 ZXMP S385 光通信设备(2012 年之后投运)、5 台中兴 ZXMP S320/330 光通信设备(主要用于厂站内部通信)。系统网络结构图如图 2-1 所示。

大渡河流域光纤通信系统网络结构由 1 个光纤核心环网、3 个子光纤环网及多个支线链路组成，系统组成如下：

(1)川西南核心环网：由石棉变—雅安变—蜀州变—尖山变—东坡变—南天变—大堡中继—菩提变—西昌变—越西变光纤环网电路组成，共计 10 个光节点；

(2)龚、铜水电站子光纤环网：由铜街子水电站、龚嘴水电站、东坡变、南天变 4 个光节点组成，其中东坡变、南天变与核心网络共节点；

(3)省调、集控中心子光纤环网：由省调、集控中心、蜀州变及尖山变 4 个光节点组成，蜀州变、尖山变与核心网络共节点；

(4)枕头坝一级—深溪沟—瀑布沟电站—东坡变支线电路 1+1 配置；

(5)大岗山—雅安变支线电路 1+1 配置；

(6)猴子岩、康定子环网：由猴子岩、丹巴变、康定变 3 个光节点组成，经康定变—蜀州变支线电路 1+1 配置接入川西南核心环网；

(7)沙南—南天变电路 1+1 配置。

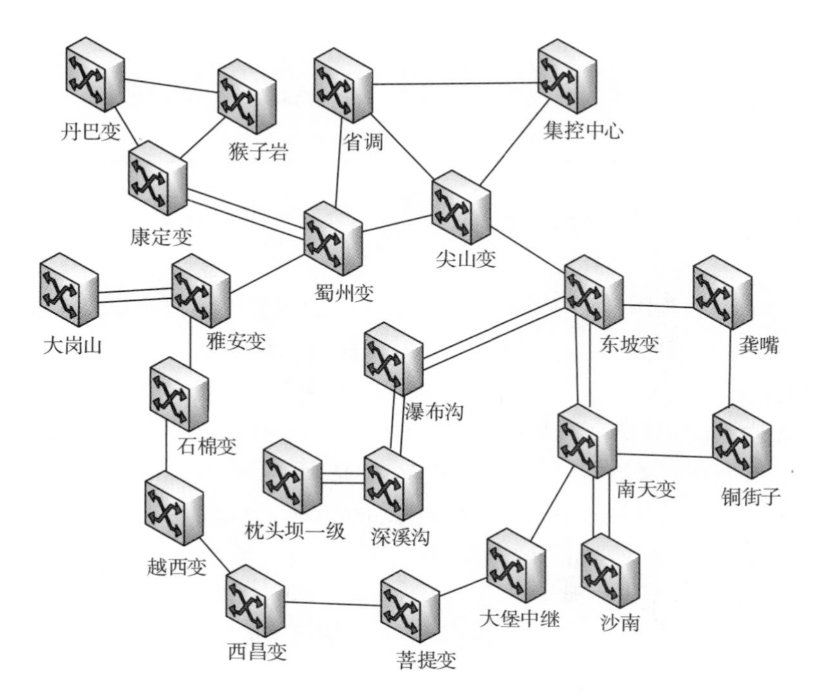

图 2-1 大渡河流域光纤通信系统网络拓扑图

2.1.2 大渡河光纤通信系统保护策略

西南环与乐山环有两个相切节点，分别为东坡变与南天变。这两个环之间的互通业务采用复用段环保护加 DNI(dual node interconnection)保护，除东坡变与南天变外的非相切节点失效可以利用环内的复用段保护倒换机制来保护，而东坡变与南天变这两个相切节点中的某一个节点失效，可以利用另一个相切节点通过 DNI 来保护。

西南环与成都环之间只有一个相切节点尖山变，无法实现 DNI 保护，因此为防止尖山变节点故障造成西南环与成都环通信中断，在蜀州变与省调之间增加了一条 STM-16 的 SNCP(subnetwork connection protection)保护通道。因此西南环与成都环之间的互通业务采用复用段环保护加 SNCP 保护。西南环上的业务为一条 SNCP 子网路由通过尖山变至集控中心，另外一条 SNCP 子网路由通过蜀州变—省调至集控中心。

其余的支链采用 1＋1 不带额外业务的复用段线路保护。

现在以铜街子至集控中心的监控系统 10Mbit/s 通道为例讲述整个 MSTP(multi-service transport platform)网络中的保护结构。这条通道的信宿为集控中心网元第 8 槽位以太网板的第 3 个 AU4 中的第 1 至 5 VC12，信源为铜街子网元 8 槽位以太网板的第 3 个 AU4 中的第 1 至 5 VC12。时隙分配图如图 2-2 所示。

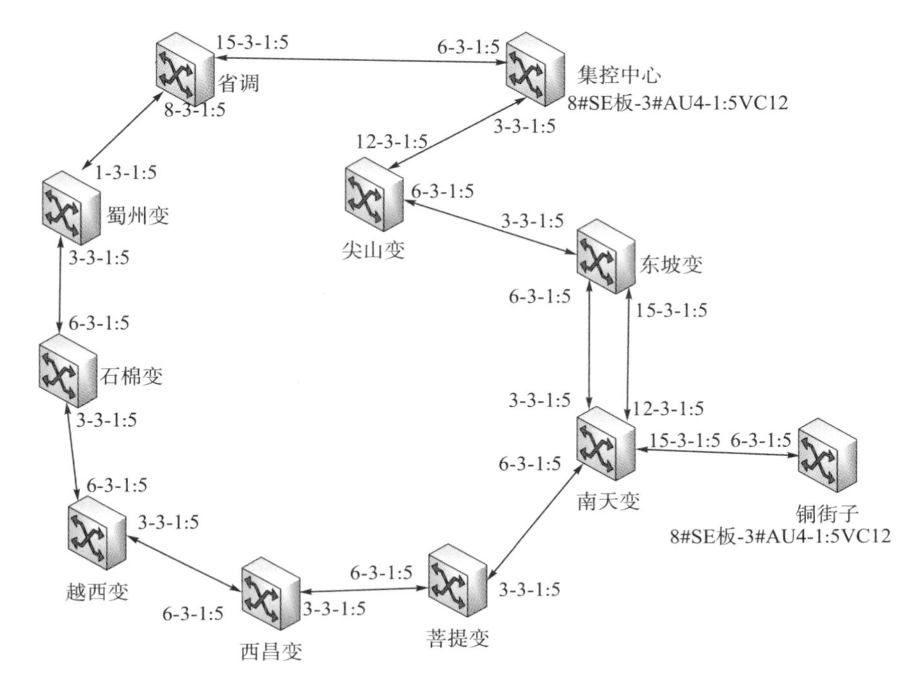

图 2-2 铜街子至集控中心的远动数据 10Mbit/s 时隙分配图

时隙分配图 2-2 中某个网元的某块光板的某个时隙用“x-x-x”的形式表示。例如铜街子水电站上“6-3-1:5”表示铜街子电站网元的第 6 槽位 OL16 光板的第 3 个 AU4 中的第 1 至 5 VC12。

从图中可以看到，铜街子水电站将信源“8#SE 板-3#AU4-1:5VC12”送到铜街子水电站时隙“6-3-1:5”中与南天变的时隙“15-3-1:5”相连。在南天变有两个子网实现 SNCP 保护。信宿集控中心(8#SE 板-3#AU4-1:5VC12)根据集控中心(6-3-1:5)与(3-3-1:5)这两个子网时隙信号的优劣进行选收。在两个子网中各个复用段环内利用复用段倒换保护，在南天变与东坡变之间采用 DNI 保护，整个网络采用 SNCP 保护。

子网 1 路由：南天变(15-3-1:5)－南天变(3-3-1:5，12-3-1:5)—东坡变(6-3-1:5，15-3-1:5)－东坡变(3-3-1:5)－尖山变(6-3-1:5)－尖山变(12-3-1:5)－集控中心(3-3-1:5)－集控中心(8#SE 板-3#AU4-1:5VC12)。其中南天变(3-3-1:5，12-3-1:5)—东坡变(6-3-1:5，15-3-1:5)采用了 DNI 保护配置，分别属于两个复用段环内，其中一个节点故障可以由另外一个节点来保护。

子网 2 路由：南天变(15-3-1:5)－南天变(6-3-1:5)－菩提变(3-3-1:5)－菩提变(6-3-1:5)－西昌变(3-3-1:5)－西昌变(6-3-1:5)－越西变(3-3-1:5)－越西变(6-3-1:5)－石棉变(3-3-1:5)－石棉变(6-3-1:5)－蜀州变(3-3-1:5)－省调(15-3-1:5)－集控中心(6-3-1:5)－集控中心(8#SE 板-3#AU4-1:5VC12)。

2.2 卫星通信

2.2.1 卫星通信系统概述

通信卫星(communication satellite)是用作无线电通信中继站的人造地球卫星，是卫星通信系统的空间部分。通信卫星转发无线电信号，实现卫星通信地球站(含手机终端)之间或地球站与航天器之间的通信。通信卫星按轨道的不同分为地球静止轨道通信卫星、大椭圆轨道通信卫星、中轨道通信卫星和低轨道通信卫星；按服务区域不同分为国际通信卫星、区域通信卫星和国内通信卫星；按用途的不同分为军用通信卫星、民用通信卫星和商业通信卫星；按通信业务种类的不同分为固定通信卫星、移动通信卫星、电视广播卫星、海事通信卫星、跟踪和数据中继卫星；按用途多少的不同分为专用通信卫星和多用途通信卫星。一颗地球静止轨道通信卫星大约能够覆盖40%的地球表面，使覆盖区内的任何地面、海上、空中的通信站能同时相互通信。在赤道上空等间隔分布的3颗地球静止轨道通信卫星可以实现除两极部分地区外的全球通信。通信卫星是世界上应用最早、应用最广的卫星之一，美国、苏联/俄罗斯和中国等众多国家都发射了通信卫星。

作为无线电通信中继站，通信卫星像一个国际信使，收集来自地面的各种“信件”，然后再“投递”到另一个地方的用户手里。由于它“站”在36 000km的高空，所以它的“投递”覆盖面特别大，一颗卫星就可以负责1/3地球表面的通信。如果在地球静止轨道上均匀地放置三颗通信卫星，便可以实现除南北极之外的全球通信。当卫星接收到从一个地面站发来的微弱无线电信号后，会自动把它变成大功率信号，然后发到另一个地面站，或传送到另一颗通信卫星上，再发到地球另一侧的地面站上，这样，我们就收到了从很远的地方发出的信号。

通信卫星一般采用地球静止轨道，这条轨道位于地球赤道上空35 786km处。卫星在这条轨道上以3075m/s的速度自西向东绕地球旋转，绕地球一周的时间为23小时56分4秒，恰与地球自转一周的时间相等。因此从地面上看，卫星像挂在天上不动，这就使地面接收站的工作方便多了。接收站的天线可以固定对准卫星，昼夜不间断地进行通信，不必像跟踪那些移动不定的卫星一样四处“晃动”，使通信时间时断时续。现在，通信卫星已承担了部分洲际通信业务和电视传输。

2.2.2 卫星通信技术特点

1) 卫星通信的优点

(1) 卫星通信覆盖区域大，通信距离远。因为卫星距离地面很远，一颗地球同步卫星便可覆盖地球表面的1/3，因此，利用3颗适当分布的地球同步卫星即可实现除两极以外的全球通信。卫星通信是远距离越洋电话和电视广播的主要手段。

(2) 卫星通信具有多址联接功能。卫星所覆盖区域内的所有地球站都能利用同一卫星进行相互间的通信，即多址联接。

(3) 卫星通信频段宽，容量大。卫星通信采用微波频段，每个卫星上可设置多个转发器，故通信容量很大。

(4) 卫星通信机动灵活。地球站的建立不受地理条件的限制，可建在边远地区、岛屿、汽车、飞机和舰艇上。

(5) 卫星通信质量好，可靠性高。卫星通信的电波主要在自由空间传播，噪声小，通信质量好。就可靠性而言，卫星通信的正常运转率达 99.8%以上。

(6) 卫星通信的成本与距离无关。地面微波中继系统或电缆载波系统的建设投资和维护费用都随距离的增加而增加，而卫星通信的地球站至卫星转发器之间并不需要线路投资，因此，其成本与距离无关。

2) 卫星通信缺点

(1) 传输时延大。在地球同步卫星通信系统中，通信站到同步卫星的距离最大可达 40 000km，电磁波以光速(3×10^8m/s)传输，这样，路经地球站→卫星→地球站(称为一个单跳)的传播时间约需 0.27s。如果利用卫星通信打电话，由于两个站的用户都要经过卫星，因此，打电话者要听到对方的回答必须额外等待 0.54s。

(2) 回声效应。在卫星通信中，由于电波来回转播需 0.54s，因此产生了讲话之后的“回声效应”。为了消除这一干扰，卫星电话通信系统中增加了一些设备，专门用于消除或抑制回声干扰。

(3) 存在通信盲区。把地球同步卫星作为通信卫星时，由于地球两极附近区域“看不见”卫星，因此不能利用地球同步卫星实现对地球两极的通信。

(4) 存在日凌中断、星蚀和雨衰现象。

2.2.3　大渡河 VSAT 卫星通信系统

目前卫星通信系统应用最多的是甚小口径卫星终端站(very small aperture terminal，VSAT)。这里的“小”指的是 VSAT 卫星通信系统中小站设备的天线口径小，通常为 0.3～1.4M。VSAT 系统具有灵活性强、可靠性高、成本低、使用方便以及小站可直接装在用户端等特点。VSAT 系统由一个主站及众多分散设置在各个用户所在地的远端 VSAT 组成，可不借助任何地面线路，不受地形、距离和地面通信条件限制，主站和 VSAT 间可直接进行高达 2Mb/s 的数据通信，特别适用于有较大信息量和所辖边远分支机构较多的部门使用。VSAT 系统可提供电话、传真、计算机信息等多种通信业务。该系统由 288 颗近地轨道卫星构成，每颗卫星上由路由器通过光通信与相邻卫星连接构成空中互联网。地面服务商接入网关站(双向 64Mb/s)和一般移动用户(下行 64Mb/s，上行 2Mb/s)直接与卫星连接接入。

大渡河 VSAT 卫星通信系统于 2012 年建成并投运，目前共有 1 个中心站、12 个卫星小站、1 个移动站，其主要功能是在地面网络中断的情况下，为集控中心至各梯级水电站的重要数据和调度电话提供传输通道。该卫星通信网络为一星状拓扑结构网络，中心站设在集控中心，远端站分别设在各梯级水电站，卫星通信系统将使用卫星的 Ku 波段，通信传输体制为 TDM/TDMA(time division multiplex/time division multiplex address)。数据业务采用 10M/100M 以太网接口接入，各种 IP 业务设备通过以太网交换机或集线器与卫星系统以太网接口直接连接。话音业务采用 VOIP（voice over internet protocol）方式接入，卫星系统通过 VOIP 网关提供的 E1 数字中继接口，在集控中心与交换机连接，在远端站与用户电话单机相连，采用 G.729 或 G.723 8kb/s 等多种话音编码。

1. 中心站

这个系统采用单一的出向 TDM 载波和单一的入向 TDMA 载波，就可以支持数量数以千计的远端站。中心站由 1 套 3.7m 天线、2 台 16W 功放（1∶1 热备）、2 台 LNB（low noise block）（1∶1 热备）、1 台 iDirect 卫星系统、1 台华为路由器、1 台华为交换机、1 个哈里斯 SIPU 网卡及辅助系统组成。

中心站卫星系统配备 iDirect 1IF（4 插槽），它包括 2 个调制解调单元卡（1+1 在线热备份配置）、1 套网管系统（包括主备协议处理器、主备网管处理器，用于全网的管理和业务调度，以及 QoS 和 DAMA/BoD 动态控制）和私网路由器、以太网交换机，系统设备具有完全符合 IEEE802.3 标准的以太网 RJ-45 接口，可直接连接 IP 设备。为了进一步提高系统的可靠性，网管系统中的协议处理器和 NMS 服务器均配置为 1+1 模式，卫星基带单元 Minihub 采用 1∶1 热备，以保障系统的可靠性。中心站如图 2-3 所示。

iDirect 卫星基带单元 Minihub 主站套件共包括以下几部分：

➢1 台带有 L-band 接口的卫星基带单元 Minihub 主站机箱

➢1 台协议处理服务器（Protocol Processor）

➢1 台网管服务器（NMS）

➢1 台 48 端口 Cisco 2950 以太网交换机

主机机箱：

➢F-头发射 Tx、Rx 端口，L-Band

➢F-头接收 Tx、Rx 端口，L-Band

➢下行速率可达 18Mb/s

➢上行速率可达 10Mb/s

➢支持应用拓扑：星状

➢10/100/1000 Base-T 以太网接口（RJ-45）

➢串行控制口（RJ-45）

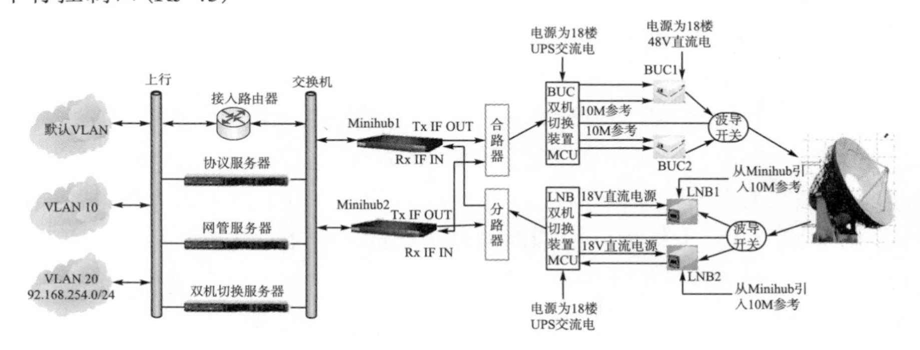

图 2-3 卫星通信系统中心站网络拓扑图

2. 卫星小站

每个小站配置 2.4m 天线。室内设备包括：iDirect 远端站 5300、交换机 1 台，室外设备包括：8W 的功放，中频接口为 L 频段。LNB，中频接口为 L 频段，可以实现电话、网络和数据功能。如果需要视频传输，只需要增加视频设备即可。卫星小站采用 iDirect 5000 系列调制解调器以其完备的功能及网络传输能力，不仅能满足密集型用户的宽带需求，而且支持未来通信业务扩展的需求。设备通过整合灵活的网络平台和高效的 TCP/IP 处理能力(下行：18Mb/s，上行：10Mb/s)，专门为电力调度通信网络应用提供了解决方案。高效的带宽使用能力，加之网络灵活性及服务质量保证(QoS)，不仅从性能上远远超过了传统的卫星网络，而且更加拓宽了地面网络的应用范围。

卫星小站网络拓扑图如图 2-4 所示。

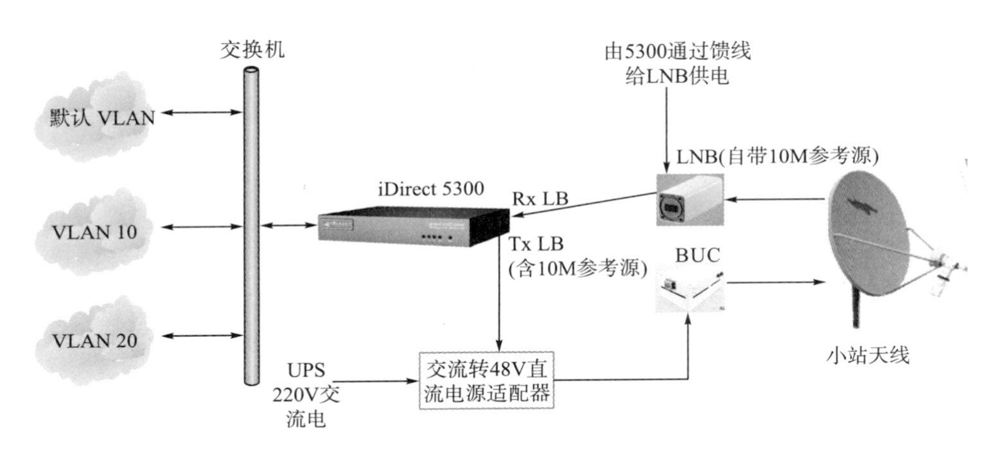

图 2-4　卫星小站网络拓扑图

3. VSAT 卫星通信系统软件

卫星通信系统软件采用 iDirect NMS(network management system)软件，能够实现全功能 NMS，跨多区域管理多主站、多网络，真正实现功能的集中、统一；集中管理所有远端站和主站配置，可以通过卫星线路对远端站进行软件升级，配置更改；另外，提供强大的功能帮助用户进行网络性能分析、流量监控(IP 层、卫星层)，全面监视全网的运行状态、性能指标，以使用户掌控全网的运行状况。

全球 NMS 可以跨多区域管理网络，使小站具有“漫游”功能。当移动远端站(如远洋船只、移动车)从一个主站覆盖区域(网络)移动到别的主站覆盖区域(网络)时，小站会在新的主站(网络)自动入网，无须人为干预(如修改配置、天线转星等)。

iDirect NMS 主要包括 iBuilder 和 iMonior 两部分。iBuilder 主要提供对全网的配置和控制，包括通过卫星电路对远端站进行软件升级、配置更新(图 2-5)。它能呈现网络的图形显示，通过简洁明快的图形用户界面(graphical user interface，GUI)直观地查看和配置系统参数。

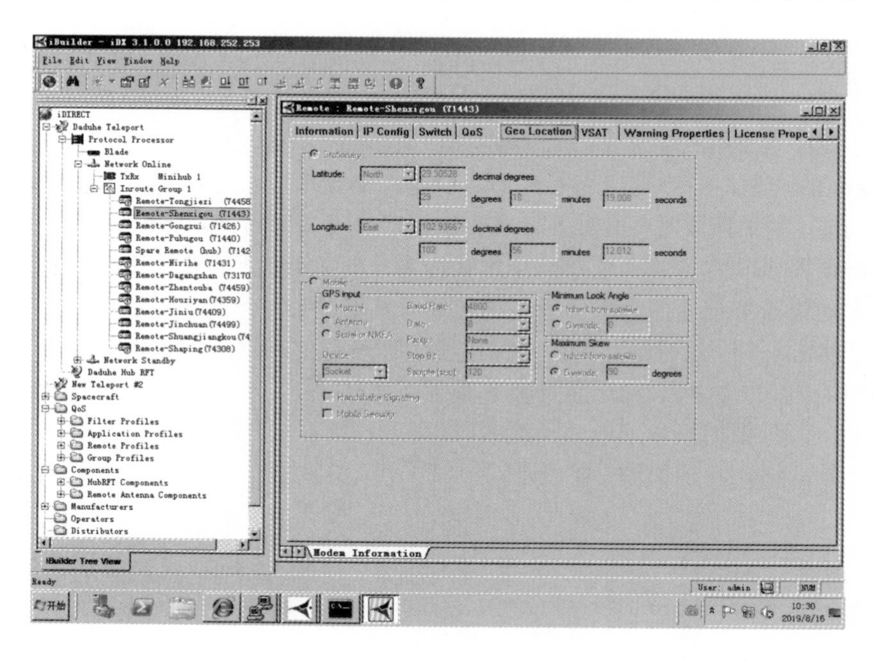

图 2-5　iBuilder 网管配置软件

iMonitor 提供一系列丰富的工具来监视网络运行的一举一动，并能及时给操作员提供网络运行性能报告和故障报警（图 2-6）。其告警和报警能力能以声音、视觉触动来告知系统的不寻常状态，操作员可以从详细的图形显示和统计信息来分析、定位问题之所在。所有的网络数据包括告警、报警、事件和统计均可在实时或历史监控中得到。

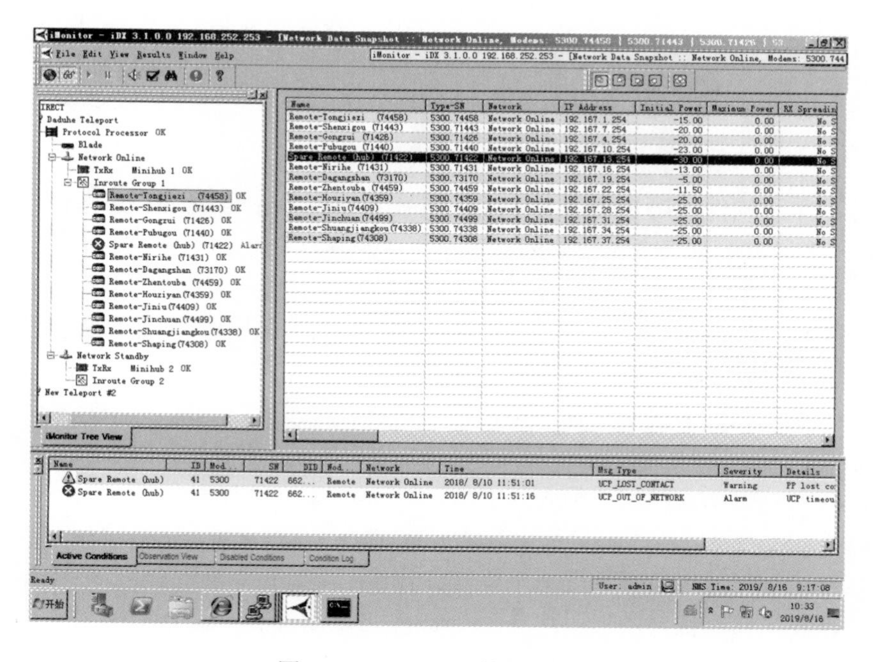

图 2-6　iMonitor 网管监控软件

iBuilder 和 iMonitor 支持随意访问远端小站，只要远端小站有 IP 连接到 NMS 服务器。NMS 业务流带宽需求量非常小，连拨号线路也可以支持最复杂的图形显示数据的传输。

iDirect NMS 为网络提供全面的配置、监控、诊断和分析功能。NMS 完全基于图形操作界面(GUI)设计，便捷的界面便于操作和管理人员使用。此网络管理系统提供多层次的数据检查/验证、组播下载/升级、多用户操作、可视化诊断、信息图形展示和数据分析能力。iDirect NMS 丰富的功能和操作便捷性获得了网络操作人员的认可和赞许。iDirect 的 NMS 所具有的功能有：

➢配置管理

➢故障管理

➢性能管理

➢操作员管理

➢卫星载波管理

➢业务流管理

➢安全管理

➢统计和报告产生管理

➢用户认证和管理

iDirect 的 NMS 可以做到：

➢实时监控网络各个方面。所有的远端站都由网络管理中心系统控制。

➢多层次彩色选项显示配置、告警、报警等信息。

➢新远端站的自动安装和测试。iDirect 的图形工具软件可以使小站的安装极其容易。小站的安装入网过程可从 NMS 中心网管来监控。

➢NMS 远程命令可改变 VSAT 频率或工作模式(如端口速度、端口协议配置、运行软件版本)。如图 2-7 所示。

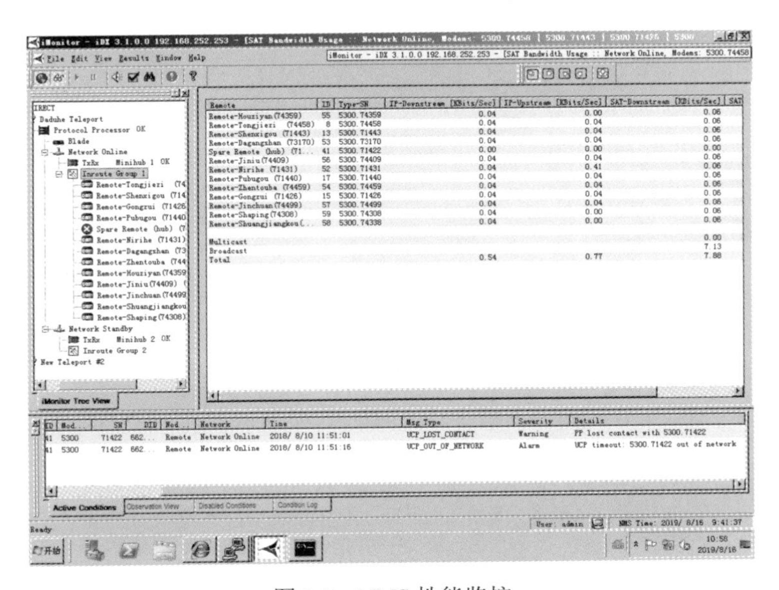

图 2-7　NMS 性能监控

➢在线访问用户配置管理信息。

➢丰富的报告/报表输出，包括时隙利用率、信道利用率、端口利用率、呼叫记录报表。

利用NMS中的地理位置图功能，iDirect可以图形跟踪显示远端站在全球的位置变化。实时地理位置显示功能能动态地、形象地显示各移动站的方位变化。

2.2.4 基于VSAT的VOIP调度通信

为满足大渡河全流域应急通信的需求，以大渡河VSAT卫星通信系统为网络支撑，构建基于VSAT的VOIP应急卫星调度通信系统。

大渡河 VSAT 卫星通信系统中心站与远端站均划分 3 个 VLAN(virtual local area network)，其中VLAN30作为VOIP应急调度通信系统的专用VLAN。在中心站，集控中心配置有一台哈里斯1024用户的调度程控交换机，在交换机内部安装一块内嵌于哈里斯交换机的EEG IP网关板。EEG网关板前面板引出一条10/100M网络接口连接到VSAT卫星通信系统中心站的VLAN30交换机端口上，EEG网关板打开H.323协议的VOIP功能，为调度交换机提供了VOIP接口。在远端站，每个梯级水电站配置1台SAG32 VOIP网关，该网关提供2～32个模拟电话接口，通过一个10/100M网络接口连到VSAT卫星通信系统中心站远端站的VLAN30交换机端口上，实现模拟语音的IP数字化转换。这样集控中心通过VSAT卫星通信系统提供的IP数据网，可以将集控中心调度交换机上的模拟用户号码远程配置到各远端站的SAG32 VOIP网关上，从而实现集控中心与流域各梯级水电站建立一套基于VSAT卫星通信系统的VOIP应急调度通信系统。该系统网络结构如图2-8所示。

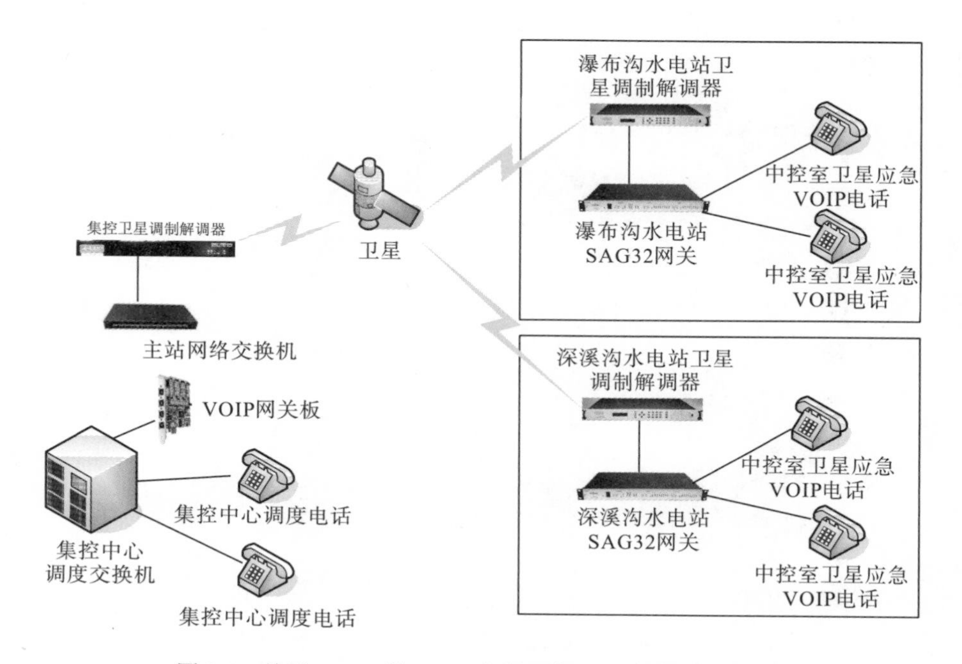

图2-8 基于VSAT的VOIP应急调度通信系统网络结构图

VSAT 卫星通信系统根据每个远端站 SAG32 网关预先制定的 QoS 策略和实际通信业务需求来分配相应的卫星带宽。系统以每秒 8 次的速度实时调整每个远端站的带宽分配，非常适合突发性的 VOIP TCP/IP 业务的网络应用。由于卫星通信系统是备用的应急通信系统，因此正常情况下无业务数据传输，只有很少一部分系统 QoS 链路管理数据传输，因此在 VSAT 卫星通信系统的入向载波上的 12 个时隙(time-slot)中，每个远端站只占用了 1 个时隙，大部分时隙处于空闲状态。时隙使用情况如图 2-9 所示，2/3 的时隙处于空闲状态，工作时隙只有 1/3。

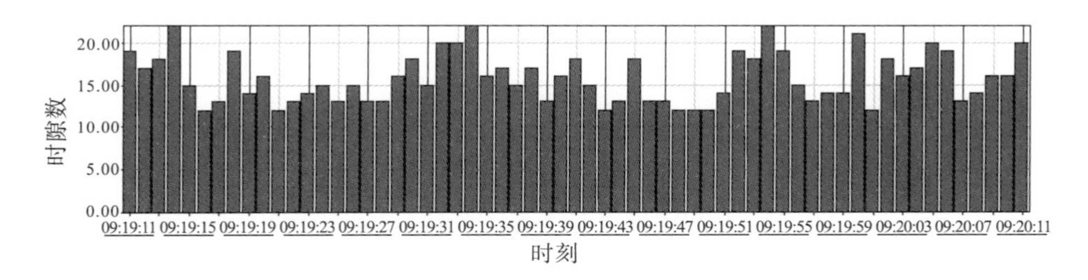

图 2-9　基于 VSAT 的 VOIP 应急调度通信系统时隙占用图

系统入向载波流量数据监视图如图 2-10 所示，在入向载波上 QoS 链路等管理数据流量很低，为 4～5kb/s。实际测试 3 个远端站 6 部卫星应急 VOIP 电话同时启用后，流量大约为 60kb/s，每部卫星应急 VOIP 电话实际占用带宽不到 10kb/s。系统入向载波配置的带宽为 634.57kb/s，足够 12 个远端站和 1 个移动站使用。

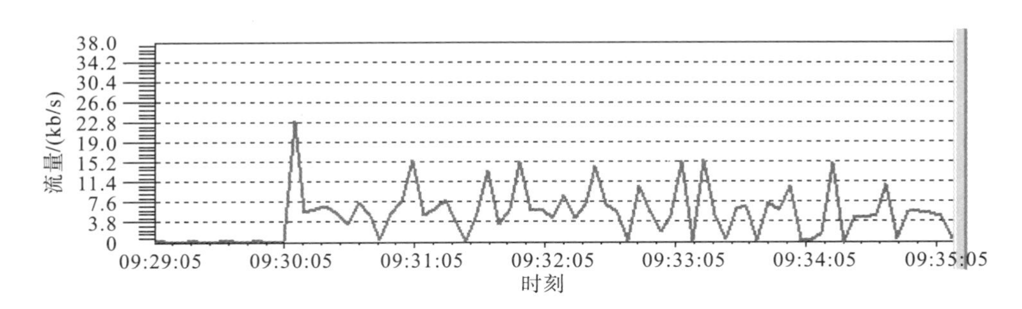

图 2-10　基于 VSAT 的 VOIP 应急调度通信系统流量实时监视图

2.3　公　网　通　信

为保证在大渡河流域光纤通信系统网络中断情况下，集控中心至流域各梯级水电站监控系统数据传输通道畅通，集控中心至流域各梯级水电站分别租用了 1 条公网运营商(电信/移动/联通)的 MSTP 光纤通信系统 2M 传输专线作为备用通信通道。以大岗山、枕头坝一级为例，公网备用通信通道网络连接示意图如图 2-11 所示。

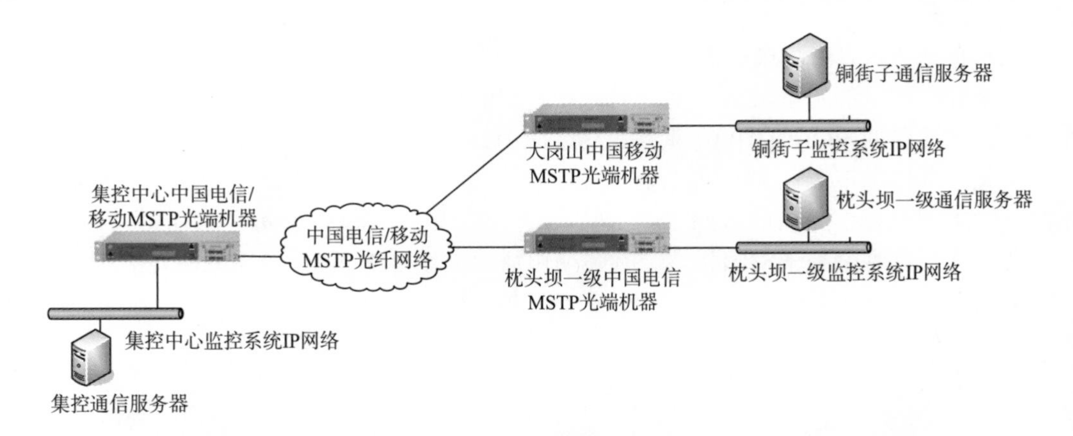

图 2-11 公网备用通信通道网络连接示意图

随着流域水电站开发投运，大渡河流域通信系统快速发展，形成了流域梯级水电站与集控中心的通信以环网或双光缆光纤通信通道为主用，电信运营商通信通道为第一备用，卫星通信通道为第二备用的通信网络结构。系统功能完善，设备运行稳定，与省调、流域各梯级水电站的行政、调度通信稳定、畅通，监控系统等数据传输可靠，集控中心通信系统已完全满足智慧调度通信要求。

第3章 数 据 处 理

3.1 云计算中心

3.1.1 云计算基本概念

根据国家标准定义，“云计算是通过网络访问可扩展的、灵活的物理或虚拟共享资源池，并按需自助获取和管理资源的模式。”

云计算是使计算分布在大量的分布式计算机上，而非本地计算机或远程服务器中。企业数据中心的运行将与互联网更相似，这使得企业能够将资源切换到需要的应用上，根据需求访问计算机和存储系统。云计算支持用户在任意位置、使用各种终端获取应用服务，所请求的资源来自“云”，而不是固定的有形的实体。应用在“云”中某处运行，但实际上用户无须了解，也不用担心应用运行的具体位置，只需要一台笔记本或者一个手机，就可以通过网络服务来实现需要的一切，甚至包括超级计算这样的任务。

一般云计算中心总体架构如图 3-1 所示。

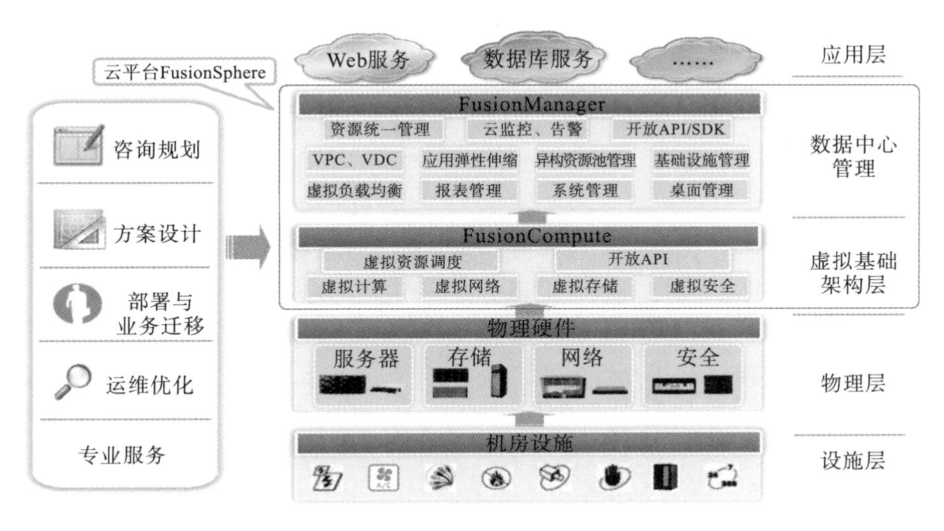

图 3-1 云计算中心总体架构图

云计算中心从逻辑上分为硬件部分和软件部分。硬件部分是指可以提供从数据中心基础层的机房建设、供电与散热方案到数据中心使用的服务器(刀片式&机架式)、存储设备、网络设备、安全设备等全套硬件产品，当然也可以基于客户提供的机房等现有可用硬件设施建设云计算数据中心，同时兼容客户指定的业界主流的硬件产品。软件部分则以云计算软件系统为主体来构建云平台及管理系统。

3.1.2 大渡河云计算中心体系架构

1. 基础架构

大渡河云计算中心是基于服务器、存储设备、网络设备、安全设备等硬件，分别构建出虚拟计算资源池、虚拟存储资源池、虚拟网络资源池、虚拟安全资源池，实现对各类资源的池化管理，由云计算软件按用户所需给虚拟机分配资源，释放后的虚拟资源会被重新纳入资源池管理；同时，云计算软件基于资源池的统一管理，还实现了虚拟资源基于用户策略的调度管理，提高资源利用率，节能减排。该层还对外提供了开放的API(application programming interface)接口，将虚拟基础架构层提供的对资源的各种操作、能力开放出来，可以引入第三方厂家进行二次开发对接，构建能对外开放运营的公有云系统，或者面向内部用户提供云服务的私有云系统。该 API 接口还兼容业界主流的 AWS(amazon web service) API。

2. 云计算管理

云计算支持用户在任意位置、使用各种终端获取应用服务。所请求的资源来自“云”，而不是固定的有形的实体。应用在“云”中某处运行，但实际上用户无须了解，也不用担心应用运行的具体位置，只需要一台笔记本或者一个手机，就可以通过网络服务来实现需要的一切，甚至包括超级计算这样的任务。

云数据中心管理是必不可少的功能，主要提供如下功能：

➢资源统一管理：实现对云数据中心中虚拟资源、物理资源的统一管理，包括资源的生命周期管理、资源分配等。

➢云监控、告警：提供物理服务器、虚拟机、存储、交换机、物理集群等各个维度各种性能指标的监控功能；提供各种软、硬件设备的不同级别的告警界面呈现、邮件转发、告警短信提示功能；各类物理资源、虚拟资源的拓扑呈现。

➢开放 API/SDK：对外提供开放 API 接口，并提供 SDK 开发包，方便用户或第三方进行二次开发，对系统进行进一步集成。

➢VPC(virtual private cloud)、VDC(virtual data center)功能：为满足企业内部总部和多个分支机构之间或者多个业务部门之间对数据中心资源自主使用、自主管理的需求，VPC 功能可以从网络上对不同分支机构或不同部门的物理资源、虚拟资源进行隔离，保证不同分支机构或不同部门的资源在各自子网内访问；VDC 是从组织的角度设置的逻辑概念，可以是一个部门或一个分支机构，每个 VDC 可以被管理员划分一定的物理资源或虚拟资源，VDC 管理员可以管理该 VDC 下的资源，从资源管理、使用的角度进行了隔离。

➢应用弹性伸缩：系统按照管理员设置的应用资源使用变更策略，根据应用的负载轻重自动调整应用所需要的虚拟机数量，达到资源按需使用，弹性伸缩。

➢异构资源池管理：云管理平台 FusionManager 不仅能管理 FusionCompute 构建的云计算资源池，而且可以管理 VMware vSphere 构建的云计算资源池，并且实现管理流程和操作的完全统一。

➢基础设施管理：主要包括物理服务器、交换机、存储设备的接入、监控、告警，物理服务器的上、下电控制。

➢虚拟负载均衡：用户可以在 FusionManager 上申请负载均衡器，将业务虚拟机关联到负载均衡器。负载均衡器根据用户设定的负载均衡策略，将业务请求均匀分发到与之关联的虚拟主机上，使得每个业务虚拟机的负载基本均衡，保证业务运行的稳定性和可靠性。

➢报表管理：支持将监控数据导出为报表，便于用户进行进一步分析和管理。

➢系统管理：包括用户管理、系统配置、定时器设置、密码规则设置等功能。

3. 统一运维管理

云计算中心所有的硬件设备使用 eSight 管理软件进行统一管理，并接入 ManageOne 进行设备监控和业务监控。FusionSphere 云计算解决方案中的云管理 FusionManager 能够在同一个管理系统中实现硬件资源管理、逻辑拓扑监控、告警与事件管理、系统监控、虚拟资源管理、系统配置、用户管理、操作日志查询等功能，并能实现与 NTP 服务器自动对时，支持自动化运维和自动化调度。

3.1.3 大渡河云计算中心存储设计

1. 云存储设计

云计算中心采用融合存储的方式，将分布式存储、统一存储(SAN、NAS)和蓝光光盘库融合按需分配给不同的业务需求使用。

分布式存储 FusionStorage 作为一种存储与计算高度融合的存储软件，通过突破性的架构和设计，达到高性能、高可靠、高性价比。它具有一致的、可预测的性能及可扩展性，具有高弹性和自愈能力，能使计算存储高度融合。FusionStorage 采用分布式集群控制技术和分布式 Hash 数据路由技术，提供分布式存储功能特性。

分布式存储的组成包括：

➢存储驱动层：通过 SCSI(small computer system interface)驱动接口向操作系统、数据库提供卷设备。

➢存储服务层：提供各种存储高级特性，如快照、链接克隆、精简配置、分布式 Cache、容灾备份等。

➢存储引擎层：FusionStorage 存储基本功能，包括管理状态控制、分布式数据路由、强一致性复制技术、集群故障自愈与并行数据重建子系统等。

➢存储管理平台：实现 FusionStorage 软件的安装部署、自动化配置、在线升级、告警、监控和日志等办公自动化功能，同时对用户提供 Portal 界面。

2. 云容灾备份

数据云容灾备份工具 eBackup 配合 FusionCompute 的更改数据块跟踪(changed block tracking，CBT)及快照功能实现虚拟机数据备份方案。eBackup 通过与 FusionCompute 配合，对指定虚拟机或虚拟机内指定卷对象按照指定的备份策略进行备份。当虚拟机数据丢失或发生故障时，可使用备份的历史点数据进行恢复。数据备份的目标端可以为 SAN 和 NAS 存储。

虚拟机备份方案具有以下功能特点：

➢无代理备份，不需要在要备份的虚拟机内安装备份代理软件。

➢支持虚拟机在线备份，不管虚拟机是开机还是关机都可进行备份。

➢支持对多种生产存储上的虚拟机进行备份和恢复，包括 FusionStorage 与存储云化。

➢支持备份到 SAN(storage area network)或 NAS(network attached storage)。

➢支持 Windows VSS(volume shadow copy service，卷影复制服务)应用一致性，保证备份数据可恢复。

➢支持多种备份类型，包括完全备份、增量备份，并可批量备份。

➢完全备份支持有效数据备份。

增量备份和差量备份功能只需备份变化数据块，减少了备份数据量，降低了备份虚拟机的成本，并最大限度地缩短了备份窗口。

➢支持多种恢复类型，包括恢复到新虚拟机(整机恢复)、恢复到原虚拟机(磁盘恢复)和恢复到指定虚拟机(磁盘恢复)，并可批量恢复。其中恢复到新虚拟机(整机恢复)仅用于通过 FusionCompute 创建的虚拟机，不适用于通过 FusionManager 或 VDI(virtual desktop infrastructure)创建的虚拟机。支持各种操作系统的细粒度文件级恢复。

➢支持多种恢复方式，包括镜像恢复、差量恢复与各种客户操作系统的细粒度文件级恢复。

➢镜像恢复时，恢复的数据量与完全备份相同。

差量恢复仅针对存储云化，恢复到原虚拟机时，利用更改数据块跟踪(CBT)功能只需恢复从备份点到磁盘当前点之间变化的数据块，从而实现快速恢复。

细粒度文件级恢复时，可以只恢复磁盘内的部分文件或目录，而不需要恢复整个磁盘，从而实现更快速和有效的恢复。

使用存储云化时，支持多种备份数据传输模式，包括 LAN(local area network)、LANSSL(local area network secure sockets layer)、SAN(或 LAN-Free)。通过 LANSSL 加密传输，可以保证备份数据安全；通过 SAN(或 LAN-Free)传输，可提升备份恢复性能，减少对生产服务器的性能影响，由于备份网络采用的是内部存储网络，不存在安全性问题。

➢支持灵活备份策略。

➢支持针对不同虚拟机或虚拟机组设置不同备份策略。

➢支持通过选择云计算环境下的容器(如集群)选择需要备份的虚拟机，备份时自动发现容器下新增的虚拟机，同时也支持对迁移的虚拟机进行备份。

➢支持备份数据中重复数据的删除和压缩。

➢支持设置备份数据保留时间以自动清除过期备份数据。

➢支持设置备份策略优先级。

➢支持并发备份与恢复，单个备份代理支持 40 个并发任务。

➢支持跨 FusionCompute 站点的虚拟机磁盘的备份和恢复。

➢采用备份服务器与备份代理结合的分布式备份架构；一个备份服务器可最多具有 64 个备份代理（备份服务器同时具有备份代理的功能，不需单独部署备份服务器），并可通过浏览器统一管理。建议按每个备份代理配置 200 个虚拟机进行规划配置，可根据虚拟机数量扩展备份代理，最大支持 10 000 个虚拟机备份。

高可靠性：

➢备份代理发生故障后，备份代理上的业务分配到其他备份代理上运行。

➢针对操作系统、主机节点以及系统存储损坏等不同场景，提供备份系统自身灾难恢复功能。

易管理和维护：

➢提供虚拟机模板和物理服务器部署方式，简化 eBackup 备份软件安装部署操作，缩短部署时间。

➢提供基于 GUI（graphical user interface）和命令行的 CLI（command-line interface），进行集中的备份恢复业务和系统管理，为用户提供简单直观的操作维护方式。

3.2　云数据中心

3.2.1　云数据中心基本概念

云数据中心是集水电大数据存储、计算、分析、应用等功能于一体的智慧企业基础设施重要平台。云数据中心是企业级的数据服务一体化平台，为企业内部数据、外部数据提供采集、存储、管理，完成数据的集中、整合，并为企业各个应用系统提供数据服务；支持企业业务的发展，支持业务部门查询、统计、分析的需求，并用数据“说话”。

云数据中心包括：数据采集、数据存储、数据计算、数据管理、数据服务（应用）5 个部分。

云数据中心系统架构如图 3-2 所示。

3.2.2　云数据中心数据采集

云数据中心需要采集各类数据，形式多样，需支持不同频度、不同形态的数据采集。采集方式包含流方式、批量导入方式、外部数据文件导入方式、异构数据库导入方式、增量追加方式等，数据形态包括结构化数据、半结构化数据、非结构化数据。大渡河公司大数据来源广泛，根据不同的数据形态和采集方案，可以分为以下三种：

➢结构化数据：这部分数据实时性要求较低，是各专业或部门业务系统产生的数据，如工单、缺陷、工作计划等数据。

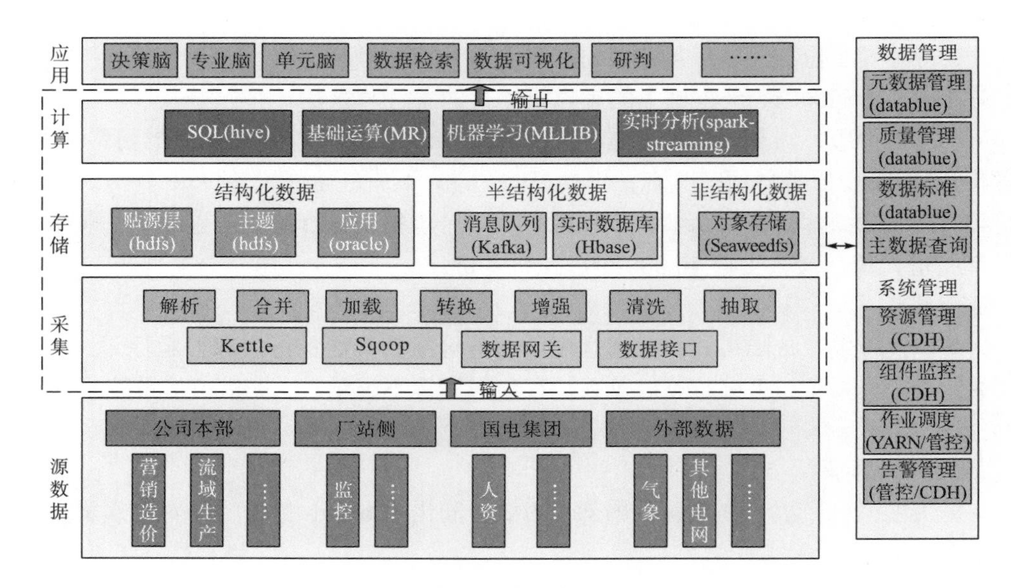

图 3-2　云数据中心系统架构

➢非结构化数据：主要是公司管理过程中产生的如图片、文档、视频等数据，具有文件类型多、大小不一、访问长尾等特点。

➢半结构化数据：这部分数据和上面两种类别都不一样，它是结构化的数据，但是结构变化很大。因为需要了解数据的细节，所以不能将数据简单地组织成一个文件按照非结构化数据处理，由于结构变化很大也不能够简单地建立一个表和它对应。

平台数据采集技术根据不同数据形态，将使用不同的技术方案。详细方案如下。

1. 实时数据

实时数据采集技术方案如图 3-3 所示。

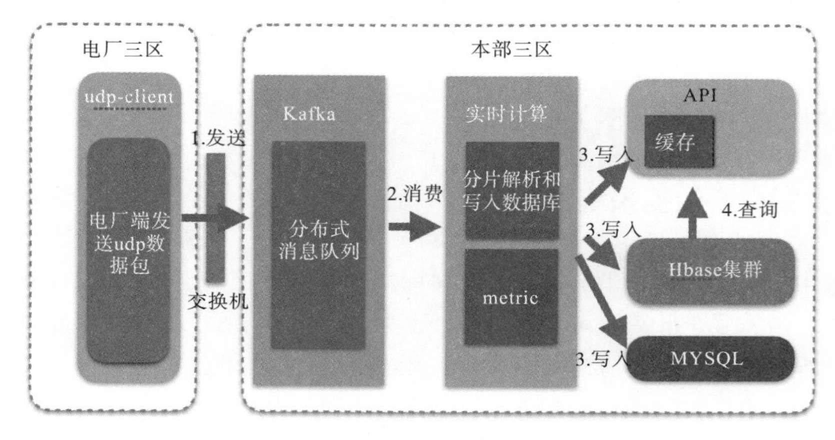

图 3-3　实时数据采集技术方案

➢在电厂三区 udp-client 将数据发送到 Kafka，首先是进行削峰，防止过量数据将后续程序冲掉；二是进行业务分离，将不同电厂的数据以不同的通道发送，使电厂之间的数据互相不影响；三是方便发生异常后的数据恢复。

➢在 Kafka 下游，启动多个实时消费服务，采用 Pull 的方式读取数据，提高数据的读取效率。

➢数据读取后，进行数据解析，并将数据存储到 Hbase 库，同时将每个测点数据的最新值发布到 API 的内存块中，供实时性要求较高的需求进行应用；实时计算服务可以横向扩展，同时出现错误时也可以自动切换。

➢由于电站到平台的网络传输速度有限，经过仔细测试，电站传到平台大文件传输能达到 7Mb/s，而对于监控数据这种小量数据则只能达到 3Mb/s，便将所有的带宽占用满了，就会导致其他服务不能正常使用。为了适应这种情况，在传输时，所有数据采取变化后再发送的方式，同时为了进一步减少数据量，每个点号的数据只传输时间、点号、值三个字段，并将 10 条数据合并后批量传输过来。为了统计平台同步数据的整体延时，在每一条合并数据增加一个时间戳，当消费端将数据写入 Hbase 时，用写入时系统的时间减去该时间戳，平台内延时，则为写入到 Kafka 的时间戳到写入 Hbase 的这段时间。

➢支撑数据应用需求方通过 API 来查询历史数据。

2. 结构化数据

结构化数据主要是通过 kettle 的定时任务来抽取。数据采集的技术方案根据不同系统、不同数据量以及不同实时性需要采取不同的策略。

全量策略：定时全量抽取数据，主要针对数据量比较固定、较小的表，比如水情年数据表。

增量策略：增量策略可分为增量流水、增量归档和增量快照。

针对数据提供方式分为文件形式和数据库形式。

对于水情、电能量等通过文件方式传输过来的数据，首先数据提供方将数据放到双方约定的位置，按照约定的文件格式，然后采集方按照一定的频率采用 kettle 将文件解析，采取插入更新的方式写入到目标库，然后再抽取到贴源层。

对于数据库里的数据，kettle 支持直接从库里抽取数据到贴源层。

3. 非结构化数据

非结构化数据通过使用定时的方法，将已有的数据上传到 Seaweedfs（小文件存储组件）。非结构化数据采集过程如图 3-4 所示。

非结构化数据采集过程如下：

➢定时扫描需要同步机器的同步目录，当该目录有文件变动时向 Web 服务器发起一个请求。

➢Web 服务器向小文件存储系统目录层发起一个请求，请求目录。

➢目录层创建目录。

➢Web 服务器向文件存储层写入变更。

➢Web 返回客户端成功。

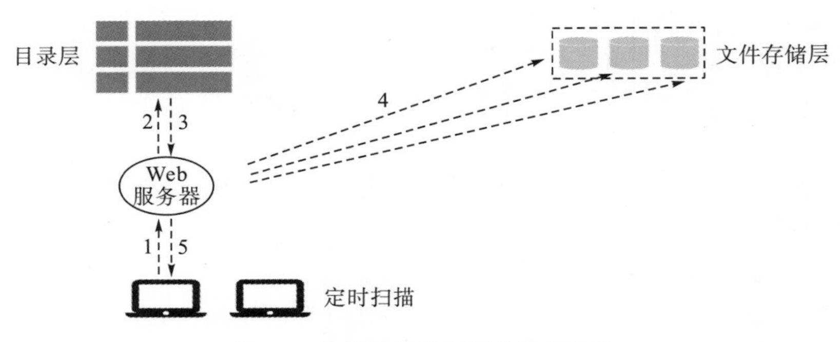

图 3-4　非结构化数据采集技术方案

3.2.3　云数据中心数据存储

数据存储管理包括数据分区划分方式、适用场景、对应计算处理框架、硬件配置推荐等；同时需要支持多存储层级，能够将数据存储在不同 IO 读写速度的不同介质上；支持对数据生命周期进行管理；支持多种索引模式，具有索引分析与选择功能和工具；支持多数据副本管理功能，能够进行数据平衡、索引平衡的检测；支持自动平衡功能和数据自动重分布功能，提供数据平衡和索引平衡的工具；支持在线变动节点管理功能，支持在线增加、删除节点时，数据和索引的倾斜探测和自动平衡功能，保证平滑扩展和性能的线性增长；支持多种数据分区管理、多数据类型管理、多文件格式管理、数据文件元数据备份和恢复；支持数据压缩、表压缩功能，节省数据空间。

数据存储主要分为三层：贴源层、数据仓库、数据集市。

1. 贴源层

贴源层 ODS 用于存放从业务系统直接抽取出来的数据，这些数据从数据结构、数据之间的逻辑关系上都与业务系统基本保持一致，主要关注数据抽取的接口、数据量大小、抽取方式与数据清洗等方面的问题。其目的是保持和源系统数据一致，便于问题数据跟踪回溯。

2. 数据仓库

数据仓库有三部分：

➢主题层。数据按主题域进行存储管理，方便数据消费者有效查找、组织、获取自己需要的数据；用于查看分析等用途。主题层数据通常是最细粒度的数据，保留时间较长，根据使用情况决定其是否永久保留。

➢轻度汇总层。对部分数据进行轻度汇总加工，这类数据通常具有以下特点：汇总数据使用频率高；明细数据短期保存，而汇总数据具有较高的长期或永久保存价值；明细数据量特别大，汇总需要特别长的时间。

➢主数据。将贴源层的主数据加工存放。

3. 数据集市

数据集市是满足特定的部门或者专业用户的需求，按照多维的方式进行数据存储，包括定义维度、需要计算的指标、维度的层次等，生成面向决策分析需求的数据立方体。

实时数据具有数据产生频率快、数据应用实时性要求高、总体数据量大等特点(如电站监控类数据)。因此，需要直接从数据源采集到数据仓库中；数据的采集与存储根据数据特性及应用需求将在三个区域体现，一个是消息队列 Kafka，一个是最终储存的数据库 Hbase，另一个是 API 的内存中，供实时性要求较高的需求进行应用。为了简单的数据核对以及容错恢复，在 Kafka 中每一个电站建一个 topic：monitor_pubugou。根据压力测试与容错考量，每个 topic 建 6 个分区和 2 个副本。业务系统的非结构化数据基本是按照目录结构进行存放的，将这些文件同步到数据库平台后，为了尽量不影响业务系统对原文件的访问，需要使文件的存储结构和源系统保持一致。每一个文件存储的结构为：{文件所在机器 IP}/文件所在机器的原路径，便于业务系统访问原数据。

3.2.4 云数据中心数据质量

数据质量的保障是数据分析结论性和准确性的基础，也是这一切的前提。如何评估数据质量的好坏，业界有很多不同的标准，根据大数据平台的实际情况，我们主要从四个方面进行评估，即完整性、准确性、一致性和及时性(图 3-5)。

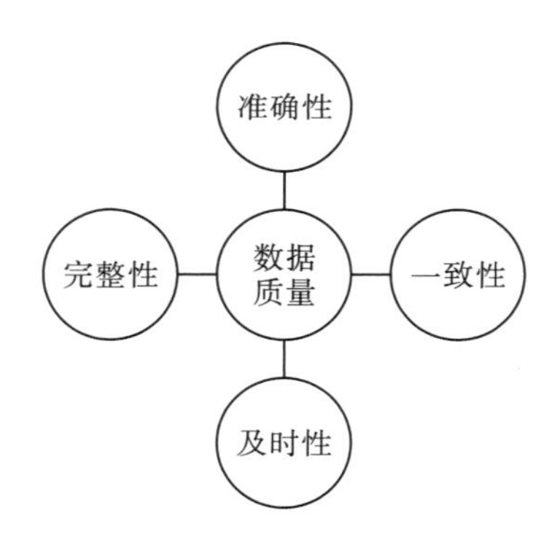

图 3-5 数据质量保障原则

完整性是指数据的记录和信息是否完整，是否存在缺失的情况。数据的缺失主要包括记录的缺失和记录中某个字段的缺失，两者都会造成统计的不准确，所以数据完整是数据质量最基础的保障。

准确性是指数据中记录的信息和数据是否准确，是否存在异常或者错误的信息。比如某天的发电量是负数，则当天的电能量数据肯定是错误的。如何确保记录的准确性，也是保障数据质量必不可少的一个原则。

一致性一般体现在跨度很大的数据仓库中，比如在很多业务的数据仓库分支，对于同一份数据比如电能量，必须保证一致。

在确保数据的完整性、准确性和一致性后，接下来就要保障数据能够及时产出，否则就失去了数据及时性的价值。而对监控数据而言，及时性需要达到秒级，对数据质量工作加大了挑战。

随着云数据中心运行不断持续，接入数据越来越多，数据仓库的规模在不断膨胀，同时数据质量的保证越来越复杂，为此，我们提出一系列提高数据质量的方法。

1. 应用场景梳理

梳理好数据流转的链路，在上游数据做改动时，需要评估对下游的影响，并且审批后才可行动。

➢风险点监控主要针对数据日程运行过程中可能出现的数据质量和时效性等问题进行监控，监控规则可以定制。比如定时校验每天的发电量是否为负数，一旦出现，则马上人工介入，分析原因，做到用户对问题无感知。

➢在数据流转的过程中，将会对关键节点上下游的数据进行定时核对，提前发现问题。

➢相关人员定期对最近出现的问题进行复审，大家分析故障原因，交流解决问题方案，形成后续解决此类问题的方案，并且以详细的文字记录下来，以便在下次出现问题时能够快速解决，尽量减少对用户的影响。

2. 数据质量衡量

针对数据质量的衡量，云数据中心提出两个指标：数据质量起夜率和数据质量事件。

➢数据质量起夜率。很多数据产品应用一般在上班前提供前一天的数据分析结果，一般而言数据仓库的很多定时任务是在凌晨运行的，一旦数据出现问题就需要开发人员起夜进行处理，因此每个月的起夜率将是衡量数据质量的关键性指标。如果频繁起夜，则说明数据质量的建设不够完善。

➢数据质量事件。针对每一个数据质量问题，都记录一个数据质量事件。对于数据质量事件，首先要跟进数据质量问题的处理过程，其次归纳分析数据质量的原因，最后根据数据质量原因来查漏补缺，既要找到数据出现问题的原因，也要针对类似问题给出后续预防方案。

中篇　精准预测

第4章 气象预报

降水是径流形成的重要物理成因和物质基础，预报降水作为流域径流预报的重要输入，制约着径流预报的精度及预见期。在过去应用于流域径流预报的天气预报研究中，对于降水仅仅提供了定性预报或者是大尺度范围下的面降水预报。然而，这些方法缺乏对大气物理过程的模拟，尤其是针对局地气候复杂多变的山区，难以实现精细化的降水预报，在径流预报中容易带来较大误差，不利于水资源的优化调度。本章将从短期时间尺度的降水预报出发，充分融合美国国家环境预测中心发布的背景场资料和流域自建观测站雨量资料，优化 WRF 模式下本地化物理模型方案和参数组合，建立适用于大渡河流域的降水数值预报方法，为大渡河流域提供不同时空尺度的定时定点定量的高精度降水预报，提高径流预报水平。

4.1 数值天气预报简介

20 世纪，在世界气象组织的推动下，各国开展广泛合作，逐步建立了遍布全球的气象观测站网。气象预报是气象人员根据各地探测得来的地面和高空的气象资料，绘制成各种天气图表，再结合卫星云图以及气象雷达观测资料，最终以此为基础发展天气学(定性)预报方法以及结合数理统计学发展的统计天气预报方法。随着电子计算机用于天气预报，气象预报人员经过研究，逐渐采用一种新的预报方法——数值天气预报方法。

数值天气预报是指根据大气实际情况，在一定的初值和边值条件下，通过大型计算机做数值计算，求解描写天气演变过程的流体力学和热力学的方程组，预测未来一定时段的大气运动状态和天气现象的方法。数值天气预报是当今高精度气象预报的必要工具，它的出现全面改变了依靠人工经验来推测未来天气变化的传统模式，从而把“主观定性预报”提升到“客观定量预报”的水平，进一步实现了为特定气象要素的具体数值提供较高时空分辨率的精准预测，并可以通过物理模型对其三维结构进行模拟和再现。数值天气预报是一门综合性应用科学，其发展取决于大气科学、计算科学与计算机技术、空基与地基遥感技术以及地球科学的其他领域等学科的进步和发展。

4.1.1 数值天气预报技术发展简史

100 年前，挪威学者 Bjerknes 在世界上首次对数值天气预报理论做了非常明确的表述，他认为大气的未来状态原则上完全由大气的初始状态、已知的边界条件和大气运动方程、质量守恒方程、状态方程、热力学方程所共同决定。Bjerknes 还将他的思想、观点逐步灌输给他的学生和培根天气动力气象学校的学生(如 Rossby、Eliassen 和 Fjörtoft)。Richardson 等很多科学家对上述数值微分方程的求解投入大量研究，但是均以失败告终。数值天气预报模式作为地球大气这一典型的非线性系统的离散化计算模式，其计算量非常大，为了在比实际天气演变更短的时间内完成所有的计算，高速计算机成了决定性的关键技术。

20 世纪 40 年代前后大气科学取得了重大突破，波动理论的出现为数值天气预报滤波模式发展奠定了理论基础。第二次世界大战后，地面和高空观测密度、范围大大增加，并出现了大容量、高速电子计算机，为数值天气预报发展提供了可靠的初值条件和有力的计算手段与工具。1950 年，Charney 等借助美国的世界上首台电子计算机 ENIAC 成功制作了 500hPa 高度场 24 小时预报；1954 年，瑞典率先开始了数值天气预报业务；20 世纪 60 年代中期，一批有影响的参数化方案相继被提出，并逐步走向成熟；1965 年，Smagorinsky 等提出较高分辨率的 9 层大气环流模式，为现代数值天气预报模式的研究与应用奠定了重要基础。

中国是气象数值预报起步较早的国家之一，于 1955 年开展数值天气预报的研究，但总体上发展缓慢。1969 年才正式开始发布短期的数值天气预报产品，20 世纪 70 年代后期逐步建立起数值预报业务系统，1980 年利用自行研制的亚欧区域短期预报模式，开始发布日常 48 小时形势预报，2002 年引进了 ECMWF 全球谱模式，发布有限的数值预报产品，于 2007 年 5 月加入世界天气研究计划的中长期数值天气预报项目(THORPEX Interactive Grand Global Ensemble，TIGGE)。

到目前为止，已有超过 30 个国家将数值天气预报作为日常天气预报的方法。随着近年来高性能计算机的发展和并行计算技术的提升，以及天气模型、物理过程参数化及其算法的不断完善，数值天气预报的空间分辨率已经从几十千米提升至一千米以下的水平。然而，选择全球大尺度谱模式还是有限区域中小尺度格点模式，选择静力平衡模型还是非静力模型，预报对象是台风和暴雨等特殊灾害天气还是风速、温度等常规气象要素，这些预报需求和预报对象的不同，也决定了在模式的选择和使用上必须深入考虑。

4.1.2 WRF 预报模型简介

4.1.2.1 WRF 模式介绍

WRF 模式是由美国国家大气研究中心(National Center for Atmospheric Research，NCAR)、美国国家海洋和大气管理局(National Oceanic and Atmospheric Administration，NOAA)的预报系统实验室(Forecast Systems Laboratory，FSL)、美国国家环境预报中心(NCEP)和俄克拉荷马大学的风暴分析预报中心(Center for Analysis and Prediction of Storms，CAPS)等多单位联合发展起来的新一代非静力平衡、高分辨率、科研和业务预报统一的中尺度预报模式。WRF 模式改进了原有的中尺度数值模式，如 MM5(NCAR)、ETA(NCEP/NOAA)、RUC(FSL/NOAA)等，通过完善的参数化方案，可实现单向嵌套、多向嵌套和移动嵌套，很好地模拟从几米到几千千米尺度的各种天气系统。WRF 模式通过采用高度模块化、并行化和分层设计技术，集成了迄今为止在中尺度方面的研究成果，实现了将学术研究与业务使用的数值模式整合成单一系统，是中小尺度天气系统的进一步精细研究，也是目前最为广泛使用的天气预报模式。该模式模拟和实时预报试验表明，WRF 模式系统在预报各种天气中都具有较好的性能，具有广阔的应用前景。

WRF 模式重点考虑从云尺度到天气尺度等重要天气的预报，因此，模式包含高分辨率非静力应用的优先级设计、大量的物理选择、与模式本身相协调的先进的资料同化系统。WRF 模式主要由驱动数据、模式预处理、主模式和模式后处理四部分组成。驱动数据主要是为模式运行提供数据支撑；模式预处理主要是为主模式提供初始场和边界条件，包括资料的预处理、地形区域的选取等静态数据的处理；主模式是对模式积分区域内的大气过程进行积分运算；模式后处理部分是对主模式输出的结果进行分析处理，包括将模式面物理量转化到标准等压面、诊断分析物理场以及通过绘图软件进行图形数据转换等提取用户需要的预报信息。

WRF 模式系统具有可移植、易维护、可扩充、高效率、使用方便等许多特点，成为改进从云尺度到各种不同天气尺度的重要天气特征预报精度的工具。WRF 模式为完全可压缩以及非静力模式，通常情况下，水平方向采用荒川 C 网格点(重点考虑 1～10km)，垂直方向则采用地形跟随质量坐标，时间积分方面采用三阶或者四阶的龙格-库塔(Runge-Kutta)算法。WRF 模式动力框架控制方程如下：

$$\frac{\partial U}{\partial t}+(\nabla\cdot\vec{v}U)_\eta+\mu\alpha\frac{\partial p}{\partial x}+\frac{\partial p}{\partial\eta}\frac{\partial\phi}{\partial x}=F_U \tag{4-1}$$

$$\frac{\partial V}{\partial t}+(\nabla\cdot\vec{v}V)_\eta+\mu\alpha\frac{\partial p}{\partial y}+\frac{\partial p}{\partial\eta}\frac{\partial\phi}{\partial y}=F_V \tag{4-2}$$

$$\frac{\partial W}{\partial t}+(\nabla\cdot\vec{v}W)_\eta+(\frac{\partial p}{\partial\eta}-\mu\alpha)=F_W \tag{4-3}$$

$$\frac{\partial\Theta}{\partial t}+(\nabla\cdot\vec{v}\Theta)_\eta=F_\Theta \tag{4-4}$$

$$\frac{\partial\mu}{\partial t}+(\nabla\cdot\vec{V})_\eta=0 \tag{4-5}$$

$$\frac{\partial\phi}{\partial t}+(\vec{v}\cdot\nabla\phi)_\eta=gW \tag{4-6}$$

方程组中 $\vec{v}=(U,V,W)$ 为水平和垂直方向的切变速度；$\eta=(p_h-p_{ht})/\mu$，$\mu=p_{hs}-p_{ht}$，其中 p_h 为气压的静力平衡分量，p_{hs} 和 p_{ht} 分别为地形表面和边界顶部的气压；$\Theta=\mu\theta$，其中 θ 为位温；$\phi=gz$ 为重力位势；α 是比容，即空气密度的倒数；$W=\eta=\mathrm{d}\eta/\mathrm{d}t$；$F_U$、$F_V$、$F_W$、$F_\Theta$ 是强迫项。

同时方程组要满足静力平衡关系：

$$\frac{\partial\phi}{\partial\eta}=-\mu\alpha \tag{4-7}$$

和气体状态方程：

$$p=(\frac{R\Theta}{p_0\mu\alpha})^y \tag{4-8}$$

式中，R 为理想气体常数。

4.1.2.2 WRF 参数化方案

在 WRF 模式模拟运行中，需要根据不同的地形地貌和气候特征设置不同的参数化方案，用以表征不同地区独特的辐射、对流和扩散等“次网格过程”。这些“次网格过程”是大气研究和业务预报中的重点研究对象。WRF 模式包括多种物理过程，如微物理过程、长短波辐射过程、地面层过程、陆面过程、边界层以及积云对流过程等。表 4-1 给出了现在 WRF 模式中可供选择的物理参数化选项。

表 4-1 WRF 物理参数化方案

物理过程	参数化方案选项
微物理	Kessler 方案，Lin 等的方案，WSM3，WSM5，WSM6， Eta 微物理，Goddard 微物理，Thompson 等的方案，Morrison 方案
长波辐射	RRTM 方案，GFDL 方案，CAM 方案
短波辐射	Dudhia 方案，Goddard 短波方案，GFDL 短波方案，CAM 方案
地面层	MM5 相似理论方案，Eta 相似理论方案，Pleim-Xiu 方案
陆面	五层热力扩散方案，Noah 陆面模式，RUC 陆面模式，Pleim-Xiu 陆面模式
边界层	YSU 方案，MYJ 方案，MRF 方案，ACM 边界层方案
积云对流	Kain-Fritsch 方案，Betts-Miller-Janjic 方案，Grell-Devenyi 方案，Grell 3d 方案，老的 Kain-Fritsch 方案
城市冠层	单层模式，多层模式

1. 辐射过程

WRF 模式中的辐射过程，主要分成长波辐射以及短波辐射两大部分。对于长波辐射，模式提供三种参数化方法：①RRTM 方案，此方法是利用分段波谱法以及 K 分布来计算长波辐射对温度的影响，并且通过预设的辐射表来增加计算准确度；它考虑了云与辐射之间的交互作用，同时也考虑了臭氧以及二氧化碳气候值对辐射的影响。②GFDL 方案，主要使用在 ETA 模式，同样使用分段波谱法来进行计算，将云作用、化学物影响考虑进来。不过与 RRTM 的差别是，此方法是从全球模式中移植过来的，水汽和 CO_2 等对辐射的影响通过直接的方法进行计算，而且考虑云的覆盖作用。③CAM 方案，它从 CAM3 气候模式中移植过来。

WRF 耦合了四种短波辐射计算方案：①Dudhia 方案，它是一种比较简单的短波辐射计算方案，它考虑了晴空大气的散射、水汽吸收、云的反照和吸收等作用，其中云的影响通过查表法进行计算。②Goddard 方案，它分了 11 个波谱段，考虑了散射和太阳直接辐射，同时也考虑了气溶胶和臭氧对太阳短波辐射的影响。③GFDL 方案，此方法考虑了水汽、臭氧和 CO_2 的影响，而且短波的计算是通过太阳天顶角的余弦函数计算而得。④CAM 方案，与 CAM 长波方案一样，它从 CAM3 气候模式中移植而来。

2. 边界层过程

模式中的边界层过程，可以反映近地层地表边界层湍流扰动对大气中动量与热量变化在垂直方向上扩散的影响。

目前 WRF 中主要有四种边界层参数化方法：①中期预报模式边界层方案(MRF)，该方案采用一种所谓的反梯度通量方法来处理不稳定条件下的热量和水汽，边界层的高度由严格的体积理查森(Richardson)数决定，垂直扩散采用隐式方案。②YSU 方案，该方案是第二代的 MRF 边界层方案，它适用于解析度较高的边界层，构建在非局部的方法上，通过共轭梯度以及 K 剖面来进行计算，而边界层的高度则是由体积 Richardson 数来决定。③MYJ 边界层方案，是一个运用 Mellor-Yamada 2.5 阶闭合模式计算扰动动能(TKE，三维预报变量)来做预报的方法，并且包含局部垂直混合的观念。④非对称对流模式边界层方案(ACM2)，该方案是第二代的 ACM 方案，包含了非局地向上的混合和局地向下混合。

3. 地表过程

在 WRF 模式中，关于地表过程处理部分，分成地面层过程(地表—大气)以及陆面过程(土壤—地表)两部分来做详细处理。

首先地面层过程的处理主要采用相似理论，它基于 Monin-Obukhov 长度，标准相似函数通过查表法得到。MM5 的相似理论方案还包含了 Carslon-Boland 黏性底层，而 Eta 的方案则包含了 Zilitinkevich 热力粗糙长度。

陆面过程包含：①五层热力扩散方案，基于土壤的 1cm、2cm、4cm、8cm、16cm 等五层温度做处理预报地面温度。而热力特性则是由地表特性来决定，不考虑水的影响。②Noah 陆面模式，主要预报地表下 10cm、30cm、60cm、100cm 的土壤温度、土壤湿度以及地表雪覆盖，并考虑到植物覆盖的影响，此方法可以处理冻土以及少量雪影响。③RUC 陆面模式，与 Noah 模式相近，但它考虑了六层的土壤温度、土壤湿度，以及多层雪模式。

4. 积云对流过程

模式中积云对流参数化主要用于处理次网格降水的部分，是利用各网格上的气象资料以参数化方法计算次网格水汽变化。

WRF 模式包含五种积云参数化方法，分别是：①Kain-Fritsch 方案，该方案利用一个伴有水汽上升下沉的简单云模式，考虑了云中上升气流卷入和下曳气流卷出及相对粗糙的微物理过程的影响。新方案在边缘不稳定、干燥的环境场，考虑以最小卷入率抑制大范围的对流，对于不能达到最小降水云厚度的上升气流，考虑浅对流、最小降水云厚度随云底温度的变化。②Betts-Miller-Janjic 方案，它的基本思想是在对流区存在着特征温湿结构，当判断有对流活动时，对流调整使得大气的温湿结构向着这种特征调整。调整速度和特征结构的具体形式可根据大量试验得出。新方案中深对流特征廓线及松弛时间随积云效率变化，积云效率取决于云中熵的变化、降水及平均温度；浅对流水汽特征廓线中熵的变化较小且为非负值。③Grell-Devenyi 方案，该方案采用准平衡假设，使用两个由上升和下沉气流决定的稳定状态环流构成的云模式，除了在环流顶和底外，云与环境空气没有直接混合。④Grell 3d 方案是 WRF 中新加入的一个对流参数化方案，它主要用于高精度网格区域的模拟，它和其他方案的主要区别是它允许相邻网格的下沉效应。

5. 微物理过程

微物理过程主要影响模式中网格尺度的降水过程，通过详尽的微物理过程，可以求得较准确的降水变化。在 WRF 模式中主要有下列几种微物理过程的处理方式：

①Kessler 暖云方案。该方案来自于 COMMAS 模式，是一个简单的暖云降水方案，考虑的微物理过程包括：雨水的产生、降落以及蒸发，云水的增长，以及由凝结产生云水的过程，微物理过程中显式预报水汽、云水和雨水，无冰相过程。

②Purdue Lin 方案。微物理过程中，包括对水汽、云水、雨、云冰、雪和霰的预报，在结冰点以下，云水处理为云冰，雨水处理为雪。所有的参数化项都是在 Lin 等人以及 Rutledge 和 Hobbs 的参数化方案的基础上得到的，饱和修正方案采用 Tao 的方法。这个方案是 WRF 模式中相对比较成熟的方案，更适合于理论研究。

③Eta Ferrier 方案。此方案预报模式中平流项水汽和总凝结降水的变化。程序中，用一个局域数组变量来保存初始猜测场信息，然后从中分解出云水、雨水、云冰以及降冰的变化密度(冰的形式包括雪、霰或冰雹)。降冰密度根据存有冰的增长信息的局域数组来估计，其中，冰的增长与水汽凝结和液态水增长有关。降落过程的处理是将降水时间平均通量分离成格点单元的立体块。这种处理方法，伴随对快速微物理过程处理方法的一些修改，使得方案在大时间步长时计算结果稳定。根据 Ryan 的观测结果，冰的平均半径假定为温度函数。冰水混合相仅在温度高于-10℃时考虑，而冰面饱和状态则假定在云体低于-10℃。

④WRF Single_Moment_3_class(WSM3)方案。该方案来自于对旧的 NCEP3 方案的修正，包括冰的沉降和冰相的参数化。和其他方案不同的是诊断关系所使用冰粒子浓度是基于冰的质量而非温度。方案包括三类水物质：水汽、云水或云冰、雨水或雪。在这种被称为是简单的冰方案里面，云水和云冰被作为同一类来计算。它们的区别在于温度，也就是说当温度低于或等于凝结点时云冰存在，否则云水存在，雨水和雪也是这样考虑的，该方案的精度适用于业务模式。

⑤WSM5 方案。与 WSM3 类似，对 NCEP5 方案进行了修正，它代替了 NCEP5 版本。

⑥WSM6 方案。该方案扩充了 WSM5 方案，还包括有霰和与它关联的一些过程。这些过程的参数化大多数和 Lin 等人的方案相似，在计算增长和其他参数上有些差别。为了增加垂直廓线的精度，在下降过程中会考虑凝结、融化过程。过程的顺序会最优化选择，是为了减少方案对模式时间步长的敏感性。和 WSM3、WSM5 一样，饱和度调节按照 Dudhia 和 Hong 等的方案分开处理冰和水的饱和过程。

4.1.3 数据同化技术

4.1.3.1 同化技术

数值天气预报误差的产生主要有两个来源，即初始场误差和模型误差。前者是对当前大气状态的估计存在误差，可以通过加入观测数据来改进；后者是对未来大气演变规律的估计存在误差，可以通过改进模型的算法和代码来改进。由于模型的开发需要大量的人力成本和时间周期，因此具有较小的调控性，因此，使用观测数据来提升初始场的准确性就成为提高预报精度的首选途径。随着大气探测技术的发展，大量遥感遥测仪器不断涌现并带来丰富的中尺度观测资料。在常规地面和探空观测网络的基础上，自动地面观测站(auto weather station)技术得以进一步改进和维持，另外以卫星、多普勒天气雷达、风廓线仪等为主的地基遥感观测技术也已投入业务使用当中。但是，这些观测资料的时间和空间分布是极不均匀的，并有着不同的观测精度。因此，如何充分利用这些非常规的观测资料，将其合理地引入模式初始场来降低预报误差，也成为一个我们急需解决的问题。

大气资料同化(data assimilation)就是这样一种工具，可以满足上述两方面的要求。它是利用多种观测资料来相对准确地表达大气当前状态的一种有效方法，并且能为数值预报提供在动力和物理学约束下协调一致的大气运动实况分析值。因此，它是提高数值天气预报精确度的有效工具，在提高观测资料的分析质量以及数值预报的准确性上都有重大意义。资料同化过程包括经资料收集及预处理后的各类资料循环预报同化业务，实现观测信息分析，为精细化数值预报模式分系统提供初值场。并且资料同化具备“因时制宜、因地制宜”的灵活性，既能在全区域实施同一同化方案，也可以分区域实施不同同化方案；既能在全年实施同一同化方案，也可以分季节实施不同同化方案，同时还具有处理好观测资料缺失的容错能力。

目前最主要的三种同化技术包括：牛顿松弛技术(Nudging)、三维/四维变分同化(3DVar/4DVar)和集合卡尔曼滤波(EnKF)。对于一般的变分同化而言，其可以描述为对目标泛函 J 进行收敛，从而获得对天气预报的初始场 $\boldsymbol{x}$ 的最优分析：

$$J=\frac{1}{2}\delta\boldsymbol{x}_0^{\mathrm{T}}\boldsymbol{B}^{-1}\delta\boldsymbol{x}_0+\frac{1}{2}\sum_{k=0}^{K}(\boldsymbol{H}_K\boldsymbol{M}_k\delta\boldsymbol{x}_0-\boldsymbol{d}_k)^{\mathrm{T}}\boldsymbol{O}^{-1}(\boldsymbol{H}_K\boldsymbol{M}_k\delta\boldsymbol{x}_0-\boldsymbol{d}_k)+J_c \tag{4-9}$$

其中，$\boldsymbol{B}$ 表示背景误差协方差矩阵；$\boldsymbol{O}$ 为观测误差协方差矩阵；$\boldsymbol{M}$ 是非线性模型，它可能是依赖于时间，因此使用了时间下标 k；$\delta\boldsymbol{x}=\boldsymbol{x}-\boldsymbol{x}^b$，$\boldsymbol{x}^b$ 为背景场预报变量的列变量；$\boldsymbol{H}$ 是观测算子，它代表了观测值与大气状态的物理联系，对于不同的观测设备，有不同的表达，但应该是已知的；$\boldsymbol{H}^{\mathrm{T}}$ 是 $\boldsymbol{H}$ 的转置，称为切线性算子的伴随(或共轭)算子；J_c 是弱的动力约束项。

为了简化计算，我们把以上方程转换为增量形式，令 $\delta\boldsymbol{x}_0=\boldsymbol{U}\boldsymbol{v}$，$\boldsymbol{B}=\boldsymbol{U}\boldsymbol{U}^{\mathrm{T}}$，则

$$J=\frac{1}{2}\boldsymbol{v}^{\mathrm{T}}\boldsymbol{v}+\frac{1}{2}\sum_{k=0}^{K}(\boldsymbol{H}_K\boldsymbol{M}_K\boldsymbol{U}_k\boldsymbol{v}-\boldsymbol{d}_k)^{\mathrm{T}}\boldsymbol{O}^{-1}(\boldsymbol{H}_K\boldsymbol{M}_K\boldsymbol{U}_k\boldsymbol{v}-\boldsymbol{d}_k)+J_c \tag{4-10}$$

同理，另外一种优化方法“集合卡尔曼滤波”(EnKF)，其本质上和变分方法具有一致性，只是方式不同。EnKF 使用了一个预报集合对流场的不确定性进行显性的估计，从而建立对背景场协方差矩阵的近似分析，从而对收敛函数的下降方向给出直接迭代关系：

$$\boldsymbol{x}^a=\boldsymbol{x}^f+\boldsymbol{K}\boldsymbol{d} \tag{4-11}$$

$$\boldsymbol{P}^f\approx\overline{\boldsymbol{x}'^f(\boldsymbol{x}'^f)^{\mathrm{T}}}=\frac{1}{N-1}\sum_{i=1}^{N}(\boldsymbol{x}_i^f-\overline{\boldsymbol{x}^f})(\boldsymbol{x}_i^f-\overline{\boldsymbol{x}^f})^{\mathrm{T}} \tag{4-12}$$

$$\boldsymbol{K}=\boldsymbol{P}^f\boldsymbol{H}^{\mathrm{T}}(\boldsymbol{H}\boldsymbol{P}^f\boldsymbol{H}^{\mathrm{T}}+\boldsymbol{O})^{-1} \tag{4-13}$$

式中，$\boldsymbol{x}$ 是状态估计值，上标 f 和 a 分别表示预测和分析；$\boldsymbol{K}$ 为权重矩阵，也称卡尔曼增益矩阵；$\boldsymbol{d}$ 是观测向量；$\boldsymbol{P}$ 是状态误差协方差矩阵；N 为预报集合成员数目。集合平均为 $\overline{\boldsymbol{x}^f}$，

$\boldsymbol{x}_i^f$ 是集合扰动矩阵，其中第 n 列原始值为 $\boldsymbol{x}_i^f=\boldsymbol{x}_i^f-\overline{\boldsymbol{x}^f}$ 。如果集合成员能覆盖真实大气所有可能出现的情况，则此时所得到的集合误差协方差 $\boldsymbol{P}^f$ 是对真实的背景场误差协方差最高的估计。

4.1.3.2　混合同化技术

传统数据同化技术在易用性、时效性和功效性上各有优劣，因此针对各种不同气象环境下的表现会有较大差别，适用性相对较低。目前世界范畴内最领先的同化技术是混合同化，它是将变分同化和集合卡尔曼滤波有机地耦合在一起，见图 4-1，实现它们相互间的优势互补与局限性减弱，从而可以最优化地和最大限度地使用各种现有观测数据。针对不同观测数据，混合同化技术根据实时大气环流信息以及各种物理平衡条件，为数值天气预报模型提供一个最优化的初始条件，从而进一步提升模式预报结果的准确度。另外，根据观测数据的实时传输情况，混合同化技术可以将最新的数据引入预报模式，从而提供不断更新的临近预报结果。

简单地说，我们可以理解混合同化技术为：将 EnKF 中的背景场协方差矩阵引入到目标泛函的收敛过程中，从而加入集合预报流畅信息到优化方程里：

$$J_b=J_{b1}+J_{b2}=\frac{1}{2}\delta\boldsymbol{x}_0^{\mathrm{T}}[1-\beta]\boldsymbol{B}+\beta\boldsymbol{P}^f\cdot\boldsymbol{C})^{-1}\delta\boldsymbol{x}_0 \tag{4-14}$$

其中，$\boldsymbol{P}^f$ 就来源于 EnKF。然而，为了可以进行计算和迭代求解，我们需要对以上方程进行改写，并引入转换项：

$$\delta\boldsymbol{x}_0=\delta\boldsymbol{x}_{nmc}+\delta\boldsymbol{x}_{ens}=\boldsymbol{U}\boldsymbol{v}+\boldsymbol{X}^f\cdot\boldsymbol{\alpha} \tag{4-15}$$

式中，$\delta\boldsymbol{x}_0$ 为 Hybrrd 的分析增量；$\boldsymbol{X}^f\cdot\boldsymbol{\alpha}$ 为集合增量，是扩展控制变量 $\boldsymbol{\alpha}$ 与集合扰动矩阵 $\boldsymbol{x}^f$ 的对应位置元素的乘积。

这样一来，经过处理的背景场协方差矩阵变得局地化，目标泛函的收敛方程变为

$$J=\frac{1}{1-\beta}(\frac{1}{2}\boldsymbol{v}^{\mathrm{T}}\boldsymbol{v})+\frac{1}{\beta}\left[\frac{1}{2}\boldsymbol{\alpha}^{\mathrm{T}}\begin{pmatrix}C & 0\\ \cdots & \cdots\\ 0 & C\end{pmatrix}\boldsymbol{\alpha}\right]+\frac{1}{2}\sum_{k=0}^{K}(\boldsymbol{H}_K\boldsymbol{M}_K\delta\boldsymbol{x}_0-\boldsymbol{d}_k)^{\mathrm{T}}\boldsymbol{O}^{-1}(\boldsymbol{H}_K\boldsymbol{M}_K\delta\boldsymbol{x}_0-\boldsymbol{d}_k)+J_c \tag{4-16}$$

$$J=\frac{1}{2}\delta\boldsymbol{x}_0^{\mathrm{T}}[(1-\beta)\boldsymbol{B}+\beta\boldsymbol{P}^f\cdot\boldsymbol{C}]^{-1}\delta\boldsymbol{x}_0+\frac{1}{2}\sum_{k=0}^{K}(\boldsymbol{H}_K\boldsymbol{M}_K\delta\boldsymbol{x}_0-\boldsymbol{d}_k)^{\mathrm{T}}\boldsymbol{O}^{-1}(\boldsymbol{H}_K\boldsymbol{M}_K\delta\boldsymbol{x}_0-\boldsymbol{d}_k)+J_c \tag{4-17}$$

式中，β 表示集合协方差的权重；$\frac{1}{2}\boldsymbol{v}^{\mathrm{T}}\boldsymbol{v}$ 是和三维同化系统相关的背景项；$\left[\frac{1}{2}\boldsymbol{\alpha}^{T}\begin{pmatrix}C & 0\\ \cdots & \cdots\\ 0 & C\end{pmatrix}\boldsymbol{\alpha}\right]$ 是和集合卡尔曼变换相关的背景项；$\boldsymbol{\alpha}$ 是由 k 个矢量 $\boldsymbol{\alpha}_k$ 组成的矩阵，即 $\boldsymbol{\alpha}^{\mathrm{T}}=\left(\boldsymbol{\alpha}_1^{\mathrm{T}},\boldsymbol{\alpha}_2^{\mathrm{T}},\cdots,\boldsymbol{\alpha}_k^{\mathrm{T}}\right)$；对角矩阵 $\begin{pmatrix}C & 0\\ \cdots & \cdots\\ 0 & C\end{pmatrix}$ 用来约束扩展控制变量，每个子块矩阵都是用来

约束 $\boldsymbol{\alpha}_k$，空间变化的相关矩阵，即 $\begin{pmatrix} C & 0 \\ \cdots & \cdots \\ 0 & C \end{pmatrix}$ 是 $\boldsymbol{\alpha}$ 的空间协方差(这里主要指的是空间相关，因为方差等于 1)。

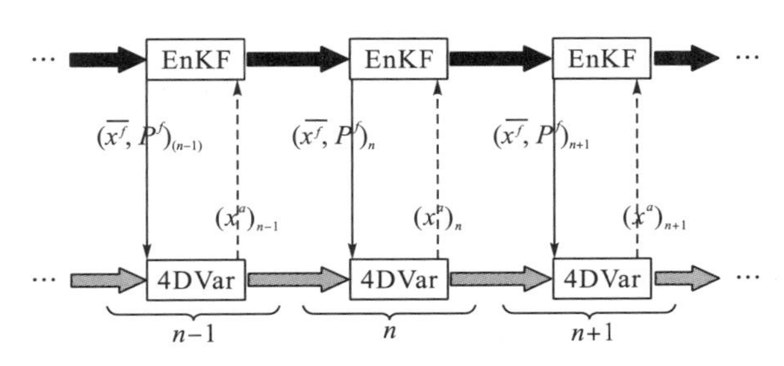

图 4-1　4DVar 和 EnKF 混合资料同化示意图

4.2　大渡河流域数值天气预报模型

大渡河流域地形复杂，山区气象环境多变，产生降水的天气系统变化多样，包括大尺度气旋性降水、局地对流降水和地形抬升降水等，对区域性暴雨等气象灾害预警，以及汛期主要降水、来水过程的准确预报带来巨大难度。当前流域尺度的降水预测水平在预见期、及时性和准确性上都和实际生产需求存在一定差距。因此，需要更加先进的降水和天气模型分析和预测技术，来填补定量降水预报的空白。大渡河从短时间尺度的降水预报出发，充分融合同化美国国家环境预报中心发布的背景场资料和流域自建测站雨量资料，优化 WRF 模型本地化物理模式方案和参数组合，建立适用于大渡河流域的数值降水预报模型，为大渡河流域提供不同时空尺度的定时定点定量的高精度降水预报。

4.2.1　大渡河流域气候特点

大渡河流域位于青藏高原东南边缘向四川盆地西部的过渡地带，地理位置介于东经 99°42′～103°48′、北纬 28°15′～33°33′之间。流域四面环山，北以巴颜喀拉山与黄河分界；南以小相岭、大凉山与金沙江相邻；东以鹧鸪山、夹金山、大相岭与岷江、青衣江分水；西以罗科马山、党岭山、折多山与雅砻江接壤。

大渡河干流由北向南流至石棉折向东，构成“L”字形，整个地势由西北向东南逐渐降低。流域内高山耸峙，河流深切，沟谷深邃，地表起伏巨大，相对高差悬殊。流域周界高程一般为 3000m 以上，有不少 4000～5000m 高的山峰，最高海拔 7556m(贡嘎山主峰)，最低 461m(大渡河出口)，最大相对高差 7095m。其中，中游是地形地貌陡变带，构成了青藏高原的东部边界，河谷以西为高山区，平均海拔大于 5000m，河谷以东为大相岭中高山区，平均海拔 3500m；中游分水岭有一些较低的垭口，高程在 2000m 左右，河谷与山顶面之间的相对高差达 3000m，成为水汽的主要通道。

大渡河流域地跨 5 个纬度、4 个经度，海拔相差很大，加之地形复杂，致使流域内气候差异很大。上游的高原及山原地区海拔一般在 3000m 以上，属亚寒带及寒温带气候，干湿季分明，长冬无夏，春季多大风，天气寒冷干燥，气候的垂直变化特点非常明显，年平均气温 6～12℃，因地势高亢，又远离水汽源地，降水量较少，多年平均降水量 700mm 左右。中游属亚热带湿润气候区，气候随海拔的变化仍很明显，河谷地区四季明显，年平均气温 13～18℃，多年平均降水量一般为 700～1000mm。由于地形复杂，迎风面和背风坡降水量差异较大，中游西部及南部高山地带，年降水量可达 1400～1800mm，而河谷地带则降水较少。夏季半年降水量一般占年降水量的 85%～90%。中游各地区均可发生暴雨，年最大日降水量一般为 50～180mm。下游有冬暖、夏热、秋凉和较为湿润的气候特点，由于水汽供应充足，降水量丰沛。干流河谷地区多年平均气温在 17℃左右，多年平均年蒸发量约 1000mm，多年平均相对湿度在 80%以上，多年平均降水量为 1000～1300mm，最大日降水量达 300mm。大渡河流域 1961～2012 年多年平均降水总量情况见图 4-2。

大渡河流域降雨主要集中在 5～9 月份，总体降雨量从上游到下游依次递增，其中上游月均降雨量最大值出现在 7 月份，中下游月均最大降雨量出现在 7 月份。此外，受地形影响，小流域气候特征明显。大渡河流域年内降水分布规律见图 4-3。

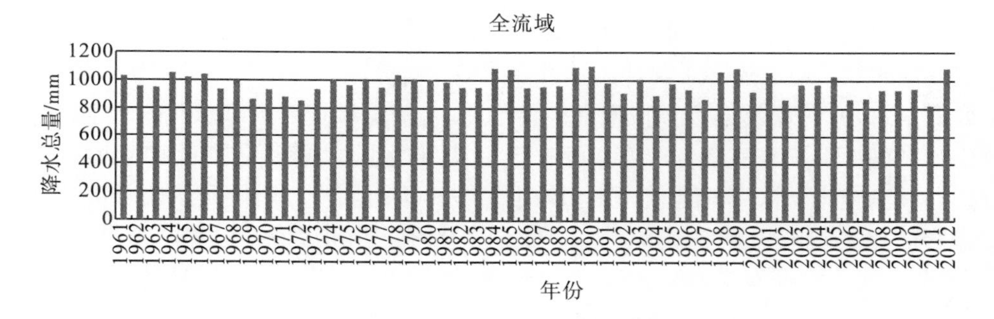

图 4-2 大渡河流域 1961～2012 年平均降水总量随时间的变化

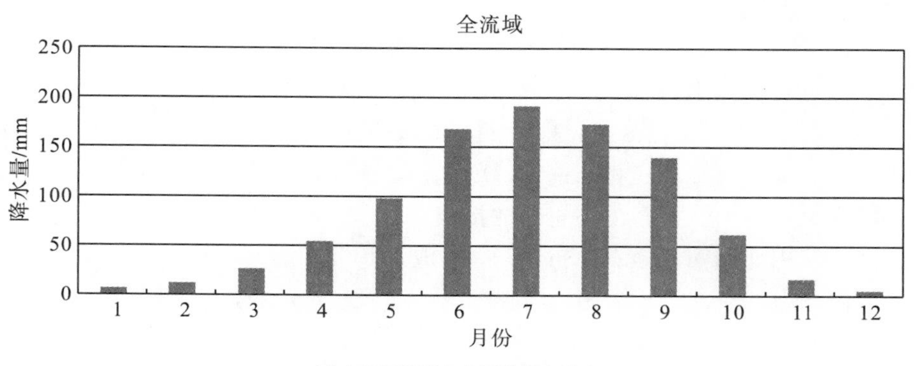

(a) 大渡河流域年内平均降水分布

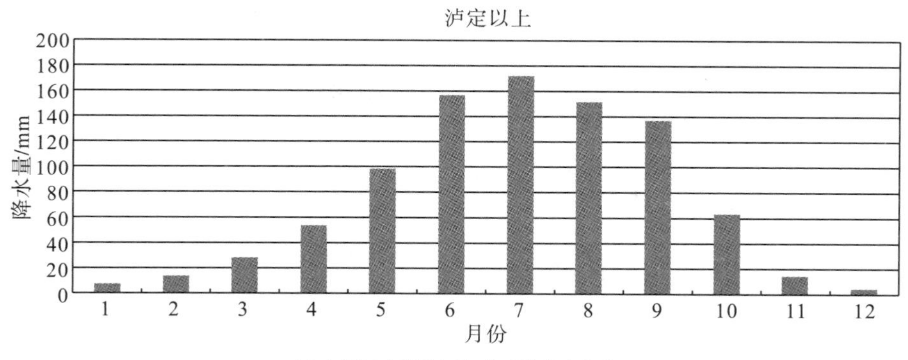

(b) 大渡河上游地区年内平均降水分布

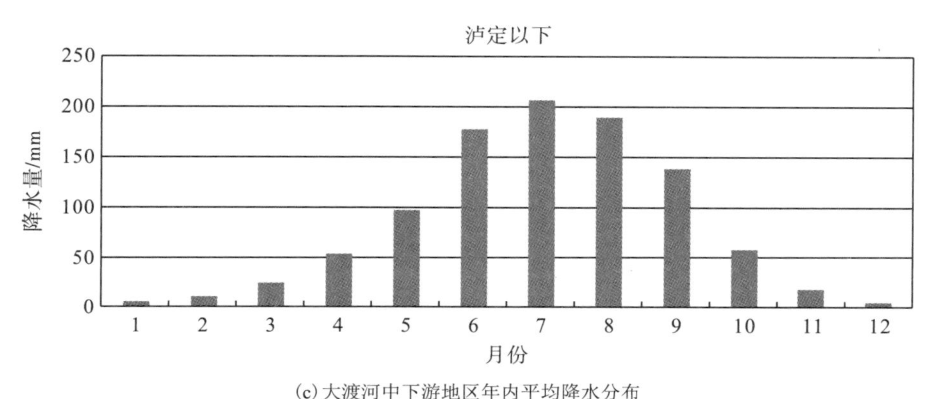

(c) 大渡河中下游地区年内平均降水分布

图 4-3　大渡河流域年内降水分布规律

4.2.2　预报思路

基于美国国家环境预报中心(NCEP)的业务快速更新循环同化预报系统(rapid update cycle，RUC)以及业务高分辨率快速更新循环同化预报系统(high-resolution rapid refresh，HRRR)，针对大渡河地区的天气、气候和下垫面特征，结合大渡河的观测资料和高性能计算资源，建立一套大渡河高分辨率快速更新循环同化预报系统(DDH-RUC 和 DDH-HRRR)。

WRF 中尺度天气预报数值模式是目前世界上较为先进的短期天气预报模式，预见期一般为 3 天。本次构建的 WRF 模式自动化预报系统，总积分时间为 3 天，预报思路可由图 4-4 加以说明。把整个积分时段分成两部分，从昨日 20 时(北京时间，下同)开始到今日 08 时为预积分时段，而从今日 08 时开始之后为正式预报时间。这样经过预积分时段的充分调整，保证模式在正式积分时段具有良好表现。

大渡河数值天气预报系统共分为气象场数据的自动下载、模式预报和产品输出三个主要部分，其中模式预报又分为初始资料预处理、WRF 条件初始化和 WRF 运行三个步骤。系统运行全部实现自动化，包括从初始资料场数据的接收、模式运行及输出产品的再加工处理等过程。系统的整体框架如图 4-5 所示。

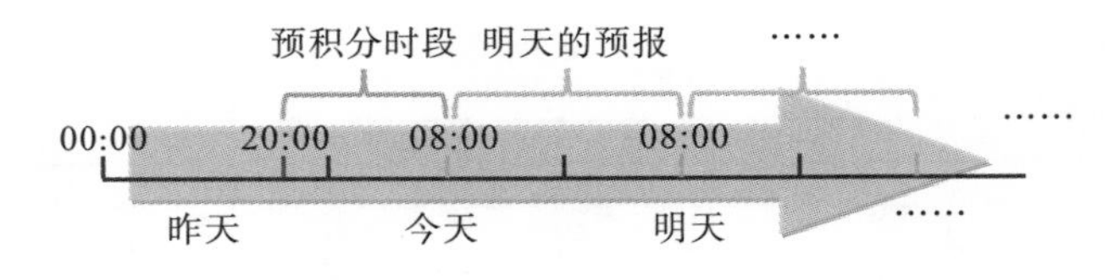

图 4-4 预报思路示意图

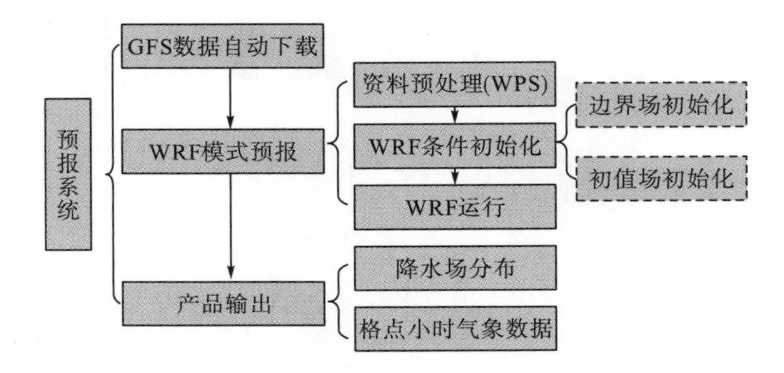

图 4-5 预报系统框架

针对大渡河流域这种流域面积较大、但区域气候特性显著的特点，提高计算模型的分辨率，主要采用世界上最新型的中小尺度气象预报模型。针对大渡河地区的地形特征和气候特征建模，使用多重嵌套网格的方式，对流域及其周边的环境进行全面覆盖，采用非静力平衡构架满足局地环流特征，采用高阶 Runge-Kutta 时间积分方案保证数值计算的高性能和稳定性，采用丰富的物理过程参数化选项为不同气象条件下的预报提供最优化的组合。

4.2.3 大渡河数值天气预报模型设计

4.2.3.1 大渡河预报区域设计

考虑到大渡河流域地形复杂，降水多见地形抬升造成的对流性降水，因此模式区域设计必须采用高分辨率的网格解析对流降水的物理过程。同时，由于大渡河流域覆盖了上千千米的范围，因此模式最内层分辨率区域也必须完全覆盖大渡河流域。模式的最外层区域必须能够解析天气尺度的波动带来的过程性降水，所以最外层区域的覆盖范围为整个东亚地区。基于对大渡河流域地形特点、气候特征的科学认知，制定模式区域设计最优方案参见图 4-6、图 4-7，模式区域采用四层嵌套网格，分辨率分别为 40.5km、13.5km、4.5km 和 1.5km。四层区域的大小分别为 14580km×14580km、9720km×9720km、4860km×4860km 和 1620km×1620km，利用匹配分辨率的地理数据生成四重嵌套区域最优的静态地理信息数据场(至少包括地形高度、土地利用类型和反照率)。其中，最外层区域基本覆盖了可能影响到大渡河流域的天气系统的范围，最内层的网格覆盖了整个大渡河流域，为高精度预报奠定了基础。

(1)针对大渡河流域，使用 SRTM(shuttle radar topography mission)全球 3 角秒(30m

数据，满足 1km 以内）地形数据建立覆盖大渡河全流域的精细化地形数据集，并使用 Google Earth 高分辨率地形数据进行补充验证和精细化处理。

(2) 针对大渡河流域，使用卫星中等分辨率成像光谱仪（moderate-resolution imaging spectroradiometer，MODIS）全球 30 秒植被数据建立覆盖大渡河全流域精细化的下垫面数据集；并且会将 Google Earth 的地形数据与模式数据比对，以 Google Earth 的最新地形数据更新模式数据。

(3) 针对大渡河流域，使用认知技术，通过实时数据与历史数据，对不同批次的预报实现批量数值试验，基于机器学习的方式优选地表参数和地表等物理过程参数化方案。

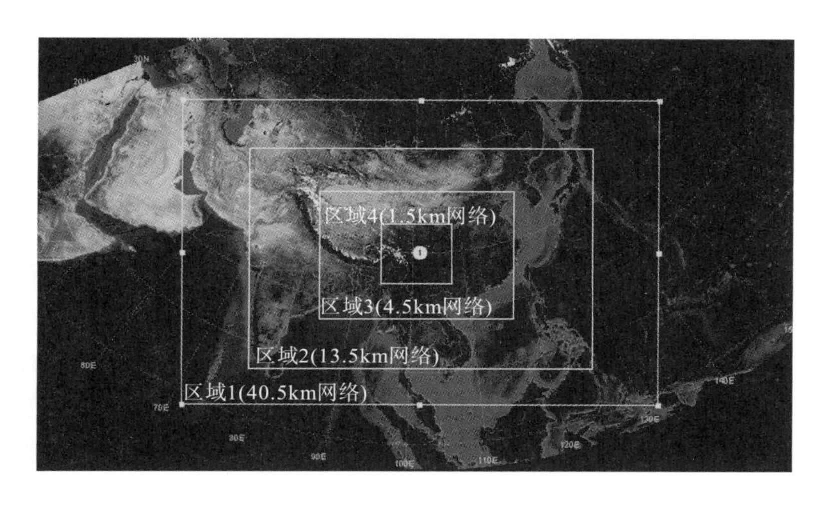

图 4-6　四层预报区域嵌套设置

图 4-7　第四层嵌套网格的详细展示

本次模拟区域中心位置为(102°E，31°N)，使用四重双向嵌套网格，水平格距分别为81km、27km、9km、3km，格点数分别为D1(88×75)、D2(127×88)、D3(142×136)、D4(160×229)，网格信息和参数选择见表4-2，最内层网格包括了整个大渡河流域，垂直方向上取28层，模式层顶气压为50hPa。

表4-2 嵌套网格信息

嵌套数	4层嵌套
模式网格数	88×75,127×88,142×136,160×229
中心经纬度	(102°E，31°N)
垂直层数	28层垂直分层
模式层顶气压	50hPa

4.2.3.2 坝区大涡模拟湍流

大渡河流域电站分布于山区复杂地形环境中，其气象灾害的产生和发展与当地地形环境和环流特征具有很强的相关性。尤其是对于峡谷内的水电站而言，其降水形成的机理与山地地形抬升和暖湿空气上升造成的瞬时对流有关。为了准确地对局地微观气象条件进行模拟和预测，分辨率可达几十米的湍流模型则必不可少。现今很多业务系统所使用的天气预报产品的空间分辨率依然停留在几千米甚至几十千米的范畴上，然后使用简单插值或是其他计算流体力学模型来实现降尺度。但是，这些方法在实际应用中存在较大的局限性和误差，因为大气运动本身是非线性的，其时空变化规律具有随机性、间歇性、多重尺度性等特征。因此，无论是插值还是线性近似都不能够满足现今坝区降水和灾害预报对于准确性的需求。更重要的是，对于具有潜在危害性的雷暴和阵风，传统计算流体力学模型漏报和误报的概率也会增大。同时，最新的实验数据表明，基于不同的地形和环境特征，坝区周边不同区域(上游、下游及周边山区)也在不同程度上受到局地环流的影响，因此超高分辨率的湍流模拟则变得更加重要。

为了提升坝区灾害预警的需求，在天气预报模型的基础上引入湍流模型，可以将预报结果的分辨率从2～5km尺度有效提升到小于200m范围。不同于传统的计算流体动力学模型，基于大涡模拟的微尺度湍流仿真技术是世界上最先进的科学研究和计算能力的综合产物，它能在物理上最好地描述风场、水汽场和对流系统变化的随机性和瞬变性等非线性特征，并具有时间积分项。同时，由于大涡模拟的高精度特征，引入复杂地形边界条件的改进方法，提升了计算稳定性，并将坝区地形、植被和大坝位置引入模型中，对计算微尺度气象环流和灾害系统生成效应至关重要。大涡模拟示意图如图4-8所示。

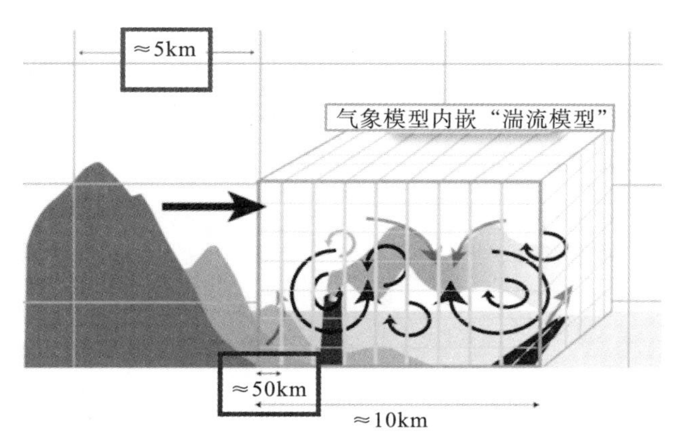

图 4-8 大涡模拟示意图

4.2.4 大渡河资料同化设计

4.2.4.1 快速同化

本模型混合同化选用美国 NCEP 的业务同化系统(gridpoint statistical interpolation，GSI)，主要考虑以下几个因素：①GSI 是美国国家海洋和大气管理局(NOAA)当前稳定运行的先进业务模式，性能稳定，效果经得起考验；②在业务环境下经过多年的磨练，GSI 本身对观测资料也有很完善的质量控制；③GSI 功能比较齐全，对几乎所有观测类型都可以同化；④GSI 的混合数据同化已经在全球预报系统(GFS)和区域高分辨率模式中(RUC 和 HRRR)业务化运行；⑤GSI 具备 3DVar 和 4DVar 的功能，可以结合 EnKF 部分实现三维和四维的混合同化。混合资料同化成效的优劣主要在于基于集合的背景场误差协方差矩阵。

4.2.4.2 雨量计数据同化

大渡河流域有 74 个雨量计(图 4-9～图 4-11)，每个小时都有逐小时累计降水的观测。雨量计同化采用混合资料同化方式，4Dvar 采用 EnKF 提供的背景场误差协方差矩阵后，将雨量计的降水观测数据吸收进入系统，生成更加准确的分析场，然后再将分析场作为背景场输出给 EnKF，EnKF 继续进行集合预报，进而计算背景场误差协方差矩阵，为下一次同化循环提供输入。将这些雨量计的数据融合在预报模型中，可以对未来降水预报有显著的提升。

DDH-HRRR 是一个具有 1.5km 水平分辨率覆盖区域的高分辨率短临预报系统，大渡河区域中心的 40.5km 数值预报产品提供初始边值条件，驱动 DDH-HRRR。以 18 时的分析预报为例，首先以 12 时的 GFS 为初值做 6 小时的提前预测模拟到 18 时，在模拟期间，将 18 时观测资料融合到模式中；然后以 18 时的预报为初始场，混合同化 18 时的观测资料，随后按需要作 24 小时预报。

图 4-9 大渡河流域上游雨量计分布图

图 4-10 大渡河流域中游雨量计分布图

图 4-11 大渡河流域下游雨量计分布图

4.2.5　大渡河预报参数选择

4.2.5.1　基于认知计算的自适应参数调整

由于数值模型存在预报的偏差，这种偏差在某一地区可能具有某些统计的特征，如何通过模型参数优化尽量减小这种偏差是提高预报准确性的关键问题。同时，WRF 中所有参数的排列组合方案多达上万种，就算仅考虑三四种重要的参数，每种参数的选择在 10 个左右，这样参数化方案的排列组合也多达上千种，如果靠人工去对参数化方案进行考察，并选择最优方案是完全不可能的，选择的方案也并非最优的方案。因此必须对大渡河地区的参数化方案的选择进行自适应调整，做出最优选择。

基于以上考虑，利用认知计算技术，建立自适应参数调整方案。自适应方案通常采用统计方法及机器学习方法对基于每日和预报的降水预报结果进行诊断和优化。其主要思路是，基于优化仿真和统计模型，通过数据挖掘等技术来识别隐含在数据之中的有价值的信息，提供一种用于查找大量数据集中有用关系的策略性方法。通过开展自适应参数优化和预报误差修正，对过去几个月的预报情况进行统计，分析数值预报模型的预报结果与气象观测的历史真实数据之间的关系，寻找偏差的统计特征，总结出最近几个月、甚至几天预报准确率最高的几种参数化方案的搭配，然后应用于未来的大渡河降水预报中。

基于认知计算的自适应参数调整具体方式是：逐小时预报系统在前 6 个小时的预报过程中，会基于已有的雨量观测数据，每个小时都对当前的降水预报进行评价，这种评价是基于认知计算的方式进行，对降水的量级和降水区域进行综合考虑。然后在新的逐小时预报开始前重新在给定的范围内随机选择参数化方案。这样，经过一段时间的预报积累，系统会记录下准确率比较高的参数化方案的搭配，然后进行固化。这种固化的参数化方案的搭配就形成了大渡河不同降水情况下的参数化方案的组合。

基于认知计算的自适应参数调整具有三大特点：①该技术是综合了数值天气预报方法和数理统计天气预报各自的优点而建立的一种优化预报方法；②该技术是在优化仿真和统计模型技术基础上形成的一定技术积累和成熟应用工具，是一组通过各种技术来识别隐含在数据之中价值信息的数据挖掘工具，将预报结果“本地化”和“季节化”，改进预报结果的准确性；③该技术摆脱了人为因素对参数化选择的影响，无论是经验丰富的气象专家，还是不懂气象知识的非专业人员，均可使用该技术，使模型预报的参数选择达到最优，预报准确率达到最高。

4.2.5.2　典型本地化参数组合

WRF 模式包括如微物理过程等多种物理过程，需要根据不同的地形地貌和气候特征设置不同的参数化方案，用以表征不同地区独特的辐射、对流和扩散等“次网格过程”。大渡河结合汛期的初期、中期和后期的不同阶段气候等特征不同，分别建立初期、中期和后期三组参数化方案组合。其中，长波辐射方案和短波辐射方案均为 RRTM 方案，考虑积云参数方案在不同分辨率下的有效性，仅在 40.5km 和 13.5km 的网格上使用积云对流参数化方案，在 4.5km 和 1.5km 的网格上不使用积云参数化方案。

1. 大渡河汛期初期参数化方案组合

大渡河汛期初期，随着天气回暖，降水主要由一些系统性天气过程造成，比如南下的冷空气和本地暖湿空气交汇，以及由于地面加热造成的局地弱对流降水。而 WSM5 微物理方案中包括冰的沉降和冰相的参数化，方案包括三类水物质：水汽、云水或云冰、雨水或雪。在这种被称为最简单的冰方案里面，云水和云冰被作为同一类来计算，它们的区别在于温度，也就是说当温度低于或等于凝结点时云冰存在，否则云水存在，雨水和雪也是这样考虑的。因此，在汛期初期，大渡河上空的温度比较低时，WSM5 方案可以比较好地模拟云水、云冰的转化过程，而且计算效率比较高。积云对流的 KF 方案包含了水汽抬升和下沉运动的云模式，包括卷出、卷吸、气流上升和气流下沉现象，因此可以很好地描述这种弱对流的形成。边界层方案 YSU 的选择主要考虑了在汛期初期边界层内的湍流作用并不是特别显著。陆面过程方案是固定的 Noah 方案(具体见表 4-3)。

表 4-3　大渡河汛期初期参数化方案组合

参数化方案类型	参数化方案选择
微物理方案	WSM5 方案
积云对流方案	KF 方案
边界层方案	YSU 方案
陆面过程方案	Noah 方案

这套方案的使用触发条件是过去 10 天的日平均降水量大于 2mm，并且呈上升趋势。图 4-12 是 2014 年 4 月 27 日大渡河流域上游的一次降水过程，降水平均达到 20mm 左右，最大值在 30mm。这次降水主要是由于局地的对流所引发的。对比观测可以看到，降水的量级和落区都非常准确，只是降水的范围稍稍偏小，但是对于这种级别的降水预报，准确度已经相当高了。

2. 大渡河汛期中期参数化方案组合

大渡河汛期中期的降水主要受以下三个因素的影响：①本地强对流活动增强；②西南季风活动逐渐增强，大量水汽输送到大渡河中下游；③西南气旋的活动比较频繁，带来了大量的降水。这套方案中，微物理方案选择 Lin 方案。Lin 方案包括对水汽、云水、雨、云冰、雪和霰的预报，在结冰点以下，云水处理为云冰，雨水处理为雪。和 WSM5 方案相比，它更为复杂，尤其是在中-强对流的情况下，空气上升速度快，云水-云冰转换也随着加剧。Lin 方案可以很好地处理这种情况。积云对流方案选择 BMJ 方案，是因为 BMJ 方案除了对强对流有很好的解析之外，对气旋的活动也有不错的描述，因此考虑到了这个时期大渡河降水会受到气旋活动的影响。边界层方案 YSU 的选择主要考虑了在汛期初期边界层内的湍流作用并不是特别显著。陆面过程方案是固定的 Noah 方案(具体见表 4-4)。

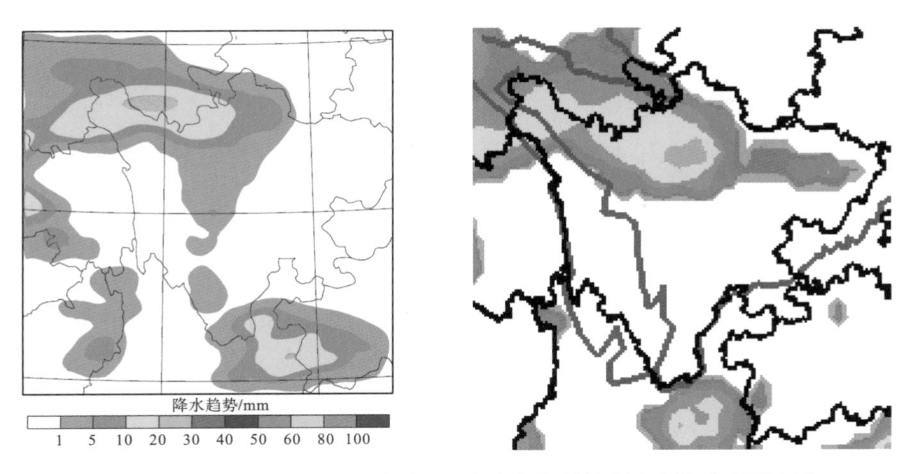

图 4-12　2014 年 4 月 27 日未来 24 小时降水预报(左)和降水观测(右)

表 4-4　大渡河汛期中期参数化方案组合

参数化方案类型	参数化方案选择
微物理方案	Lin 方案
积云对流方案	BMJ 方案
边界层方案	YSU 方案
陆面过程方案	Noah 方案

这套方案使用的触发条件是过去 10 日的日平均降水量大于 4mm，并且呈上升趋势。图 4-13 是 2014 年 6 月 4 日的一次降水过程。这次降水主要发生在四川省东南部，局部降水达到 100mm 左右，从卫星云图上可以看到(图 4-13)，降水主要是由一个大的盘踞在西南地区的气旋系统造成的。我们采用的 BMJ 积云对流方案正好可以对这次降水过程中的积云对流过程进行很好的描述和模拟，因此降水预报比较准确。

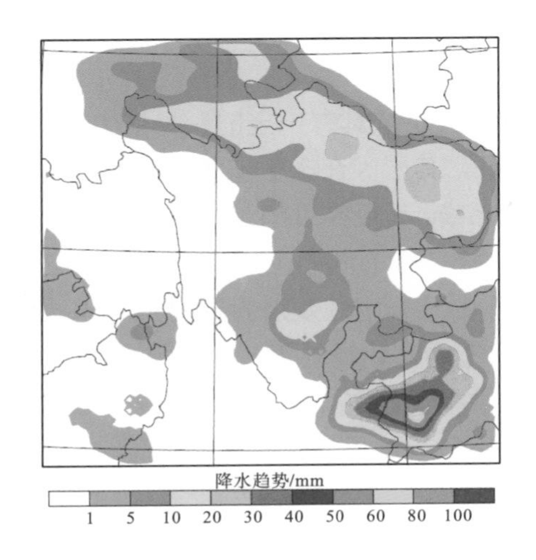

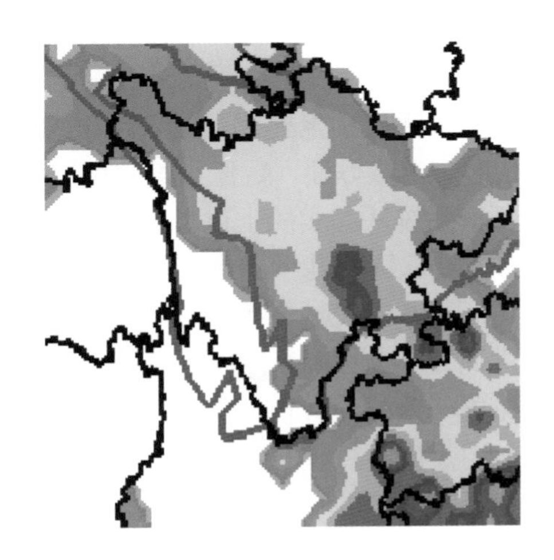

图 4-13　2014 年 6 月 4 日未来 24 小时降水预报(左)和降水观测(右)

3. 大渡河汛期后期参数化方案组合

大渡河汛期后期的降水和本地的对流活动有很大的关系，但这种对流和汛期中期的对流有很大的不同，此时“夜雨”特征也比较明显，经常出现的情况是白天密云蔽空，地面吸收了大量的太阳短波辐射，形成了热的表面。晚上，云层底部和地面之间，进行着多次的吸收、辐射、再吸收、再辐射的热量交换过程，因此云层对地面有保暖作用，也使得夜间云层下部的温度不至于降得过低；夜间，在云层的上部，由于云体本身的辐射散热作用，云层上部温度偏低。这样，在云层的上部和下部之间便形成了温差，大气层结构趋向不稳定，下层偏暖湿的空气就逐渐上升形成降雨。这套方案中微物理过程选择 Lin 方案，主要是因为此时的对流系统强度虽然减弱，但是仍然高于汛期初期，仍然需要对对流有比较好的描述。积云对流过程选择 KF 方案，主要是因为此时大渡河降水受气旋影响减弱，用 BMJ 方案会增加气旋性降水的强度，模型会高估降水预报。但是边界层方案变为 MYJ 方案，主要是因为 MYJ 方案中对于湍流动能有比较好的描述，可以比较好地模拟以上夜雨发生的过程。陆面过程方案仍然是固定的 Noah 方案(具体见表 4-5)。

该方案的触发条件是日平均降水量小于 5mm，并且呈下降趋势。

表 4-5　大渡河汛期后期参数化方案组合

参数化方案类型	参数化方案选择
微物理方案	Lin 方案
积云对流方案	KF 方案
边界层方案	MYJ 方案
陆面过程方案	Noah 方案

4.2.6　大渡河集合预报

4.2.6.1　集合预报的实现途径

高分辨率数值预报模式已经表现出对中尺度天气系统具有一定的预报能力，但具体到定点、定时、定量方面，数值预报的可用性仍较低，其原因在于数值预报的不确定性。气象集合预报系统从其实质上讲又可称为概率预报系统，其最终目的是提供大气变量的完全概率预报，能够更好地考虑到模型的不确定性、边界条件的变化以及数据同化。集合预报技术经历了不断的发展完善，从以前仅考虑初始场的不确定性发展为同时考虑模式的不确定性，进而发展到多模式和多分析集合预报技术考虑初始场的不确定性和模式的不确定性，避免单一确定性数值天气预报结果易存在的预报误区。

面向中尺度区域天气的集合预报技术可以采用多初始场、多参数化方案、多模式等三种实现途径。

(1)多初始场途径，即生成一些微小扰动叠加到原始初值上形成包含若干成员的初始场集合，再通过数值预报模式生成预报结果集合。初始扰动场的生成方法主要有四种：随机扰动法、奇异向量法、增长繁育法、先扰动后同化法。初始扰动场的生成方法对短期集合预报有很大影响，对于降水、对流性天气等系统尤为重要。从现有研究和实践来看，增长繁育法、先扰动后同化法应作为本系统建设集合预报技术的备选方案。

(2) 多参数化方案途径，即对该模式物理过程中的一些不确定、但对预报结果(如降水)很敏感的部分在模式积分过程中，或者将其当作随机过程处理，或者随机选用不同参数化方案处理。多参数化方案途径考虑模式的物理不确定性，但其可能会给预报结果带来负面影响，因为模式整体作为一个完整系统，某些参数或者参数化方案已被调整到了某种最佳状态，改变可能会影响模式整体表现。因此，多参数化方案途径应限于模式物理过程中不确定的部分，而确定部分应予维持，此外，多参数化方案途径应做充分验证，限定“最佳”方案组合，排除不利方案组合。采用多参数化方案途径的优势还在于捕捉雨季的起始，不同天气过程对应模式中不同参数化方案，固定的单一参数化方案可能会丧失大量信息，无法得到好的结果。

(3) 多模式途径，即融合多种不同物理过程设计的数值模式分别进行模拟。在此基础上，也有超级集合预报，即同时使用多个模式，每个模式有其自身的子集合预报系统，然后这几个子集合预报加在一起成为总集合预报。这一方法既考虑了初值误差的影响，又考虑了模式物理过程不确定性的影响。结果表明，无论从概率论意义上，还是从决定论意义上，多模式集合预报结果都比单模式集合预报更准确。在合并各模式的子集合预报之前，先去掉预报的系统性误差，那么超级集合预报还能更准确。但是从可行性来看，多模式集合预报实施难度最大，所有集合成员都要开展本地化工作，目前业务系统中仍暴露出其不完善方面，可行性太小，实施多模式集合的费效比远高于提高模式分辨率。

综上所述，集合预报可以简单理解为基于多个初始场，开展多种物理过程(多参数化方案或多模式)的组合。从理论上而言，集合成员越多，则预报可信度越高。实际经验表明，对于一般天气现象来说，10 个左右的成员大致就够了，在集合成员达到 20 个时，预报技巧基本达到饱和(不会再有显著的提高)，美国国家气象局等业务系统也仅采用 20 个集合成员。因此，目前大渡河流域预报系统采用 20 个集合成员，并且每个成员都采用不同的初始条件，这样就形成了 20 个不同初始条件的集合成员。集合成员的产生利用模型自带的初始场扰动的产生方法，对预报变量温度、气压、风速、风向、水汽等进行扰动，扰动产生的平均值为 0 的随机变量叠加在模型初始场上，形成 20 个集合成员。

4.2.6.2　集合预报结果集成

集合预报的信息提炼技术可以采用相关加权、多元线性回归、支持向量机等算法。最简单的集合预报结果可以由集合成员的等权重加权平均得到。

$$Y = a_1 \times x_1 + a_2 \times x_2 + \cdots + a_n \times x_n \tag{4-18}$$

其中，Y 是集合预报结果；$x_1,\cdots,x_n$ 分别代表 20 个集合成员的降水预报值；$a_1,\cdots,a_n$ 分别代表各个集合成员的权重因子，同时权重因子的和为 1。$a_1 + a_2 + \cdots + a_n = 1$，并且 $a_1 = a_2 = \cdots = a_n$。这种方法虽然计算比较简单，但是准确率低。

大渡河基于对集合成员预报成果的分析，使用多元线性回归的方法来计算集合预报的结果。假设降水观测值为 Ro，则

$$\mathrm{Ro} = a_1 \times x_1 + a_2 \times x_2 + \cdots + a_n \times x_n \tag{4-19}$$

其中，权重因子由降水观测值和各集合成员的预报值训练得到，即 $a_1,\cdots,a_n$ 由最小二乘法求解得到，并且系数保持动态更新。系统自动对过去 20 天的降水进行分析训练，得到新的权重因子，然后应用到未来的降水预报中。通过多元线性回归得到的集合预报降水相比等权重加权平均得到的集合预报降水，不论在降水落区还是在降水等级上，均有很大的优势，降水预报更加准确。

4.3 大渡河数值天气预报案例分析

大渡河流域气象预报采用先进的中尺度区域预报技术，以 WRF 等数值预报模式为基础，实现初始场资料的自动获取和分析、多种观测资料的同化融合，通过不同模式的集合预报实现大渡河流域定时、定点、定量数值天气预报。预报内容包括：对应流域 72 个观测站，每小时发布未来 24 小时逐小时降水预报；每日发布未来 10 日逐日降水预报，以及对应流域上、中、下游三个分区降水预报。

4.3.1 大渡河降雨预报检验分析

4.3.1.1 降雨预报定性检验分析

以 2013 年典型降雨情况为例，从定性角度分析 WRF 降雨预报的空间分布和中心强度预报的能力。

1. 2013 年 5 月 28 日

大渡河降雨实况：丹巴以上地区有小雨，丹巴—泸定区间基本无雨，泸定—瀑布沟及深溪沟以下地区有中雨，瀑布沟—深溪沟区间有大雨。大渡河降雨预报：24h 预报大渡河流域大部分地区均有弱降雨，其中，双江口以上北部局地、大渡河南部局地有中或大雨；单站丹巴、泸定、瀑布沟的预报雨量分别为 0mm、2mm、1mm。此次降雨过程和整体强度基本正确，仅大渡河南部部分地区预报稍偏小，北部局地预报稍偏大外，见图 4-14。

5 月 28 日 WRF 模式第二层嵌套区域(长江流域)的预报图及长江流域当日实况图见图 4-15。实况主雨带位于汉江上游到乌江一线，预报图上能反映出该条主雨带，且能预报出汉江上游的最强降雨区，仅具体降雨落区及强度有偏差。

2. 2013 年 6 月 8 日

大渡河降雨实况：双江口以上地区有小雨，双江口—泸定有中雨，泸定—瀑布沟有大雨，瀑布沟以下地区有暴雨。大渡河降雨预报：24h 预报大渡河流域有强降雨过程，丹巴附近及以下地区有中到大雨、局地暴雨；单站丹巴、泸定、瀑布沟的预报雨量分别为 18mm、25mm、14mm。此次降雨过程和强度预报较好，但强降雨区范围预报较实况偏大，见图 4-16。

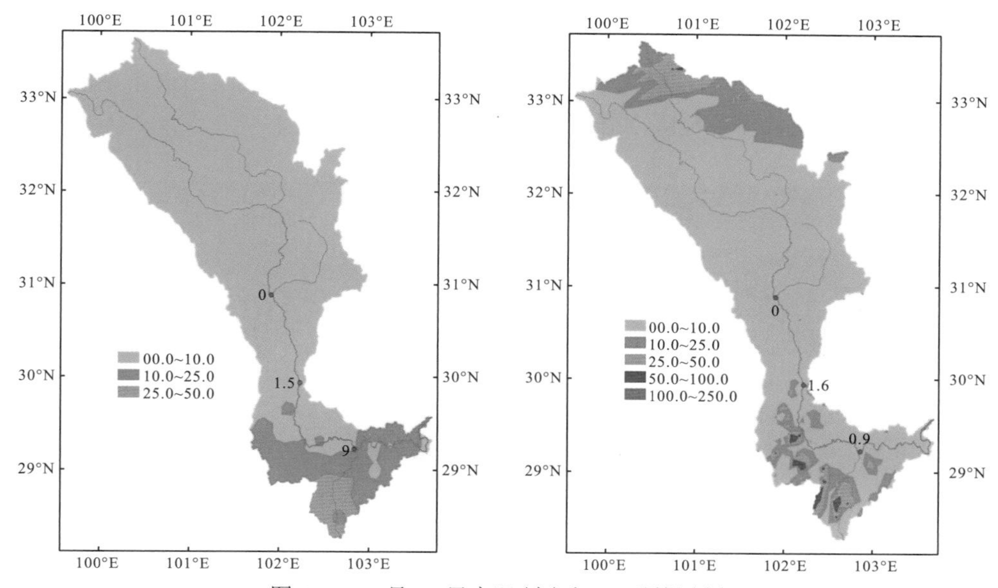

图 4-14　5 月 28 日实况(左)和 24h 预报(右)

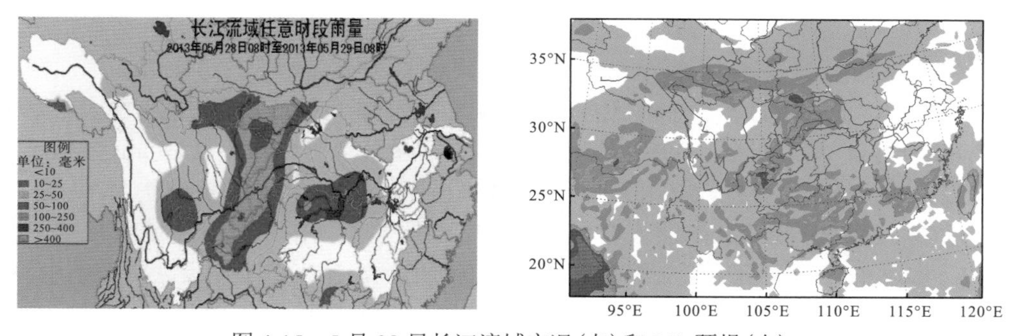

图 4-15　5 月 28 日长江流域实况(左)和 24h 预报(右)

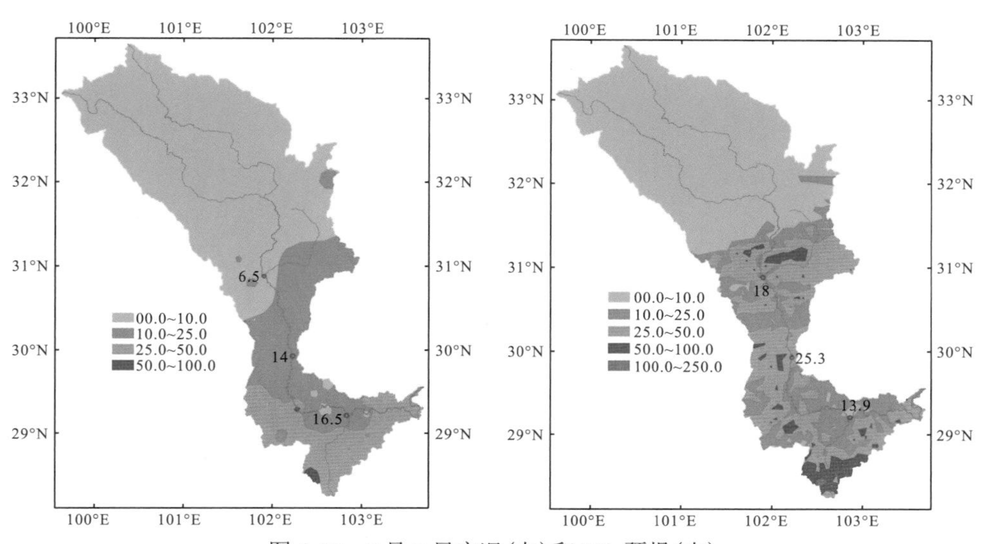

图 4-16　6 月 8 日实况(左)和 24h 预报(右)

6 月 8 日 WRF 模式第二层嵌套区域(长江流域)的预报图及长江流域当日实况图见图 4-17。实况主雨带位于长江上游及江南南部地区，预报图上能反映出该条主雨带，但最强降雨落区错误，仅具体各地降雨强度有偏差。

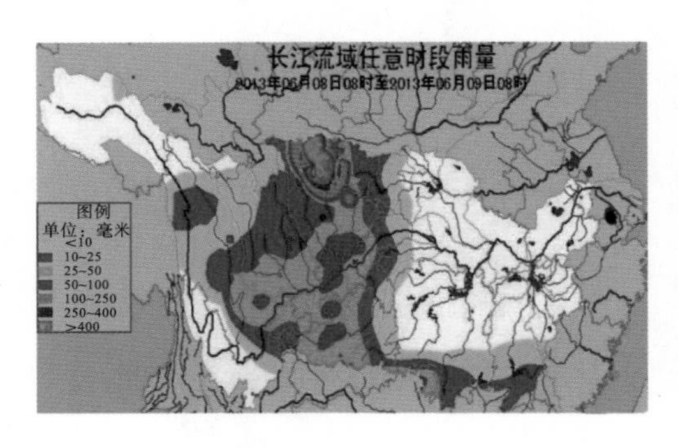

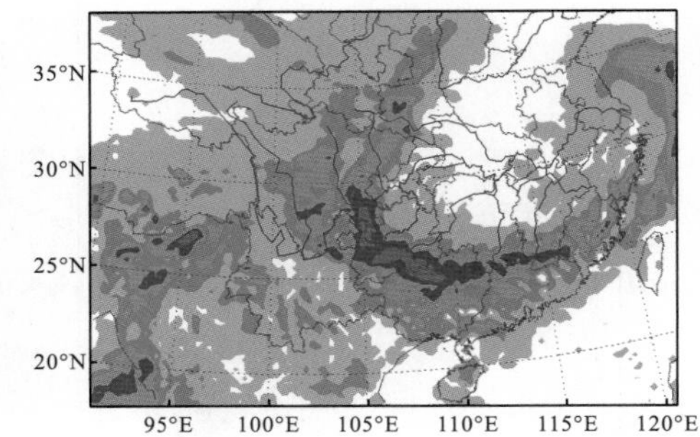

图 4-17 6 月 8 日长江流域实况(左)和 24h 预报(右)

3. 2013 年 6 月 20 日

大渡河降雨实况：双江口以上地区有中雨，双江口—丹巴地区有小雨，丹巴以下地区有中到大雨，其中，泸定—瀑布沟区间有局部暴雨。大渡河降雨预报：24h 预报大渡河流域有强降雨过程，泸定附近及以下地区有中到大雨、局地暴雨或大暴雨，强降雨区主要位于深溪沟以下地区；单站丹巴、泸定、瀑布沟的预报雨量分别为 2mm、123mm、14mm。此次降雨过程和整体强度预报较好，但强降雨区预报错误，单站泸定站预报偏差大，见图 4-18。

6 月 20 日 WRF 模式第二层嵌套区域(长江流域)的预报图及长江流域当日实况图见图 4-19。实况主雨带位于长江上游西部及上游偏北地区，预报图上能反映出该条主雨带，且能预报出嘉陵江上游为雨带强降雨区，但具体降雨落区及强度有偏差。

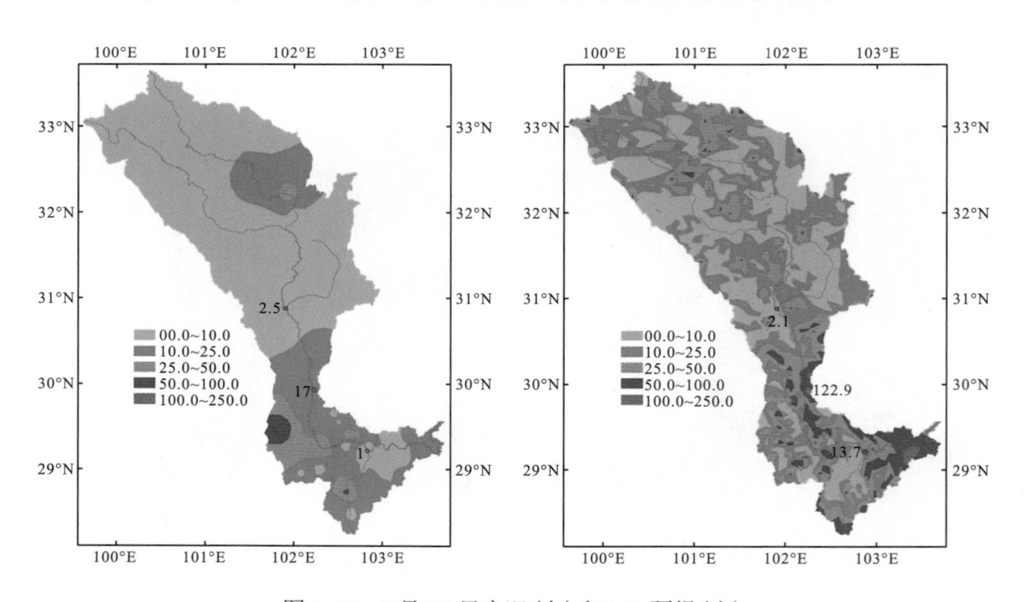

图 4-18 6 月 20 日实况(左)和 24h 预报(右)

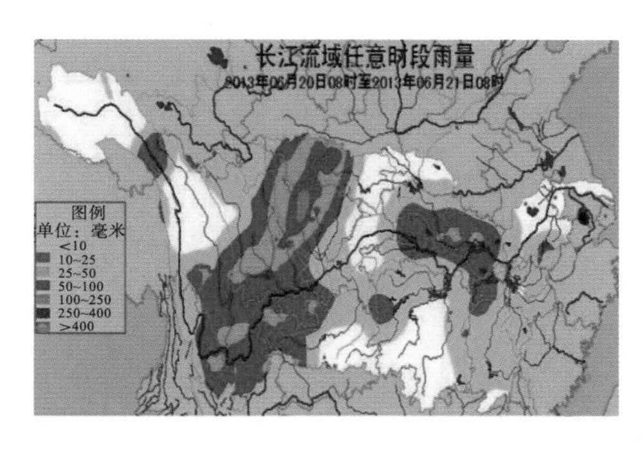

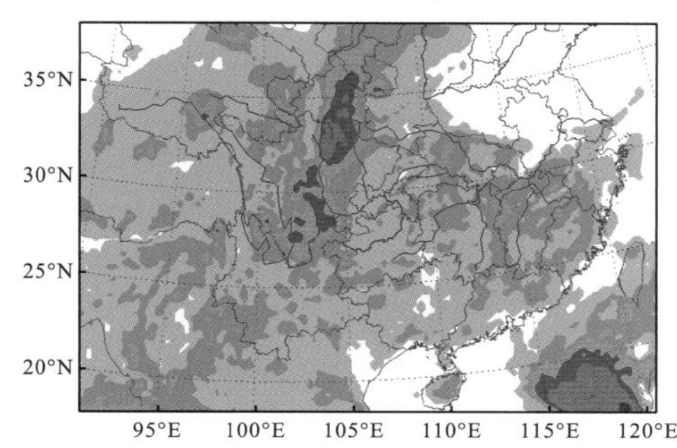

图 4-19　6 月 20 日长江流域实况(左)和 24h 预报(右)

4.3.1.2　降雨预报定量检验分析

针对大渡河流域的六个分区，将预报区域的面雨量预报值与当日该区域面平均雨量实况值进行逐日对比分析，分别统计各区的 24h、48h 面雨量与实况值之间的最大、最小绝对误差及相关系数等指标(表 4-6)。其中，各个区的面平均雨量实况值由各个区内的站点雨量观测值求算术平均得到；各个区的面平均雨量预报值由分区内的格点预报值求算术平均得到。

大渡河数值天气预报第 1 天的降雨预报[图 4-20(a)]：针对 2013 年 5 月 17 日～9 月 30 日期间的降雨过程，24h 降雨预报基本均有反应，且大多预报偏大；预报值与实况值之间误差较小的是丹巴以上两个分区，误差较大的是瀑布沟以下两个分区；预报值与实况值之间的相关系数除了深溪沟以下区域较低外，其余各区均在 63%以上，尤其双江口以上地区达 80%；各区降雨预报值与实况值的总量相对误差分别为 62%、91%、54%、40%、94%、55%，说明预报值在总量上偏大。

大渡河数值天气预报第 2 天的降雨预报[图 4-20(b)]：针对 2013 年 5 月 17 日～9 月 30 日期间的降雨过程，48h 降雨预报基本均有反应，且大多预报偏大；预报值与实况值之间误差较小的是双江口以上分区和丹巴—泸定分区，误差较大的是深溪沟以下分区；预报值与实况值之间的相关系数整体上明显比第 1 天预报的相关系数低，丹巴以下四个分区的相关系数比丹巴以上两个分区的相关系数高，深溪沟以下分区的相关系数比第 1 天预报的相关系数略高，其余分区的相关系数明显比第 1 天预报的相关系数偏低，尤其泸定以上分区；从总量相对误差来看，预报值仍偏大。

表 4-6　大渡河各区 WRF 模式预报值与实况值统计表

项目	大渡河分区	$\Delta D_{最大}$/mm	$\Delta D_{最小}$/mm	相关系数	总量相对误差/mm
第 1 天预报	双江口以上	13.1	−7.4	0.80	0.62
	双江口—丹巴	23.9	−6.0	0.76	0.91
	丹巴—泸定	27.1	−12.2	0.72	0.54
	泸定—瀑布沟	31.3	−26.9	0.63	0.40
	瀑布沟—深溪沟	65.3	−21.6	0.65	0.94

续表

项目	大渡河分区	$\Delta D_{最大}$/mm	$\Delta D_{最小}$/mm	相关系数	总量相对误差/mm
	深溪沟以下	65.4	−28.5	0.52	0.55
第 2 天预报	双江口以上	20.9	−14.3	0.48	0.67
	双江口—丹巴	37.5	−20.7	0.39	0.93
	丹巴—泸定	28.8	−16.9	0.55	0.44
	泸定—瀑布沟	38.8	−30.2	0.56	0.23
	瀑布沟—深溪沟	46.8	−24.5	0.56	0.60
	深溪沟以下	54.7	−32.4	0.56	0.46

注：ΔD 为预报值与实况值之差。

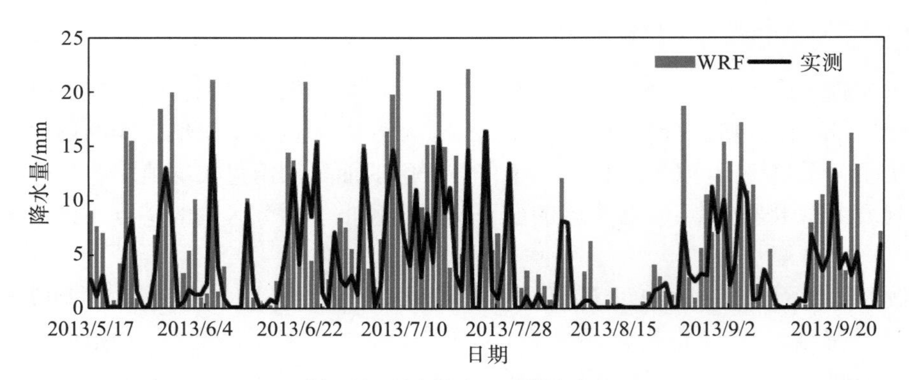

(a) 双江口以上地区 24h 预报与实况

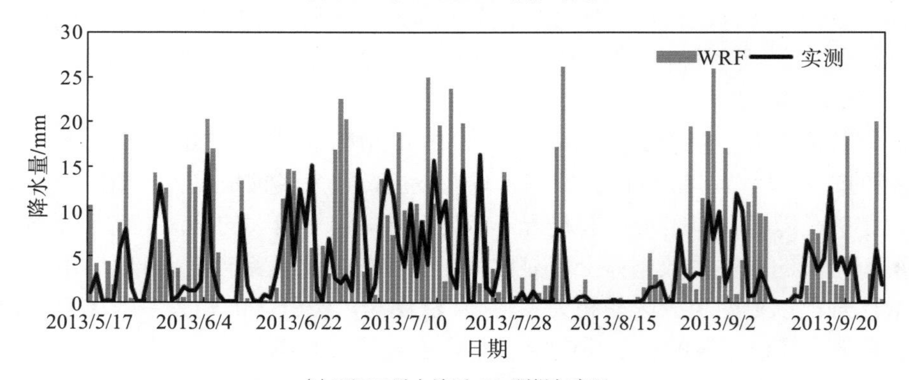

(b) 双江口以上地区 48h 预报与实况

图 4-20 双江口以上地区面均雨量预报值与实测值比较图

4.3.2 预报偏差案例分析

以 2014 年 6 月 21 日、8 月 3 日、10 月 10 日三次降水过程为例，对降雨数值预报的情况进行整体分析。预报偏差一定程度上反映在背景场资料的精细化、模型结构参数等方面。

(1) 2014 年 6 月 21 日，大渡河上游南部地区，24 小时累计降水达到 20mm 左右，个别雨量计站点观测到的降水达到大到暴雨级别，但是模型却只在大渡河上游北部地区预报了小雨的过程(平均降水在 10mm 左右)。此次降水过程的预报有两点明显的失误：一是降水落区有偏差，降水中心向北偏移了 300km 左右；二是降水的量级有显著差异，中到大雨的过程，只预报出了小雨。原因分析：模型对系统性降水的落区把握不对，很有可能是模型的边界条件有偏差，主要是由单一的全球模型提供的背景场数据的误差引起的。针对这种情况，考虑引入多模型全球背景场数据，降低由于单一模型的误差造成的背景场数据的误差。

(2)2014 年 8 月 3 日，大渡河流域全流域有中雨—大雨—暴雨过程发生，模型很好地捕捉到了这次过程，降水落区预报非常准确，但是降水的量级明显偏小一个等级。经过分析发现，这次降水预报偏小的原因在于模型对于西南季风水汽输送过程的把握有偏差，导致水汽含量在模型中明显偏低，最终导致降水量偏小。水汽过程是模型比较难处理的一个变量，尤其是涉及大范围的水汽输送，在不同的高度可能有显著的差异。针对这种情况，及时地调整模型参数，优化资料同化过程，可以在一定程度上减小水汽预报的误差。

(3)2014 年 10 月 10 日，大渡河下游有大到暴雨过程，平均雨量超过 30mm，模型很好地预测了降水落区，但是降水量级明显偏小。这可能与系统后期对物理模型的修正有关。一般情况下，模型降水会过高地估计实际降水量，因此系统会在后期对物理模型的降水进行修正，使其符合实际降水特征。这种修正在大多数情况下可以很好地减小降水偏差，但是在个别情况下，反而会低估降水量。针对这种情况，考虑利用认知计算的方法，对物理模型的降水量进行动态的修正。

4.4　大渡河降水预报方案优化

4.4.1　基于增量空间滤波的多尺度模型融合技术

对于一般的区域尺度快速同化系统而言，由于采用热启动自循环的方式依靠数据同化来保持气象场的稳定性和准确度，其最主要的问题来自于本地气象数据缺乏对于大尺度背景环流信息的代表性，使得系统在多尺度时空代表性上缺乏对于大气低频震荡的描述(即在模型功率谱分析上对低频波的能量低估)。大尺度信息的缺失会导致预测准确度的降低(例如同化预报结果准确度低于冷启动预报结果)，或是快速同化循环存在气候系统性偏差。为解决这一问题，传统的方法是采用定期冷启动的方式对气象背景场进行整体替换，这种极端的手段虽然保证了气象大尺度信息的正确性，却同时丧失了快速同化的热启动优势，增加了短临预测中的中小尺度误差。因此，如何在不影响快速同化系统热启动自循环工作模式的条件下，引入大尺度环流信息成为搭建业务短临同化系统的重要挑战。此外，充分利用全球、区域数值预报产品，并结合本地天气气候和下垫面特征实现精细化短临预报，是当前区域气象模型建设的主要任务。

基于增量空间滤波的多尺度模型融合技术(图 4-21)是解决以上问题的重要手段，该方法采用空间滤波器的方式，将特定尺度的大气波段信息从不同分辨率的数值产品中提取出来，如低频波动来自于下发全球模型产品，中频波动来自于下发的区域模型产品，高频波动来自于本地同化系统，从而在全波段上形成多时空代表性的融合后的模型产品，其在功率谱分析上表现为各个频率的能量是均衡的。而且，融合后的产品可直接进行热启动，又可以引入大尺度信息，不让预报结果偏离正常背景环流，从而大幅提升短临快速同化系统的预报稳定性和准确度。该技术已经被广泛用于国外预报系统中，其业务表现上也具有很好的可用性和稳定度。

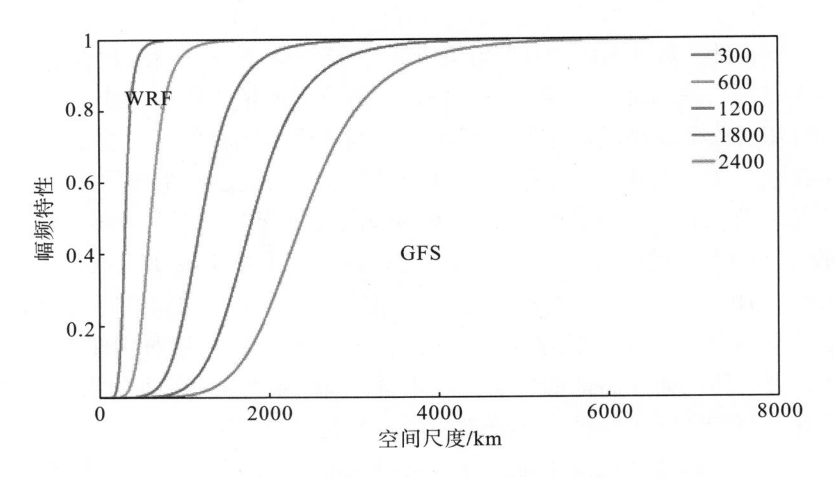

图 4-21　GFS 初始场和 WRF 同化场多尺度融合示意图

建立以混合同化扰动分析为基础的集合预报模块，每 6 小时启动一次不少于 20 个成员的集合预报；其中初始场扰动来源于 NCEP GFS 产品提供的 90 个扰动成员中随机提取项；此外，在初始场扰动的基础上，采用多参数方式来建立多模型扰动，多模型扰动的成员基于主要的物理过程参数化选项，并挑选实际可运行的参数组合来确定多模型扰动的方案。

4.4.2　使用分辨率更高的地形数据

模型在全球 90m 分辨率的地形数据的基础上，引入全球 30m 分辨率的地形数据，采用更高分辨率的地形数据更好地解析地形强迫对降水的作用，从而更好地预报有雨地形抬升造成的局部中小尺度天气系统降水，使山区的降水预报更加准确。

坝区高精度模拟采用美国发布的 30m 分辨率的地形资料（图 4-22），利用大涡模拟技术，使得模型分辨率可达 167m，精确地模拟气象场在高精度复杂地形下的变化，特别是更加准确地解析湍流等对大渡河流域气象灾害有重要影响的气象过程。

图 4-22　铜街子坝区（下游）30m 分辨率高精度地形展示

4.4.3　融合更多公开的全球预报数据

模型采用 GFS 数据作为中尺度区域模式 WRF 的驱动场来产生边界和初始条件，将全球集合预报系统（GEFS）、加拿大预报系统（Canadian meteoro-logical centre，CMC）和日本气象厅 JMA 的预报数据作为补充，融合包含大渡河流域 WRF 模型在内的四个降水预报成果，得到准确度更高的降水预报，如图 4-23 所示。

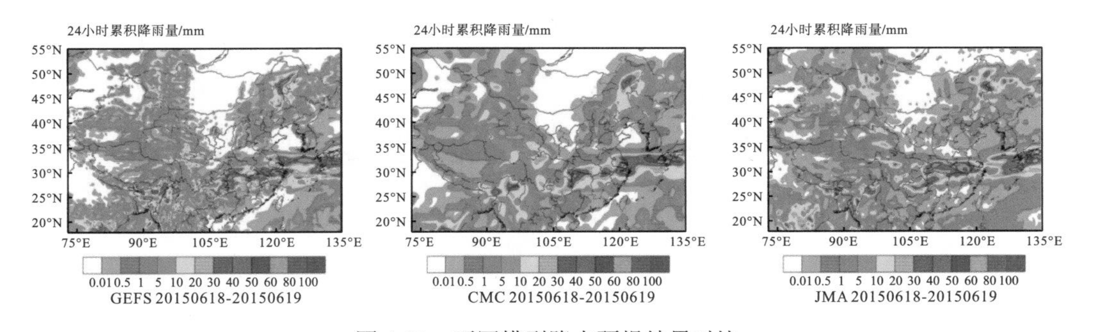

图 4-23　不同模型降水预报结果对比

4.4.4　利用认知技术修正模型预报误差

随着人工智能的快速发展，认知计算技术越来越多地应用于快速学习历史特征，并将学习成果应用于未来预报中。将认知计算技术应用于大渡河流域，不仅能够学习历史规律，同时还可以学习每种模型的预报特征和预报误差之间的关系，动态调整多模型融合的权重，达到预报结果的最优化配置。

通过分析发现，降水预报和实际观测之间存在显著的线性关系，这种线性关系在 1～

2 天的预报中尤为明显，利用一元回归分别建立实况降雨与模型 24h 预报值、48h 预报值的关系值，对预报值进行校正。以丹巴站 30 天预报 60 个样本点为例，图 4-24 展示了 24h 降水预报值、48h 降水预报值和雨量计观测值之间的线性关系，基于线性关系，对降水预报进行修订。

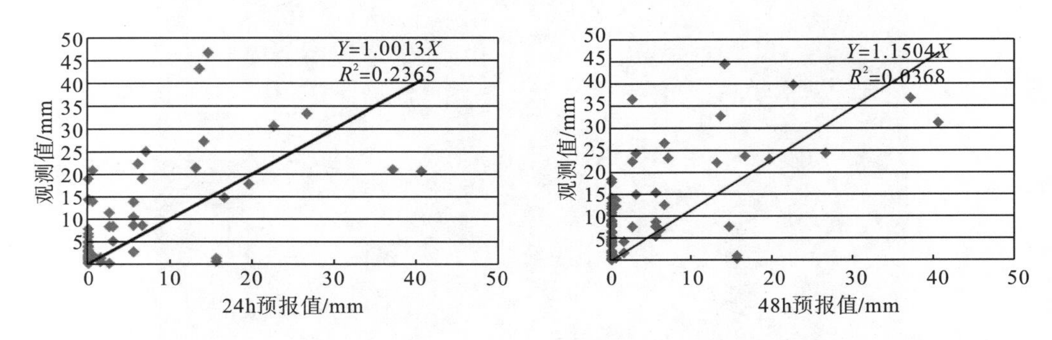

图 4-24 丹巴站 24h(左)和 48h(右)降水预报值和观测值之间的线性关系

利用一元线性回归分别建立大渡河分区面雨量实况降雨与模型 24h 预报值、48h 预报值的关系式，对预报值进行校正(图 4-25)。以双江口—丹巴分区为例，实况面雨量与模型 24h、48h 面雨量预报的线性方程分别为 $Y=0.477X_1$ 和 $Y=0.304X_2$ 。其中，X_1 为 24h 面雨量预报值，X_2 是 48h 面雨量预报值，Y 是双江口—丹巴实况面雨量，见图 4-26。

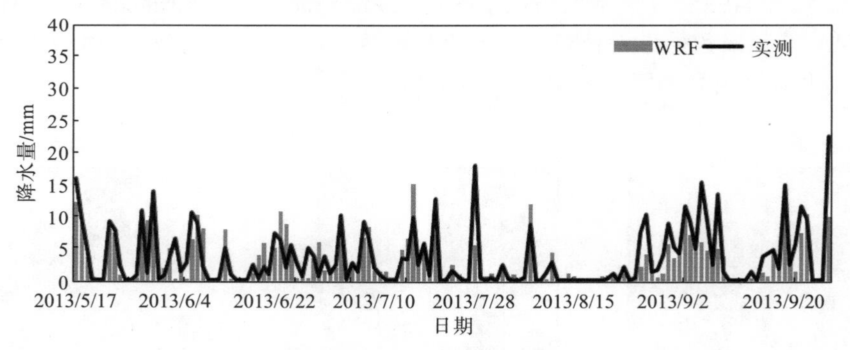

(a) 双江口—丹巴地区 24h 校正预报与实况

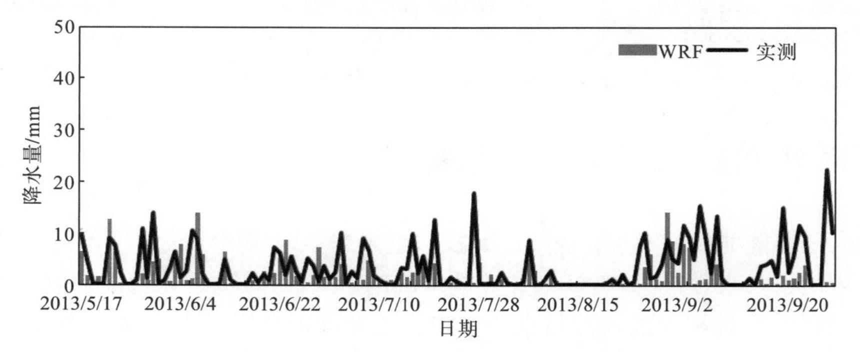

(b) 双江口—丹巴地区 48h 校正预报与实况

图 4-25 双江口—丹巴地区面雨量校正预报值与实测值比较图

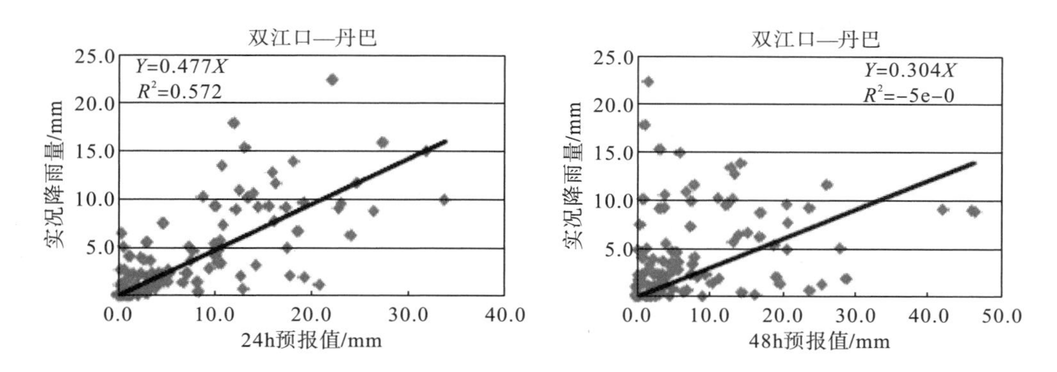

图 4-26　双江口—丹巴实况面雨量与 24h(左)、48h(右)预报值之间的线性关系

大渡河 24 小时短期预报的原始准确度为 75%，后续 48h、72h、96h 和 120h 分别为 68%、66%、69%和 68%。通过校正后，24 小时短期预报的准确度为 81%，后续 48h、72h、96h 和 120h 分别为 77%、77%、74%和 71%，有雨日的准确度为 72%，后续分别为 71%、69%、64%和 62%。可见，经过修正之后，各时次的总体准确度有 5%左右的提高。

第5章 洪 水 预 报

新安江模型作为短期径流预报的核心模型，通过产汇流较好地模拟了径流形成物理过程，是湿润地区最适用的预报模型。而概率预报作为不确定性分析控制的主要手段，也越来越多地被应用于预报行业。大渡河流域位于西南山地，植被覆盖率较高，属于新安江模型适用范围，同时预报影响因素错综复杂，预报不确定性繁杂，对概率预报需求显著。大渡河公司通过建立以新安江模型为确定性预报基础、以水文不确定性处理器 HUP 为核心的概率预报模型，基本实现了流域日时间尺度和小时时间尺度的短期预报，在此简称为洪水预报。同时以数值天气预报中的定时定点定量降雨预报作为洪水预报的影响因子，将大渡河流域划分为 9 个大断面、15 个子断面、23 个区间，进行分散式模型预报。通过检验，基于新安江模型的洪水概率预报模型应用于大渡河流域较成功，数值降水预报的耦合能够较好地延长洪水预报的预见期，提高径流预报精度，为防洪调度和水库优化调度提供有力支撑。

5.1 洪水预报技术简介

传统方式下，水文预报均是基于流域水文模型，即以水文系统作为研究对象，根据降雨和径流在自然界的运动规律建立数学模型，通过电子计算机来分析、模拟、显示和实时预测各种水体的存在、循环、分布以及物理和化学特性。一般的流域水文模型可以有以下几种分类方法：①根据模拟水文现象的成因规律，将模型分为确定性水文模型和随机水文模型。确定性水文模型的建立以水文现象为基础，模拟水文现象的必然规律。任何水文过程不可避免地包含某些随机性，随机水文模型以水文现象作为基础，模拟水文现象的随机过程。②根据模型的性质可分为概念性模型、系统黑箱模型和物理模型。③根据反映水流运动的空间变化特点，分为集总式流域水文模型、分布式流域水文模型。④根据所建模型的时空尺度将模型分为时段、日或月等流域水文模型。

随着计算机相关技术的不断发展及其在水文预报中的广泛应用，水文预报技术在理论和实践方面都获得了突飞猛进的发展，精度得到提高，预见期得到延长，为防洪减灾提供了科学的依据。但是水文预报的结果仍然不是精确的，因为它只是客观水文过程的仿真。造成水文预报失真的原因除理论的不足、水文模型本身的误差以及计算偏差等因素外，另一个主要原因就是水文预报固有的不确定性。水文预报接受水文、气象等多种输入(水文模型的输入和初始状态本身都具有随机性)，运用了许多概化的水文模型与参数，依赖于对输入、输出信息进行解释的专家经验判断，这些复杂的因素导致了水文预报不确定性客观存在且不可避免，并且制约着防洪决策的准确性。由此可见，改变以往依靠提高预报精度来降低防洪风险的观念是非常有必要的，水文预报从确定性向概率性转变成为一种发展趋势。

5.1.1　新安江模型

5.1.1.1　模型结构

新安江（三水源）模型是赵人俊教授及其团队于 1973 年对新安江水库做入库流量预报工作时提出的降雨径流流域模型，适用于湿润地区与半湿润地区的湿润季节，近几十年来不断演进，在我国南方各大流域径流预报工作中得到了广泛应用。

当流域面积较大时，采用分散性新安江模型，将全流域按泰森多边形法（或其他方法）分块（如以一个或多个雨量站的代表区域划分一个单元）。对每个单元流域做产汇流计算，得出单元流域的出口流量过程，再进行出口以下的河道洪水演算，求得流域出口的流量过程。把每个单元流域的出流过程相加，求出流域出口的总出流过程。每个单元流域的计算流程见图 5-1，其中方框内的是状态变量，方框外的是模型参数。

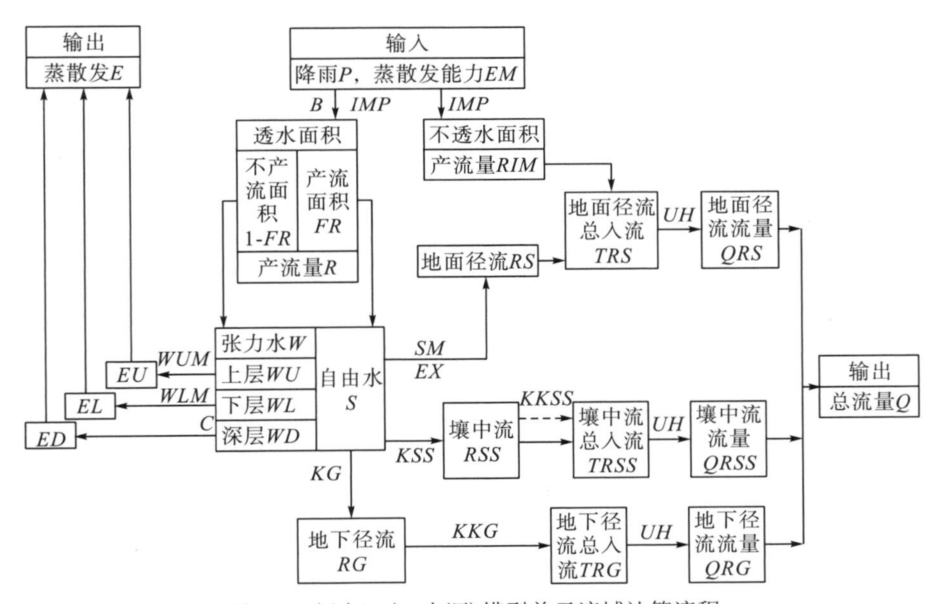

图 5-1　新安江（三水源）模型单元流域计算流程

水源划分是新安江模型结构的核心理论之一。新安江模型采用自由水蓄水库的概念进行水源划分。自由水蓄水库（图 5-2）设置了两个出口，其出流系数分别记为 *KSS* 和 *KG*，产流量 *R* 进入自由水水库内，通过两个出流系数和溢流的方式把它分成地面径流（*RS*）、壤中流（*RSS*）和地下径流（*RG*）。地下径流（*RG*）再经过地下水库调蓄，可得到地下水对河网的总入流 *TRG*，壤中流（*RSS*）可以认为是对河网的总入流 *TRSS*。图 5-2 中另设置了一个壤中流水库，可再做一次调蓄计算。

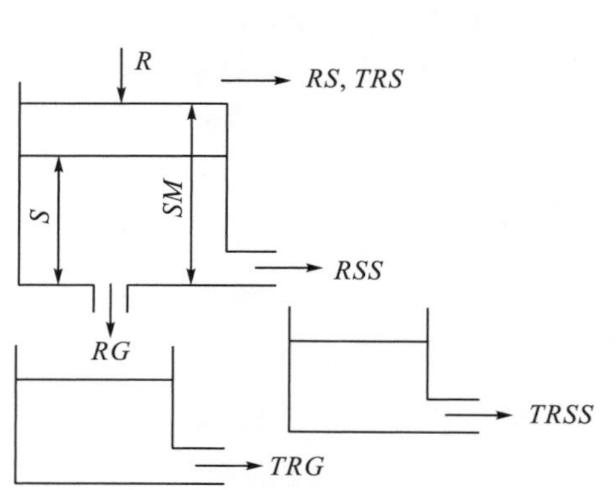

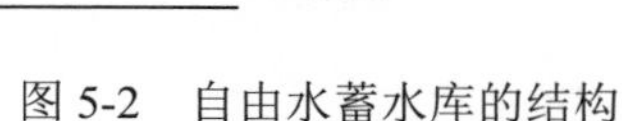
图 5-2　自由水蓄水库的结构

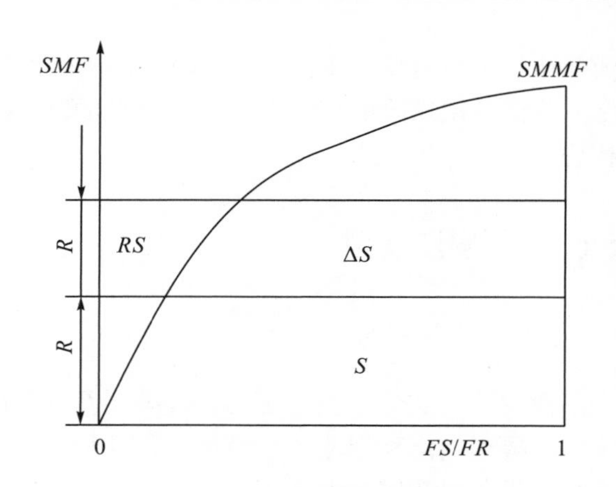

图 5-3　流域自由水蓄水容量曲线

自由水的蓄水能力在产流面积(*FR*)上的分布也是不均匀的。为描述这种现象，也假定自由水蓄水能力在产流面积上的分布服从一条抛物线(图 5-3)，其中用 *SMMF* 表示产流面积上最大一点的自由水蓄水容量，*SMF* 表示产流面积上的自由水平均蓄水容量深，*SMF′* 表示产流面积上某一点的自由水容量，*FS* 表示自由水蓄水能力≤*SMF′* 的流域面积占产流面积(*FR*)的百分数。*S* 表示自由水在产流面积上的平均蓄水深，*EX* 表示流域自由水蓄水容量曲线的指数，产流面积上各点的自由水蓄水容量关系可表达为

$$\frac{FS}{FR}=1-(1-\frac{SMF'}{SMMF})^{EX} \tag{5-1}$$

产流面积上的平均蓄水容量深(*SMF*)为

$$SMF=\frac{SMMF}{1+EX} \tag{5-2}$$

与 *S* 对应的纵坐标(*AU*)为

$$AU=SMMF[1-(1-\frac{S}{SMF})^{\frac{1}{(1+EX)}}] \tag{5-3}$$

模型计算判别条件及公式可归纳如下：

当 *PE*+*AU*<*SMMF* 时，地面径流量(*RS*)为

$$RS=FR\{PE-SMF+S+SMF[1-\frac{(PE+AU)}{SMMF}]^{EX+1}\} \tag{5-4}$$

当 *PE*+*AU*≥*SMMF*，有

$$RS=FR(PE+S-SMF) \tag{5-5}$$

不难看到 *SMMF* 和 *SMF* 都是产流面积 *FR* 的函数。因此，假定 *SMMF* 与产流面积 *FR* 及全流域上最大点的自由水蓄水容量(*SMM*)的关系仍为抛物线分布：

$$FR=1-(1-\frac{SMMF}{SMM})^{EX} \tag{5-6}$$

可得到：

$$SMMF=[1-(1-FR)^{\frac{1}{EX}}]SMM \tag{5-7}$$

$$SMM = SM(1+EX) \tag{5-8}$$

在用式(5-1)~式(5-5)进行计算时，必须首先用式(5-7)和式(5-8)计算出 *SMMF*。新安江模型中平均自由水容量 *SM* 和 *EX*，对一个流域来说是固定的，归为模型参数，需人工率定。

已知上时段的产流面积(FR_0)和产流面积上的平均自由水深(S_0)，根据时段产流量(R)，计算时段地面径流、壤中流、地下径流及本时段产流面积(FR)和 FR 上的平均自由水深(S)的步骤为

$$FR = R / PE$$

$$S = S_0 FR_0 / FR$$

$$SMM = SM(1+EX)$$

$$SMMF = SMM[1-(1-FR)^{1/EX}]$$

$$SMF = SMMF / (1+EX)$$

$$AU = SMMF[1-(1-S / SMF)^{1/(1+EX)}]$$

当 $PE+AU \leqslant 0$ 时：

$$RS = 0 ,\quad RSS = 0$$

$$RG = 0 ,\quad S = 0$$

当 $PE+AU \geqslant SMMF$ 时：

$$RS = (PE+S-SMF)FR$$

$$RSS = SMF \bullet KSS \bullet FR$$

$$RG = SMF \bullet KG \bullet FR$$

$$S = SMF - \frac{RSS+RG}{FR}$$

当 $0 < PE+AU < SMMF$ 时：

$$RS = \{PE - SMF + S + SMF\left[1-\frac{PE+AU}{SMMF}\right]^{(EX+1)}\}FR$$

$$RSS = (PE+S-RS / FR) \bullet KSS \bullet FR$$

$$RG = (PE+S-RS / FR) \bullet KG \bullet FR$$

$$S = S + PE - \frac{RS+RSS+RG}{FR}$$

在自由水蓄水水库的计算中，存在差分计算的误差问题，为了消除误差影响，采用5mm 误差净雨量分段计算的处理方法。

5.1.1.2　产流量计算

新安江模型的产流量计算采用蓄满产流假定。所谓蓄满，是指包气带的土壤含水量达到田间持水量。蓄满产流是指在土壤湿度满足田间持水量这个门槛值以前不产流，所有的降雨都被土壤吸收成张力水，而在土壤湿度满足田间持水量以后，所有的降雨(减去同期的蒸散发)都产流。

一般来讲，流域内各点的蓄水容量并不相同。新安江模型将某一区域内各点蓄水容量

和小于该蓄水容量的面积占全区域面积比重的关系概化成一条抛物曲线，即 W'_m - α 曲线，见图 5-4。

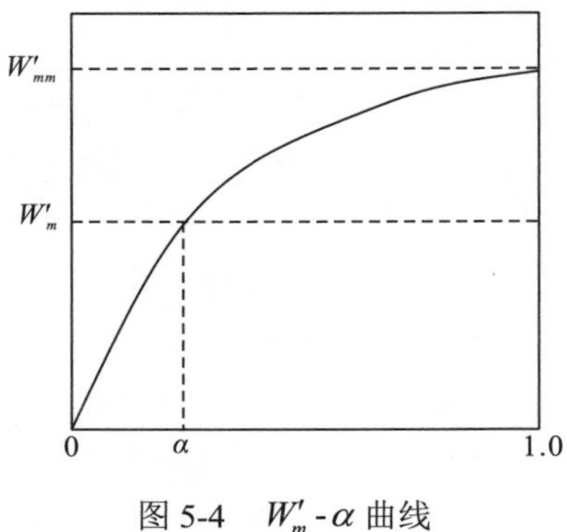

图 5-4 W'_m - α 曲线

上述曲线可用下式表达：

$$\frac{f}{F}=1-(1-\frac{W'_m}{W'_{mm}})^B \tag{5-9}$$

式中，W'_{mm} 表示流域内最大的点蓄水容量；W'_m 表示流域内某一点的蓄水容量；f 表示蓄水能力不大于 W'_{mm} 的流域面积；F 表示全流域面积；α 为 f 与 F 之比；B 表示抛物线指数。

由此可推导出流域平均蓄水容量为

$$W_m=\int_0^{W_{mm}}(1-\frac{f}{F})\mathrm{d}W'_m=\frac{W'_{mm}}{B+1} \tag{5-10}$$

在实际的新安江模型中(图 5-1)，增加了一个参数 IMP，即流域不透水面积占全流域面积之比。这个参数在半湿润地区比较重要，这时，式(5-10)改变为

$$W'_{mm}=\frac{1+B}{1-IMP}W_m \tag{5-11}$$

流域初始平均蓄水量(W_0)相应的纵坐标(A)为

$$A=W'_{mm}[1-(1-\frac{W_0}{W_m})^{\frac{1}{B+1}}] \tag{5-12}$$

如果记 PE 为降水量与蒸发量之差，即 $PE=P-E$，模型计算判别条件为：当 $PE>0$，则产流，否则不产流。

产流时，当 $PE+A<W'_{mm}$，有

$$R=PE-WM+W_0+WM\left(1-\frac{PE+A}{W'_{mm}}\right)^{B+1} \tag{5-13}$$

当 $PE+A\geqslant W'_{mm}$，有

$$R=PE-(WM-W_0) \tag{5-14}$$

做产流计算时，模型的输入为 PE，参数包括流域平均蓄水容量 WM 和抛物线指数 B；输出为流域产流量 R 及流域时段末平均含水量 W。

5.1.1.3　汇流计算

新安江(三水源)模型的流域汇流计算包括坡地和河网汇流两个汇流阶段。

经过水源划分得到的地面径流直接进入河网，成为地面径流对河网的总入流(*TRS*)。壤中流(*RSS*)流入壤中流水库，经过壤中流蓄水库的调蓄(记壤中流水库的消退系数为 *KKSS*)，成为地下水对河网的总入流(*TRG*)，其计算公式为

$$TRS(t) = RS(t) \cdot U \tag{5-15}$$

$$TRSS(t) = TRSS(t-1) \cdot KKSS + RSS(t) \cdot (1 - KKSS) \cdot U \tag{5-16}$$

$$TRG(t) = TRG(t-1) \cdot KKG + RG(t) \cdot (1 - KKG) \cdot U \tag{5-17}$$

$$TR(t) = TRS(t) + TRSS(t) + TRG(t) \tag{5-18}$$

式中，U 为单位转换系数，可将径流深转化为流量，$U=F/(3.6\Delta t)$，其中 F 为流域面积(km^2)；Δt 为时段长(h)；*TR* 为河网总入流(m^3/s)。

新安江(三水源)模型采用无因次单位线模拟水体从进入河槽到单元出口的河网汇流。单位线的分析方法是先在本流域或者邻近流域，找一个有资料的、面积与单元流域大体相近的流域，然后分析出地面径流单位线，并将其作为初始值。

计算公式为

$$Q(t) = \sum_{t=1}^{N} UH(i) TR(t - i + 1) \tag{5-19}$$

式中，$Q(t)$ 为单元出口处 t 时刻的流量值；*UH* 为无因次时段单位线；N 为单位线的历时时段数。其他符号意义同前。

可见，流域汇流计算的输入是单元的地面径流(*RS*)、壤中流(*RSS*)、地下径流(*RG*)及计算开始时的单元面积上的壤中流流量和地下径流流量值。参数包括壤中流水库的日消退系数(*KKSS*)、地下水蓄水库的日消退系数(*KKG*)及单位线转换系数(*U*)、无因次单位线(*UH*)和历时(*N*)。输出为单元出口的流量过程。

5.1.1.4　蒸散发计算

新安江模型中的蒸散发计算采用三层蒸发模式。其输入为蒸发器实测水面蒸发和流域蒸散发能力的折算系数 *K*，模型参数为上层、下层和深层的蓄水容量，分别为 *WUM*、*WLM*、*WDM* 以及深层蒸发系数 *C*。蓄水容量间的关系为 *WM*=*WUM*+*WLM*+*WDM*。输出是上、下、深各层的流域蒸散发量 *EU*、*EL*、*ED*，它们之间的关系为 *E*=*EU*+*EL*+*ED*。计算中包括三个时变参数，即各层土壤含水量 *WU*、*WL*、*WD*(*W*=*WU*+*WL*+*WD*)。*WM*、*E*、*W* 分别表示总的土壤蓄水容量、蒸散发量和土壤含水量。

各层蒸散发的计算思路是：上层按蒸散发能力蒸发；上层含水量不够时，剩余蒸散发能力从下层蒸发；下层蒸发与剩余蒸散发能力及下层含水量成正比，与下层蓄水容量成反比。要求计算的下层蒸发量与剩余蒸散发能力之比不小于深层蒸散发系数 *C*，否则，不足部分由下层含水量补给，当下层水量不够补给时，用深层含水量补给。三层蒸散发计算程序见图 5-5。

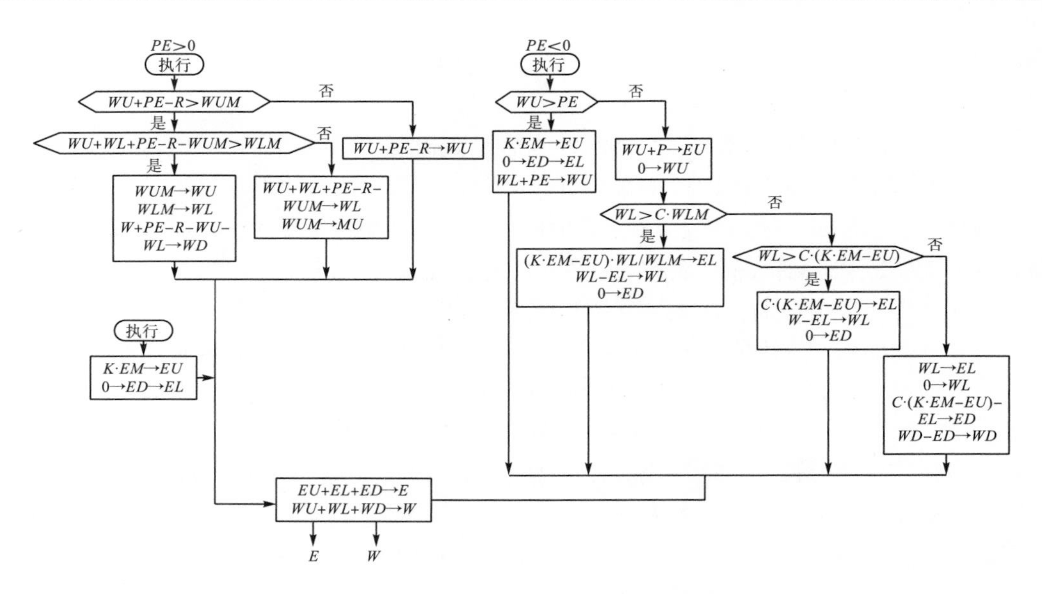

图 5-5　蒸散发计算模型

5.1.1.5　模型参数及率定

新安江模型共有 17 个参数(*WM* 中 *WUM* 和 *WLM* 视为 2 个参数)，其中产流计算参数 11 个(*K*、*IMP*、*B*、*WM*、*WUM*、*WLM*、*C*、*SM*、*EX*、*KG*、*KSS*)，汇流计算参数 5 个(*KKG*、*KKSS*、*KE*、*XE*、*N*)，无因次单位线 *UH*(*i*)。

(1)*K*：流域蒸散发能力 E_m 与实测水面蒸发值 E_i 之比，简称蒸发折算系数。

(2)*IMP*：不透水面积占全流域面积之比。

(3)*B*：蓄水容量分布曲线指数，反映流域蓄水容量分布的不均匀性。一般经验，流域越大，各种地形地质组合越多样，*B* 值也越大。在山丘地区，很小面积(数平方千米)的 *B* 为 0.1 左右，中等面积(300 平方千米以内)的 *B* 值为 0.2～0.3，较大面积(数千平方千米)的 *B* 为 0.3～0.4。

(4) *WM*：流域平均蓄水容量(mm)。为了较精确地计算土壤蒸散发量，将 *WM* 分为三层，即 *WM*=*WUM*+*WLM*+*WDM*，其中 *WUM* 为上层蓄水容量(模型参数)，包括植物截留量，在植被与土壤颇差的流域，为 5～10mm；*WLM* 是下层蓄水容量(模型参数)，可取 60~90mm；*WDM* 是深层蓄水容量(模型参数)，由 *WM*−*WUM*−*WLM* 求出。

(5)*C*：深层蒸散发系数。它决定于深根植物占流域面积之比，同时与 *WUM*+*WLM* 有关。一般经验，在湿润地区 *C* 值为 0.15～0.2，半湿润地区 *C* 值为 0.09～0.12。

(6)*SM*：自由水蓄水容量(mm)，它反映了水源比例的变化，需优选确定。

(7)*EX*：自由水蓄水容量曲线指数。

(8)*KG*：地下水出流系数。

(9)*KSS*：壤中流出流系数。

(10)*KKG*：地下径流消退系数。

(11)*KKSS*：壤中流消退系数。

(12) UH：单元流域上地面径流的单位线(无因次)。

(13) KE：单元河段的马斯京根模型参数 K 值。

(14) XE：单元河段的马斯京根模型参数 X 值。

(15) N：马斯京根模型分段数。

模型参数有明确的水文概念，原则上可以单独确定。一般方法是先将按实测值或类似经验定好的参数作为初始值，然后分部分进行人工调试，最后进行优选。

一般情况下，模型的出流系数和消退系数都是按日模型给定的。但是，进行实时洪水预报时，计算时段 Δt 往往小于 24h。另外，在模型计算中，为了消除非线性的影响，减少计算时段过长引起的误差，模型的水源划分中又用 5mm 净雨作为一个量级，进一步做分步长计算。那么，模型的出流系数和消退系数都必须做相应的变化。

设模型计算所取时段长为 Δt(h)，R 为 Δt 内的净雨，则：

$$M = \frac{24}{\Delta t}$$

$$N = \frac{24}{\Delta t}[\text{int}(\frac{R}{5}) + 1]$$

计算步长内的壤中流蓄水库的消退系数 $KKSSD$ 和地下水蓄水库的消退系数 $KKGD$ 分别与其相应的日模型消退系数 $KKSS$ 和 KKG 的关系为

$$KKSSD = KKSS^{1/M}$$

$$KKGD = KKG^{1/M}$$

计算步长内流域自由水蓄水库的壤中流出流系数 $KSSD$ 和地下水出流系数 KGD 与其日模型的出流系数 KSS 和 KG 的关系为

$$KSSD = \frac{1 - [1 - (KG + KSS)]^{1/N}}{1 + KG / KSS} \tag{5-20}$$

$$KGD = KSSD \cdot \frac{KG}{KSS} \tag{5-21}$$

5.1.2　洪水概率预报

5.1.2.1　不确定性溯源分析

随着计算机相关技术的不断发展及其在水文预报中的广泛应用，水文预报技术在理论和实践方面都获得了突飞猛进的发展，精度得到提高，预见期得到延长，为防洪减灾提供了科学的依据。但是水文预报的结果仍然不是精确的，因为它只是客观水文过程的仿真。造成水文预报失真的原因除理论的不足、水文模型本身的误差以及计算偏差等因素外，另一个主要原因就是水文预报固有的不确定性。水文预报接受水文、气象等多种输入(水文模型的输入和初始状态本身都具有随机性)，运用了许多概化的水文模型与参数，依赖于对输入、输出信息进行解释的专家经验判断，这些复杂的因素导致了水文预报不确定性客观存在且不可避免，并且制约着防洪决策的准确性。因此研究水文预报不确定性对于完善洪水预报理论、改善预报精度以及为防洪调度提供科学的决策依据均具有重大的理论价值和现实意义。

1. 水文预报不确定性的来源

在这种背景下，国内外许多学者都开始分析和讨论水文预报的不确定性问题。洪水的发生与发展取决于气象因素如降水的历时与强度、定量降水预报等，和地理因素如流域形态、地势、尺度以及植被覆盖率等，是一个相当复杂的动态过程，由此导致了水文预报不确定性的来源十分复杂。大体上，水文预报不确定性的来源可以从以下几个方面考虑。

(1) 水文现象本身的随机性、模型不确定性、输入的误差与模糊性等特性

水文现象在演变过程中受初始条件以及多种随机因素的影响，或多或少地表现出随机性与模糊性的变化特点，这种随机性和模糊性是导致水文预报不确定性的根本原因之所在。而水文现象中确定性和随机性、模糊性成分的比重则取决于研究对象、时间和空间尺度。

(2) 水文模型结构的不合理

水文模型是研究水文自然规律和解决水文实践问题的主要工具，流域水文模型通常被分为系统模型、概念性模型和物理模型三类。系统模型将所研究流域视为一个动力系统，利用输入-输出资料建立数学关系，而不考虑输入-输出之间的物理关系；概念性模型利用简单的物理概念和经验关系组成系统描述水流在流域的运动状态；物理模型则根据水流的连续方程和动量方程来求解水流在流域的时空变化规律。虽然系统模型无物理意义，概念性模型具备物理意义和推理概化，物理模型具有较明确的物理基础，每种模型都试图通过对复杂的水文物理现象进行不同层次的描述，引入新理论、新方法以期消除水文预报不确定性。但实际上，无论模型的结构怎样合理，水文模型结构不确定性不可避免。另外在对特定流域选取水文模型时，由于水文工作者的个人经验、偏好等因素，也存在模型适用性偏差。

(3) 模型参数的优选误差

从理论上讲，水文模型的多个参数可以从流域直接或间接获得，但由于水文模型参数既有其物理意义，又有其推理概化的成分，因此大部分模型参数只能在对实测资料进行分析研究的基础上通过人机交互式参数优选得到，由此增加了模型率定资料的提取、优选方法的选取、目标函数的确定与组合等因素而产生的模型参数优选不确定性。

(4) 模型确定性输入的误差

受水情测报系统仪器的系统偏差、系统故障、观测者的操作以及估计误差等影响，模型确定性输入变量雨量站权重、面平均雨量、蒸发量、子流域划分、地形特征、水位库容关系曲线变动、反推入库流量误差以及预见期内未作定量降水预报的降水等不可避免存在观测与估计误差。

(5) 模型不确定性输入的误差

在实际作业预报中，为了获取更长的有效预见期，往往对未来降水进行预估考虑。预见期内的降水直接影响洪水预报的精度，预见期越长，影响越大，因此要提高预报精度，必须借助于定量降水预报。现有定量降水预报模型的精度普遍较低，以此为输入的洪水预报结果必然存在不确定性。定量降水预报误差是模型输入不确定性的主要来源。

2. 水文预报不确定性的分类

基于对水文预报不确定性来源的某一或某几方面进行分析与综合(图 5-6)，水文预报不确定性可以分为三类：水文现象不确定性、水文模型不确定性和模型输入不确定性。

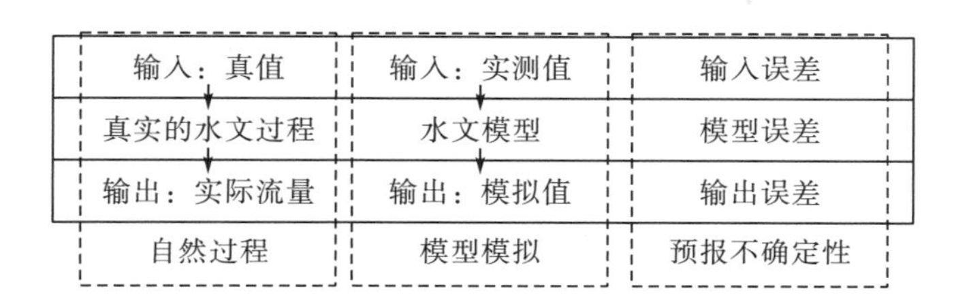

图 5-6　水文预报不确定性分析

(1) 水文现象的不确定性。

不确定性广泛存在于水文现象之中，由于水文过程在其发生、发展和演变过程中受到来自不同方面的诸多因素的共同影响，使得它的状态始终体现为一种不稳定、模糊、无序或混沌等现象，这称为水文现象不确定性。水文现象不确定性按形态可分为随机不确定性和模糊不确定性。水文现象的不确定性是导致水文预报不确定性的根本原因。

(2) 水文模型的不确定性。

水文模型的不确定性主要包括模型结构的不确定性和模型参数优选造成的不确定性。现有的水文模型数以百计，它们都是水文学家对水文现象不同的理解和解释，在结构上都经过了统计概化，做了大量的假定，任何模型都无法准确地反映实际水文现象；另外在对特定流域选取水文模型时，还存在主观人为因素导致的模型适用性误差。同时，由于大部分水文模型参数只能在对实测资料进行分析的基础上通过参数优选得到，从而忽视了参数本身的物理意义，而对模型率定资料的提取、参数优选方法的选取、目标函数的确定等误差也会转移到模型参数的优选误差当中。在实际应用过程中，对水文模型不确定性一一量化显然是不现实的，同时也是没必要的。

(3) 模型输入的不确定性。

水文模型的输入分为确定性输入和不确定性输入。模型的确定性输入实测降水、蒸发、温度、流量、水位等存在观测等误差，它们的不确定性也会通过水文模型的输出表现出来；水文模型不确定性输入主要是指定量降水预报的误差，将定量降水预报与水文模型融合起来可提高预报精度，延长预见期，但目前短期定量降水预报的精度普遍较低，也是水文预报不确定性的一个重要支配因素。

5.1.2.2　水文概率预报研究进展

目前确定性水文预报的应用最为广泛，但是确定性的预报形式制约了对不确定性信息的分析利用，应用确定性的预报结果往往不能得到最优决策，特别是当预报结果错误的时候，这种决策会造成巨大的人员伤亡与财产损失。由此可见，我们有必要改变以往依靠提高预报精度来降低防洪风险的观念，水文预报从确定性向概率性转变是一种发展趋势。概率水文预报是用分布函数或区间估计等全面描述连续变量降水量、径流、河道水位等发生的确定性程度，最大限度地利用预报过程中的各种信息，以定量的、概率分布的形式描述水文预报不确定性。

随着计算机技术的发展、水情自动测报系统的建立与普及，以及气象预报系统、现代控制理论、贝叶斯理论等新技术、新方法引入水文预报领域，概率水文预报方法也得到了长足的发展。概率水文预报的形式灵活多样，可以是对模型结构、模型参数的分析，可以是对模型输入进行改进，也可以是对模型的输出进行后续处理。纵观国内外关于洪水概率预报的研究，主要是从两个角度出发，一方面是总体考虑误差的纠偏，另一方面是对模型结构、模型参数、降水预报等具体参数指标进行不确定性控制研究后建立概率预报模型。

2000 年 Krzysztofowicz 等提出以水文不确定性处理器(hydrological uncertainty processor，HUP)为核心模型的贝叶斯预报系统(Bayesian forecasting system，BFS)；2001 年王善序详细介绍了 BFS 的理论，指出它可以综合考虑预报过程的不确定性，不限定预报模型的内部结构；2002 年 Kavetski 等采用雨深乘子反映降雨输入的不确定性，并将模型的敏感性参数随机化，提出贝叶斯总误差分析方法(Bayesian total error analysis，BATEA)；2007 年邢贞相等采用 BP 神经网络构建先验分布和似然函数，并应用马尔科夫链蒙特卡罗(Markov Chain Monte Carto，MCMC)方法求解贝叶斯概率预报模型；2007 年 Ajami 等对 BATEA 进行了改进，改用折算系数体现降雨输入的不确定性，提出贝叶斯综合不确定性估计方法(integrated Bayesian uncertainty estimator，IBUNE)；2008 年 Todini 等提出了模型条件处理器(model conditional processor，MCP)；2012 年 van Steenbergen 等采用频率学方法构建三维误差矩阵，通过不同预见期、不同流量量级预报误差统计进一步量化预报不确定性；2012 年李明亮等构建联合概率密度函数，同时考虑模型参数和降雨输入不确定性；2014 年刘章君建立基于 Copula 函数的 BFS 模型；2016 年梁忠民等基于抽站法原理推求降雨量的条件概率分布，进而实现考虑输入不确定性的洪水概率预报。

目前对水文模型不确定性的处理方法有许多，其中以贝叶斯方法的理论体系最完善，应用最普遍，前景也最广阔。贝叶斯预报系统是一个进行概率预报的通用理论框架，可与任何确定性流域水文模型结合工作。在此基础上，发展出概率预报系统理论，称为概率水文预报。这种预报方法综合了各种随机因素对水文预报结果的影响，统一处理了包括在一种物理过程内的确定性规律部分和随机性规律部分，具有明显的合理性。因此，借助于概率水文预报这一新途径可以同时提供水文模型的计算结果和模型计算结果的不确定度，使得建立的模型更具有科学性。

5.1.2.3 水文概率预报模型

1. 贝叶斯理论

贝叶斯理论是概率论的一个方法，主要方向是统计决策函数、统计推断的研究。它引入了“逆概率”概念，并将其作为一种普遍的推理方法，对于现代概率论和数理统计都有很重要的作用。假定 B_1，B_2，……是某个过程的若干可能的前提，则 $P(B_i)$ 是人们事先对各前提条件出现可能性大小的估计，称之为先验概率。如果这个过程得到了一个结果 A，那么贝叶斯公式提供了我们根据 A 的出现而对前提条件做出新评价的方法。$P(B_i / A)$即是对前提 B_i的出现概率的重新认识，称 $P(B_i / A)$为后验概率。经过多年的发展与完善，贝叶斯公式以及由此发展起来的一整套理论与方法，已经成为概率统计中的一个冠以“贝叶斯”名字的学派。贝叶斯定理原本是概率论中的一个定理，这一定理可用一个数学公式来表达，这个公式就是著名的贝叶斯公式。

$$P(A/B)=\frac{P(B/A)P(A)}{P(B)}$$

贝叶斯决策理论是主观贝叶斯派归纳理论的重要组成部分。贝叶斯决策就是在不完全情报下，对部分未知的状态用主观概率估计，然后用贝叶斯公式对发生概率进行修正，最后再利用期望值和修正概率做出最优决策。

贝叶斯决策理论方法是统计模型决策中的一个基本方法，其基本思想是：已知类条件概率密度参数表达式和先验概率后，利用贝叶斯公式转换成后验概率，最后根据后验概率大小进行决策分类。

2. 水文概率预报总体思路

水文概率预报的主要思路可以简单描述为：对于数据或模型的不确定性，我们可用概率分布来描述，即将系统的输入、模型的参数视为符合一定分布的随机变量，那么系统的输出也可用概率分布来描述。水文概率预报的研究大体可以分为两类途径：一是全要素耦合途径，分别量化降雨–径流过程各个环节的主要不确定性，如降雨输入不确定性、模型结构不确定性、模型参数不确定性等，并进行耦合，实现概率预报；另一类是总误差分析途径，即从确定性预报结果入手，直接对预报不确定性进行量化分析，推求预报量的分布函数，实现概率预报(图 5-7)。

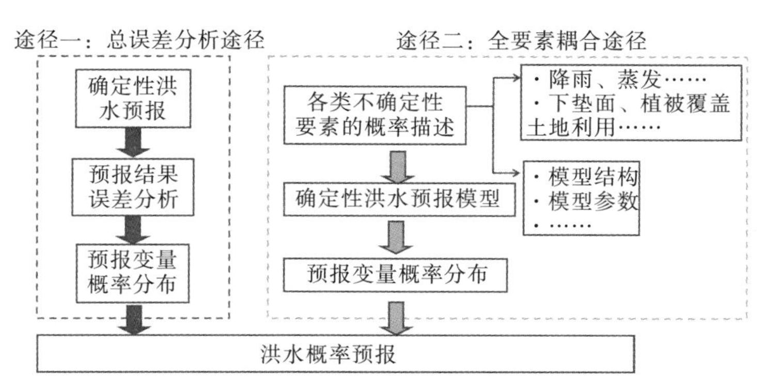

图 5-7　水文概率预报两种方式

基于全要素耦合途径的概率预报方法主要有三大类：①输入不确定性，如降雨不确定性处理器(precipitation uncertainty processor，PUP)等；②模型不确定性，如普适似然不确定性估计方法(generalized likelihood uncertainty estimation，GLUE)、马尔科夫链蒙特卡罗(MCMC)、贝叶斯模型平均方法(Bayesian model averaging，BMA)等；③输入+模型不确定性，如贝叶斯预报系统(BFS)、贝叶斯总误差分析框架(BATEA)、贝叶斯综合不确定性估计法(IBUNE)等。

基于总误差分析途径的概率预报方法主要有两大类：①贝叶斯方法，如水文不确定性处理器（HUP)、模型条件处理器（MCP)；②非贝叶斯方法，如三维误差矩阵方法、信息熵理论等。

3. 典型水文概率预报模型——HUP

水文不确定性处理器(HUP)是贝叶斯预报系统(BFS)的主要组成部分，建立在不存在除水文不确定性以外的其他不确定性的前提下。其特点是，不需要直接处理预报模型的结构与参数，而是从模型预报结果入手，分析其与实测水文过程的误差，再利用贝叶斯公式估计预报变量的后验分布，从而实现预报不确定性分析及概率预报。该处理器由于结构清晰，计算快捷，被广泛应用于国内的洪水概率预报研究中，形成了一系列有价值的研究成果。

1) HUP 原理简介

用 H_0 表示在预报时刻已知的实测流量，$H_n\,(n=0,1,\cdots,N)$ 表示待预报的实际流量过程，N 为预见期的长度。用 $S_n\,(n=0,1,\cdots,N)$ 表示确定性水文模型的预报流量过程。H_n 的实测值和 S_n 的估计值分别用 h_n、s_n 表示。

如果不存在水文不确定性，则应该有 $h_n=s_n$，其中 $n=0,1,\cdots,N$。但实际上由于水文不确定性使得 $h_n\neq s_n$，并且服从在 $h_n=s_n$ 的条件下的某一概率分布。

在描述水文不确定性之前，有以下假定：假定实测流量过程 $H_n\,(n=0,1,\cdots,N)$ 服从一阶马尔科夫过程，并且是严格稳定的，那么在此基础上，对于任意的 $n\,(n=0,1,\cdots,N)$，(H_{n-1},H_n) 与 (H_0,H_1) 联合分布是相等的。

在上述假定的基础上，$H_n\,(n=0,1,\cdots,N)$ 的先验不确定性可以由 H_n 的边缘密度函数 θ 和转换密度函数族 $\{r(\bullet/h_0):\mathrm{all}\,h_0\}$ 来描述，其中 $r(h_1/h_0)$ 是 H_1 在 $H_0=h_n$ 时的条件密度函数。所有的 h_1、θ 和 r 满足如下的关系：

$$\theta(h_1)=\int_{-\infty}^{+\infty} r(h_1/h_0)\theta(h_0)\mathrm{d}h_0 \tag{5-22}$$

给定预报时刻已知的实测流量 $H_0=h_0$，那么先验密度 $g_n(\bullet/h_0)$ 就等于 n 阶转换密度。当 $n=1$ 时：

$$g_1(h_1/h_0)=r(h_1/h_0) \tag{5-23}$$

当 $n=2,3,\cdots,N$ 时：

$$g_n(h_n/h_0)=\int_{-\infty}^{+\infty} r(h_n/h_{n-1})g_{n-1}(h_{n-1}/h_0)\mathrm{d}h_{n-1} \tag{5-24}$$

模拟流量过程 $H_n\,(n=0,1,\cdots,N)$ 一般被看成非稳定的，即随机过程。可以用条件概率密度函数族 $\{f_n(\bullet/h_n,h_0):\mathrm{all}\ h_n,h_0,n=1,2,\cdots,N\}$ 来表示水文不确定性，其中 $f_n(\bullet/h_n,h_0)$ 为模拟流量 S_n 在 $H_n=h_n$ 的条件下的密度函数。对于给定的 $H_n=h_n$ 和 $S_n=s_n$，函数 $f_n(s_n/h_n,h_0)$ 为 H_n 的似然函数。

密度族 g_n 和 f_n 将先验不确定性和水文不确定性的信息带入到贝叶斯修正处理器中。对于任意的时刻 n 以及任意的观测值 $H_0=h_0$，用全概率公式对先验密度函数 g_n 与似然函

数 f_n 进行综合，那么可以求得 S_n 的期望密度函数：

$$K_n(s_n/h_0)=\int_{-\infty}^{+\infty} r(s_n/h_n,h_0)g_n(h_n/h_0)\mathrm{d}h_n \tag{5-25}$$

根据贝叶斯原理，在 $S_n'=s_n$ 的条件下，可求得实际流量系列 H_n 的后验密度函数：

$$\phi(h_n/s_n,h_0)=\frac{f_n(s_n/h_n,h_0)g_n(h_n/h_0)}{\kappa_n(s_n/h_0)} \tag{5-26}$$

后验密度族 ϕ_n 将实际流量系列 H_n 的水文不确定性加以量化。

根据后验密度函数，可提供均值预报及概率预报结果。

最后，对于任意的 $n(n=1,2,\cdots,N)$，根据全概率公式，可以求得模拟流量系列 S_n 的边缘期望密度函数：

$$\lambda_n(S_n)=\int_{-\infty}^{+\infty} \kappa_n(s_n/h_0)\theta(h_0)\mathrm{d}h_0 \tag{5-27}$$

在实际操作预报中，这个密度并不是必需的，但是对于含有参数的模型来说，将会有助于阐述其特性。

2) HUP 关键技术

(1) 正态分位数转换。

对于 $n(n=1,2,\cdots,N)$，定义实测流量 H_n 的边缘分布函数为 Γ，确定性模型预报流量 S_n 的分布函数为 $\bar{\Lambda}_n$，密度函数分别用 γ 和 $\bar{\lambda}_n$ 表示。$\bar{\Lambda}_n$ 只是对 S_n 分布的一个初始估计，在以后的模型结果中将对其进行修正。

亚高斯模型(meta-Gaussian model)的核心内容是正态分位数转换(normal quantile transform，NQT)。令 Q 表示标准正态分布，则 H_n 与 S_n 转换后的正态分位数分别为

$$W_n=Q^{-1}(\Gamma(H_n)),\quad n=1,2,\cdots,N \tag{5-28}$$

$$X_n=Q^{-1}(\bar{\Lambda}_n(S_n)),\quad n=1,2,\cdots,N \tag{5-29}$$

式中，W_n 与 X_n 分别表示 H_n 和 S_n 的正态分位数；Γ 和 $\bar{\Lambda}_n$ 分别为 H_n 和 S_n 的边缘分布函数。为保证所有分布的一致性，S_n 的边缘分布 Λ_n 应根据先验分布和似然函数联合求得。但由于似然函数还没有确定，因此先定义 S_n 的初始分布 $\bar{\Lambda}_n$。$\bar{\Lambda}_n$ 只是对 S_n 的初始估计，并不一定等于 Λ_n。只有等似然函数的结构确定下来之后，Λ_n 才能确定。

(2) 边际分布。

汛期的洪水资料 $\{h_0\}$ 被选用来求解 H_0 的边际分布函数 Γ。对于边际分布函数 Γ，其分布可以是任意的，可以是参数的，也可以是非参数的。常见的参数分布有：Gamma 分布、Log-Pearson 分布、Log-Normal 分布、Log-Weibull 分布、Weibull 分布、Kappa 分布等。在实际工作中，针对不同流域、不同季节，可以选用不同的分布，选用的标准是使得假定分布与经验分布的标准差最小。Krzysztofowicz 通过研究比较，建议采用 Log-Weibull(对数威布尔)分布，其密度函数与分布函数分别为

$$f(x)=\frac{\beta}{\alpha(x-\gamma+1)}[\frac{\ln(x-\gamma+1)}{\alpha}]^{\beta+1}\exp\{-[\frac{\ln(x-\gamma+1)}{\alpha}]\} \tag{5-30}$$

$$F(x)=1-\exp\{-[\frac{\ln(x-\gamma+1)}{\alpha}]^{\beta}\} \tag{5-31}$$

其中，α、β 和 γ 是待定的三个参数。

利用 H_0 的经验频率点据进行参数估计。为减小计算量、简化计算程序，在实际操作过程中先对流量资料进行求对数处理，然后用矩法对三参数 Weibull 分布进行参数估计。三参数 Weibull 分布的密度函数与分布函数分别为

$$f(x)=\begin{cases}\dfrac{c}{b}\left(\dfrac{x-a}{b}\right)^{c-1}\cdot \mathrm{e}^{-(\frac{x-a}{b})^{x}}, & x\geqslant a\\ 0, \quad x<a\end{cases} \tag{5-32}$$

$$F(x)=1-\mathrm{e}^{-(\frac{x-a}{b})^{c}} \tag{5-33}$$

其中，a、b、c 为三参数 Weibull 分布的三个待定参数，a 为位置参数，b 为尺度参数，c 为形状参数。

用矩法估计三个参数要用到前三阶矩，可以求得

一阶原点矩，即数学期望为

$$v_1=\bar{X}=a+b\cdot\Gamma(1+\frac{1}{c}) \tag{5-34}$$

二阶中心矩，即方差为

$$\mu_2=\sigma^2=b^2[\Gamma(1+\frac{2}{c})-\Gamma^2(1+\frac{1}{c})] \tag{5-35}$$

因此，有变差系数

$$\mathrm{Cv}=\frac{\sigma}{\bar{X}}=\frac{b[\Gamma(1+\frac{2}{c})-\Gamma^2(1+\frac{1}{c})]^{\frac{1}{2}}}{a+b\Gamma(1+\frac{1}{c})} \tag{5-36}$$

而由三阶中心矩 $\mu_3=v_3-3v_1v_2+2v_1^3$ 可求出：

偏态系数

$$\mathrm{Cs}=\frac{\mu_3}{\sigma^2}=\frac{\Gamma(1+\frac{3}{c})-3\Gamma(1+\frac{2}{c})\Gamma(1+\frac{1}{c})+2\Gamma^3(1+\frac{1}{c})}{[\Gamma(1+\frac{2}{c})-\Gamma^2(1+\frac{1}{c})]^{\frac{3}{2}}} \tag{5-37}$$

令

$$d=\Gamma(1+\frac{2}{c})-\Gamma^2(1+\frac{1}{c}) \tag{5-38}$$

$$e=\Gamma(1+\frac{1}{c}) \tag{5-39}$$

则有 $b=\dfrac{\sigma}{\sqrt{d}}$ 以及 $a=\bar{X}-b\cdot e$。

偏态系数 Cs 由样本资料计算出，然后由式(5-37)反解出 c，那么可由式(5-38)和式(5-39)分别求出 d 和 e，最后可求出参数 b 和 a。

(3)转化空间里的模型。

求得 H_n 和 S_n 的正态分位数 W_n 和 X_n 后，就可以在转化空间里对 W_n 和 X_n 进行分析，构造先验分布与似然函数，并求解出后验密度函数。

★ 先验分布

对 W_n 的估计方法有马尔科夫过程、最近邻抽样回归模型等。为了简便计算，假定转化空间中的流量过程服从一阶马尔科夫过程的正态-线性关系，具体为

$$W_n = cW_{n-1} + \Xi \tag{5-40}$$

式中，c 为参数；Ξ 为不依赖于 W_{n-1} 的残差系列，且服从 $N(0,1-c^2)$ 的正态分布。由此，可以求出 W_n 在 $W_{n-1} = w_{n-1}$ 的条件下的数学期望与方差：

$$E(W_n / W_{n-1} = w_{n-1}) = cw_{n-1} \tag{5-41}$$

$$\mathrm{Var}(W_n / W_{n-1} = w_{n-1}) = 1 - c^2 \tag{5-42}$$

同时，转化密度函数为

$$r_Q(W_n / W_{n-1}) = \frac{1}{(1-c^2)^{1/2}} q(\frac{W_n - cw_{n-1}}{(1-c^2)^{1/2}}) \tag{5-43}$$

式中，q 代表标准正态密度函数；下标 Q 表示该密度函数是在正态分位数转换空间里的密度分布。

对于任意时刻 n，W_n 的边缘密度函数为标准正态密度，即 $r_Q = q$。根据式(5-43)可以求得第 n 时刻的先验密度函数，为

$$g_{Q_n}(W_n / W_0) = \frac{1}{(1-c^{2n})^{1/2}} q(\frac{W_n - c^n w_0}{(1-c^{2n})^{1/2}}) \tag{5-44}$$

★ 似然函数

假定转化空间中的各变量 X_n、W_n、W_0 服从正态-线性关系如下：

$$X_n = a_n W_n + d_n W_0 + b_n + \Theta_n \tag{5-45}$$

式中，a_n、b_n 和 d_n 为参数；Θ_n 为不依赖于 (W_n, W_0) 的残差系列，并且服从 $N(0,\sigma_n^2)$ 的正态分布。由此得到 X_n 以 $W_n = w_n$、$W_0 = w_0$ 为条件的均值与方差：

$$E(X_n / W_n = w_n, W_0 = w_0) = a_n W_n + d_n W_0 + b_n \tag{5-46}$$

$$\mathrm{Var}(X_n / W_n = w_n, W_0 = w_0) = \sigma_n^2 \tag{5-47}$$

即 X_n 在 $W_n = w_n$、$W_0 = w_0$ 的条件下服从正态分布 $N(a_n W_n + d_n W_0 + b_n, \sigma_n^2)$。

且有条件密度，即似然函数为

$$f_{Q_n}(x_n / w_n, w_0) = \frac{1}{\sigma_n} q(\frac{x_n - a_n W_n - d_n W_0 - b_n}{\sigma_n}) \tag{5-48}$$

★ 转化空间中的推导

综合先验密度和似然函数，得到转化后的期望密度函数为

$$\kappa_{Q_n}(x_n / w_0) = \frac{1}{(a_n^2 t_n^2 + \sigma_n^2)^{1/2}} q(\frac{x_n - (a_n c_n + d_n) w_0 - b_n}{(a_n^2 t_n^2 + \sigma_n^2)^{1/2}}) \tag{5-49}$$

式中，$t_n^2 = 1 - c^{2n}$。可以得到 W_n 的后验密度函数：

$$\phi_{Q_n}(W_n / x_n, w_0) = \frac{1}{T_n} q(\frac{w_n - A_n x_n - D_n w_0 - B_n}{T_n}) \tag{5-50}$$

式中，

$$A_n = \frac{a_n t_n^2}{a_n^2 t_n^2 + \sigma_n^2}，\quad B_n = \frac{-a_n b_n t_n^2}{a_n^2 t_n^2 + \sigma_n^2} \tag{5-51}$$

$$D_n = \frac{c^n \sigma_n^2 - a_n d_n t_n^2}{a_n^2 t_n^2 + \sigma_n^2}, \quad T_n^2 = \frac{t_n^2 \sigma_n^2}{a_n^2 t_n^2 + \sigma_n^2} \tag{5-52}$$

最后，采用全概率公式，由$\gamma_Q = q$和式(5-49)，可得到X_n的边缘期望密度函数：

$$\lambda_{Q_n}(x_n) = \frac{1}{\tau_n} q(\frac{x_n - b_n}{\tau_n}) \tag{5-53}$$

式中，$\tau_n^2 = a_n^2 + d_n^2 + \sigma_n^2 + 2a_n d_n c^n$。除非$b_n = 0$、$\tau_n = 1$，否则$\lambda_{Q_n}(x_n) \neq q$。

(4) 原始空间里的模型。

由于转化空间中的所有密度函数r_Q、g_{Q_n}、f_{Q_n}、κ_{Q_n}、ϕ_{Q_n}和λ_{Q_n}均属于高斯函数族，因此原始空间里的各密度函数 r、g_n、f_n、κ_n、ϕ_n、λ_n就属于亚高斯函数族。对于任意原始变量 Y(H_n或S_n)、边缘分布函数 M(Γ或$\bar{\Lambda}_n$)，以及相应的密度函数 m(γ 或$\bar{\lambda}_n$)，原始空间和转化空间里的两个密度函数族是通过正态分位数转换 NQT 相互联系的，两者之间的 Jacobian 变换为

$$J(y) = \frac{m(y)}{q\{Q^{-1}[M(y)]\}} \tag{5-54}$$

★ 先验密度函数

根据在预报时刻给出的条件可得到亚高斯先验密度函数：

$$g_n(h_n / h_0) = \frac{\gamma(h_n)}{(1-c^{2n})^{1/2} q\{Q^{-1}[\Gamma(h_n)]\}} q(\frac{Q^{-1}[\Gamma(h_n)] - c^n Q^{-1}[\Gamma(h_0)]}{(1-c^{2n})^{1/2}}) \tag{5-55}$$

相应的亚高斯先验分布函数为

$$G_n(h_n / h_0) = Q(\frac{Q^{-1}[\Gamma(h_n)] - c^n Q^{-1}[\Gamma(h_0)]}{(1-c^{2n})^{1/2}}) \tag{5-56}$$

在构造先验密度族的过程中用到流量H_n的边缘分布函数Γ和相应的密度函数γ，以及(W_n, W_{n-1})的一阶皮尔逊相关系数 c，因为(W_n, W_{n-1})的联合分布是正态的，所以参数 c 足以描述W_n和W_{n-1}之间的随机相互关系。同样，在亚高斯分布里面，参数 c 也足以描述原始流量H_n和H_{n-1}之间的随机相互关系。

可以推广，c^n是W_n和W_0之间的 k 阶皮尔逊相关系数。因为$|c|<1$，所以当表达式(5-56)中的时间 n 趋向于无穷大时，就会有$G_n(\bullet/h_0) \to \Gamma$，这说明亚高斯模型是收敛的。

★ 后验密度函数

在预测流量$S_n = s_n$和实测流量$H_0 = h_0$的条件下，在原始空间里的实际流量S_0的亚高斯后验密度函数为

$$\phi(h_n / s_n, h_0) = \frac{\gamma(h_n)}{T_n q\{Q^{-1}[\Gamma(h_n)]\}} q(\frac{Q^{-1}[\Gamma(h_n)] - A_n Q^{-1}[\bar{\Lambda}_n(s_n)] - D_n Q^{-1}[\Gamma(h_0)] - B_n}{T_n}) \tag{5-57}$$

相应的亚高斯后验分布函数为

$$\phi_n(h_n / s_n, h_0) = Q(\frac{Q^{-1}[\Gamma(h_n)] - A_n Q^{-1}[\bar{\Lambda}_n(s_n)] - D_n Q^{-1}[\Gamma(h_0)] - B_n}{T_n}) \tag{5-58}$$

其中的相关参数已经在式(5-51)和式(5-52)中给出。

5.2　大渡河洪水预报方案

大渡河公司以传统新安江模型为确定性预报基础，考虑定时点定量降水预报作为影响因素，围绕着水文不确定性处理器核心技术建立概率预报模型，实现预见期为 48 小时的逐小时滚动和预见期为 7 日的逐日流量预报。

5.2.1　大渡河流域暴雨洪水特性

5.2.1.1　暴雨

大渡河流域跨越 5 个纬度、4 个经度，且与青藏高原和四川盆地毗邻，流域高程变化剧烈，地形条件复杂，因此天气系统也较复杂，降雨不均，上、下游常属于不同的雨带。上游因位于高原边缘，主要属于高原降雨，汛期和秋季有时也与川东的雨带连成一片；而中下游则常与川西雨带结合在一起，位于川西降雨的边缘，尤其是在汛期，会位于川西阻塞型雨带的影响范围内。

影响大渡河流域主要的暴雨天气系统有冷锋低槽、西南低涡、低涡切变等。形成暴雨时，西太平洋副高脊线位置一般均在 25°N～30°N 或更北的位置，同时有较为明显的西伸，在 500hPa 天气图上为槽线，而在 700hPa 和 850hPa 天气图上为切变低涡，若 850hPa 天气图上没有切变则一般会有风的辐合。

大渡河流域暴雨洪水的季节变化主要受季风气候影响，暴雨洪水的起讫和持续时间直接与环流形势相关，降水量和洪水的年内分配都与大气环流的季节变化相联系。

通过分析大渡河干流主要站点的洪水系列，年最大洪峰出现时间的特征和大气环流的气候特征也较一致。6 月副高脊线在 20°N 以南，印度低压正在建立，雨带主要在江南，因此 6 月大渡河流域出现年最大洪峰较为少见。而且从 6 月中旬到 6 月下旬，西太平洋副热带高压（简称“副高”）开始第一次北跳，因此 6 月出现的年最高洪峰都偏于 6 月下旬。7 月初副高第一次北跳到 25°N 附近，流域出现年最大洪峰的次数逐渐增多。7 月中下旬，副热带高压季节性地北跳到 30°N 附近摆动，印度低压正是强盛季节，它与副高对峙给长江上游输送了强劲的暖湿气流。西风带也季节性地北撤到较北的位置，西风槽的平均位置已不在长江上游的东部，而位于巴尔喀什湖附近，此时不断分裂的小槽东移，雨带正位于长江上游一带，因此这段时间内流域出现大洪水的次数较多。

8 月西太平洋副热带高压一般较强盛，常常控制长江上游相当部分地区，这段时间长江上游暴雨面积不广或暴雨较少，相应地这段时间内流域出现年最高洪峰的机会相对也较少，且干流各站出现洪峰的次数和时间分布与副高位置移动规律非常吻合。

9 月的情况和 6、7、8 月又有所不同，从 9 月逐旬 500hPa 平均图可知，西太平洋副高脊线位于 25°N 附近，相当于 7 月上半月的情况；但此时副高往往分裂为单体，印度低压已大为减弱，西风带开始向南推进，西风槽的平均位置从内蒙古经过河套东部伸向汉江及嘉陵江东部地区，遇特殊年份也能影响到大渡河流域。如果副高比常年撤退迟，或受台风影响而副高北抬，且在 8 月底水量较大，也能形成秋季大洪水，如 1981 年洪水等。

因此，当西太平洋副热带高压脊线位于 25°N～30°N 之间时，本流域易形成暴雨，产生较大洪水，暴雨洪水出现的时间与西太平洋副热带高压脊线位于 25°N～30°N 之间的时间一致。根据以上分析，大渡河流域暴雨一般开始于 6 月，结束于 9 月上旬，其中 7 月、9 月发生暴雨的可能性较大。

5.2.1.2 洪水

大渡河水系形状狭长，绰斯甲以上分足木足河、绰斯甲河、梭磨河三支。金川一带的大洪水，多由两条支流或三条支流的大洪水组成。绰斯甲至泸定一段，支流在干流两岸交错排列，当这一区间产生暴雨，各支流的洪水汇集于干流时，洪峰容易错开。故上游多复峰洪水，涨落缓慢，峰型肥胖，一次洪水历时 5～7d。大渡河上游(泸定以上)暴雨较小，特别是绰斯甲以上雨量更小，一般说来，上游洪峰流量和洪水总量的绝对值都不大，故对中、下游的影响有限。

但当上游产生大面积和长历时的大暴雨(或大雨)时，仍然可以形成上、中游的特大洪水，如 1904 年洪水。大渡河的中、下游产生大面积的大暴雨，也可以形成中、下游的大洪水(或特大洪水)。这类洪水陡涨陡落，峰型尖瘦，过程线呈多峰型(或锯齿状)，历时较短(约 3d)，峰高量小，如 1955 年、1966 年大洪水等。但中、下游也有相当一部分是上游来水为主的大洪水，这类洪水涨落比较缓慢，峰型肥胖，历时较长(一般历时 7～8d)，如 1939 年洪水，由于上游有大雨产生，在泸定已成为第三大洪水，区间洪水陆续加入，到峨边以下就升为有记录以来最大洪水。

大渡河流域洪水由暴雨形成，主要为锋面雨。由上下游干支流包括足木足、绰斯甲、大金、丹巴、泸定、农场、毛头码、沙坪、铜街子、岩润、红旗等各站的分析可知，年最大洪峰流量在干流最早发生在 6 月，支流红旗水文站最早发生在 4 月，干支流最迟均出现在 9 月。6～9 月为主汛期，年最大洪水发生时间比较集中，各地区在主汛期 6 月、7 月内发生年最大洪水的可能性均在 65%以上。从实测和调查洪水分析，区间各支流很少同时发生大洪水，干流与支流洪水遭遇的可能性较小。

5.2.1.3 洪水遭遇规律分析

瀑布沟洪水主要以泸定以上来水为主，且主要发生在 7 月中旬和 9 月中旬，其间有一个明显的退水过程，而区间来水 7 月下旬～9 月上旬为最高，9 月中旬以后进入明显退水过程，因此可见泸定以上来水与泸定—瀑布沟区间来水一般情况下未发生严重遭遇，如图 5-8 所示；沙坪洪水主要以瀑布沟以上来水为主，主要发生在 7 月中旬和 9 月中旬，其间有一个明显的退水过程，7 月下旬～8 月上旬流量退至最低，而区间来水 7 月上旬和 9 月上旬各有一个高峰期，9 月中旬以后区间来水明显消退，可见区间来水与上游来水在 7 月份有遭遇的可能，而 9 月遭遇可能性相对较小，如图 5-9 所示。

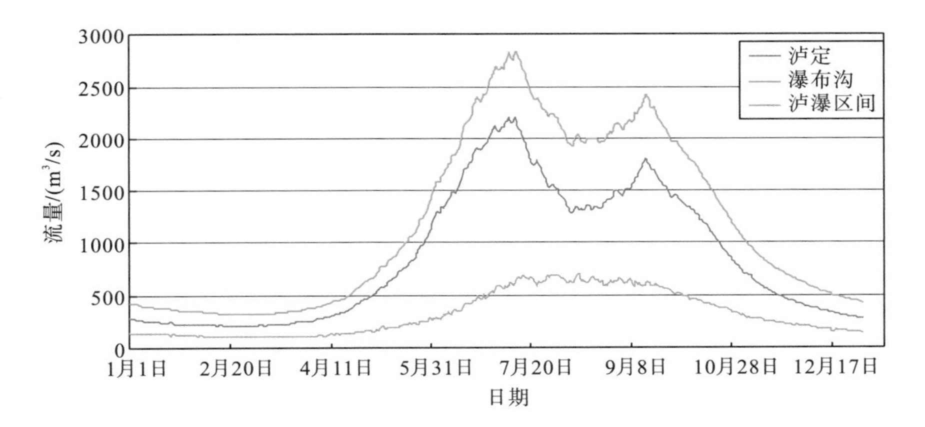

图 5-8　泸定—瀑布沟日均流量对比图

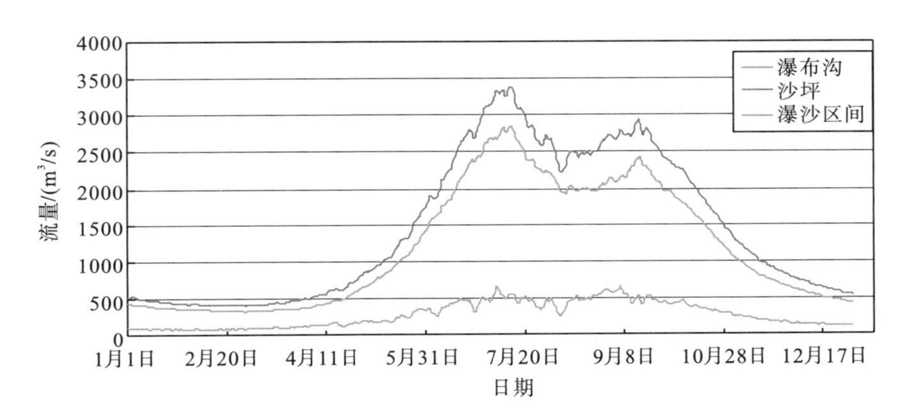

图 5-9　瀑布沟—沙坪日均流量对比图

瀑布沟最大日均流量多出现在 7 月、8 月下旬和 9 月上旬，沙坪出现时间与瀑布沟相似，但 8 月下旬发生次数稍少，9 月中旬发生次数稍多，而区间最大流量多出现在 6 月下旬～7 月上旬，其次为 9 月上旬，如图 5-10、表 5-1 所示。

瀑布沟、沙坪和区间 7 月份上下游发生较大洪水时，区间发生洪水的次数较少，8 月份各区发生洪水的次数都较少，9 月份各区洪水有一定遭遇可能，但该阶段除区间外，上下游流量量级都较小。瀑布沟最大流量多出现在 7 月中旬第 3 候，其次为 7 月下旬第 5 候，这两候也是日均最大流量最大的时段，各有 4 次日均最大流量超过 4000m^3/s；区间最大洪峰多出现在 7 月上旬第 1 候和 9 月上旬第 1 候，这两个时段恰恰是瀑布沟最大流量出现较少的时段，分别只有 0 次、1 次，可见洪水未发生严重遭遇；沙坪站洪峰多出现在 7 月上旬第 2 候和 7 月中旬第 3 候(图 5-11)。

大渡河流域瀑布沟以下区间来水与上游来水有一定遭遇可能，但多发生于 7 月上中旬，7 月下旬以后上游来水开始消退，而区间来水开始增多，遭遇概率较小。

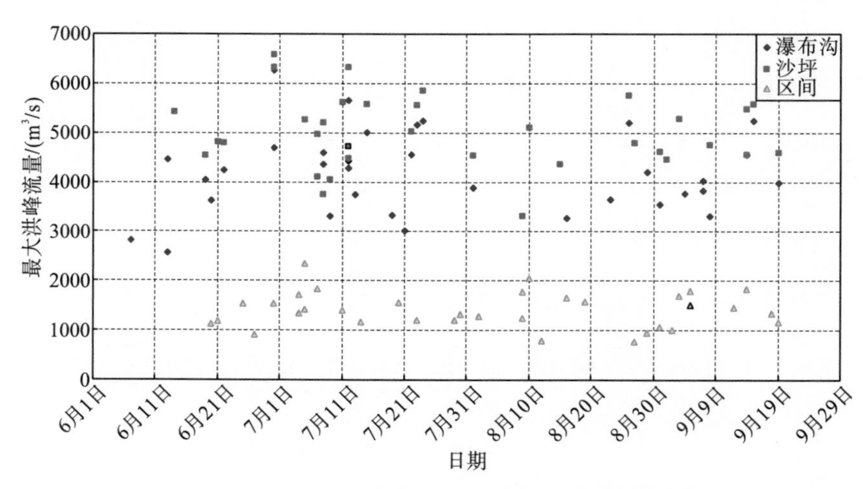

图 5-10 瀑布沟、沙坪和区间最大洪峰流量散点图

表 5-1 瀑布沟、沙坪及区间最大流量出现次数统计表

时间		瀑布沟			沙坪			区间	
		总数	流量 >4000m³/s	流量 >5000m³/s	总数	流量 >5000m³/s	流量 >6000m³/s	总数	流量 >1500m³/s
6 月上旬	1 候								
	2 候	1							
6 月中旬	3 候	2	1		1	1			
	4 候	2	1		1			1	
6 月下旬	5 候	1	1		2			2	1
	6 候	2	2	1	2	2	2	2	1
7 月上旬	1 候				1	1		4	2
	2 候	3	2		5	1		1	1
7 月中旬	3 候	5	4	1	5	3	1	2	
	4 候	1						1	1
7 月下旬	5 候	4	4	3	3	3		1	
	6 候							2	
8 月上旬	1 候	1			1			1	
	2 候				2	1		3	2
8 月中旬	3 候				1			1	
	4 候	1	1	1				2	2
8 月下旬	5 候	1							
	6 候	3	2	1	3	1		3	
9 月上旬	1 候	1			2	1		4	3
	2 候	3	1		1			2	1
9 月中旬	3 候	2			3	2		2	
	4 候	1			1				
9 月下旬	5 候								
	6 候								

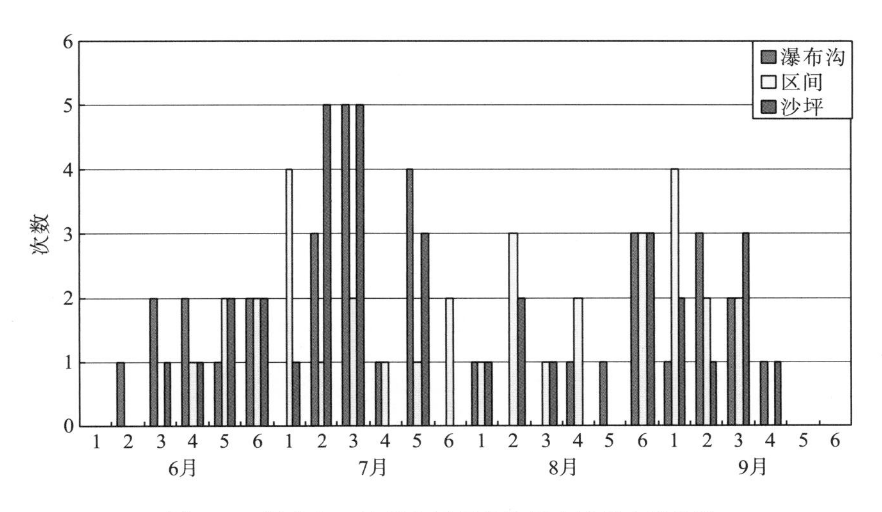

图 5-11　瀑布沟、沙坪和区间日均最大流量出现次数

5.2.2　洪水预报总体设计

目前，大渡河公司已经建立了一套“确定性洪水预报-洪水概率预报-成果展示及应用”三位一体的洪水作业预报系统。其中确定性模型以新安江模型为主，概率预报模型以水文不确定性处理器 HUP 模型为主。洪水预报主要采用降雨作为主要影响因子，不仅采用流域测站实测降雨量，同时引入气象预报模型预测的未来 24 小时数值天气预报成果作为预测降雨量，提高洪水预报精度，延长洪水预报预见期，基本实现未来 48 小时逐小时滚动预报。

5.2.2.1　确定性预报模型

基于大渡河流域产汇流特点，结合当前水文预报技术的发展和应用情况，大渡河洪水预报确定性模型采用新安江(三水源)模型作为核心模型，其中河道洪水演算中采用分段马斯京根法，实时校正技术采用卡尔曼滤波。确定性预报模型按照日和小时两个时间尺度分为日预报模型和次洪预报模型。其中日预报模型主要用于完成日均来水量预报，以及日内流域土壤含水量、蒸发量等参数的计算，其重点是从稍大的时间尺度上，保证流域水量平衡；次洪模型主要用于完成小时尺度的来水流量预报。二者均是采用新安江模型。大渡河流域水情预报方案中日模和次模均由24个降雨径流预报方案和25个马斯京根法方案作为骨干预报方案，按河网由上游向下游分段河系连续预报。

结合大渡河流域干流梯级水电站投产情况，洪水预报模型构建自上游至下游主要划分为双江口、丹巴、泸定、大岗山、瀑布沟、深溪沟、枕头坝一级、龚嘴、铜街子共 9 个断面，其中每个断面依据区间水文站及雨量站分布情况，进行更加精细化区间划分，进而开展分散式新安江模型计算。以双江口、丹巴断面为例，预报网络拓扑图如图 5-12、图 5-13 所示。

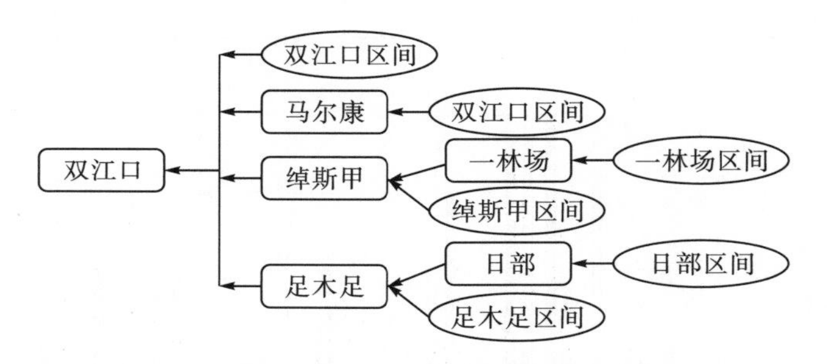

图 5-12 双江口断面预报方案拓扑图

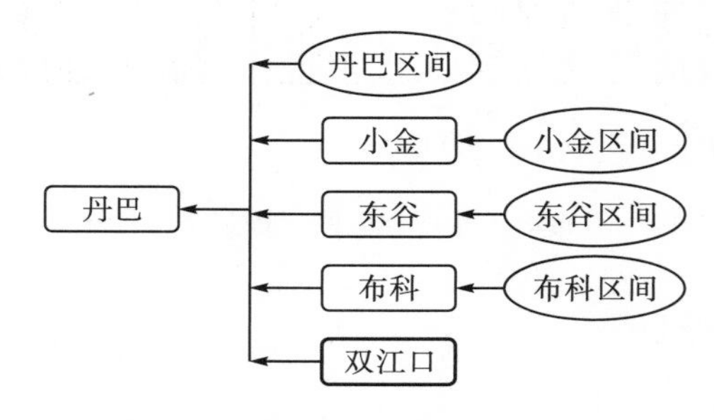

图 5-13 丹巴断面预报方案拓扑图

5.2.2.2 概率预报模型

综合考虑双江口、丹巴、泸定、大岗山、瀑布沟、深溪沟、枕头坝一级、龚嘴、铜街子共 9 个断面的重要性，最终选取双江口、丹巴、大岗山、瀑布沟、龚嘴共 5 个断面开展概率预报。

在新安江模型预报的基础上，将预报的不确定性作为单一总误差处理，分析流量与误差的关系。通过历史资料，分析总结各断面洪水流量规律、预报误差分布情况。在分流量级误差相关关系拟合的基础上，选用正态分布等多种分布函数多次拟合流量关系，选取与大渡河洪水流量规律最切合的边际分布函数进行拟合，随后通过流量分布规律的正态空间转换，推求先验分布；通过建立预报流量与实测流量的一一对应关系，推求似然函数；最终采用先验分布和似然函数推导后验分布，形成概率预报成果(图 5-14)。

5.2.3 典型性断面预报方案

5.2.3.1 丹巴控制站基本情况

丹巴水文站控制面积为 52 738km^2，约占流域总面积的 68%。丹巴片区主要为丘状高原地貌，山顶平缓浑圆，谷底宽阔平坦，河流迂回曲折，切割不深，两侧有较多的沼泽阶地分布，区域内植被尚好，有大片草地和高山草甸，双江口以上干流和金川、丹巴等支流的森林茂盛。该区域属川西高原气候区，干湿季分明，气温日变化大，降水量较少，多年平均年降水量一般仅为 600～700mm，只有少数测点在 800mm 以上(如康定、刷金寺等)，小金、丹巴一带河谷地区年降水量分别为 606.8mm 和 593.8mm。从地理位置和流域特性

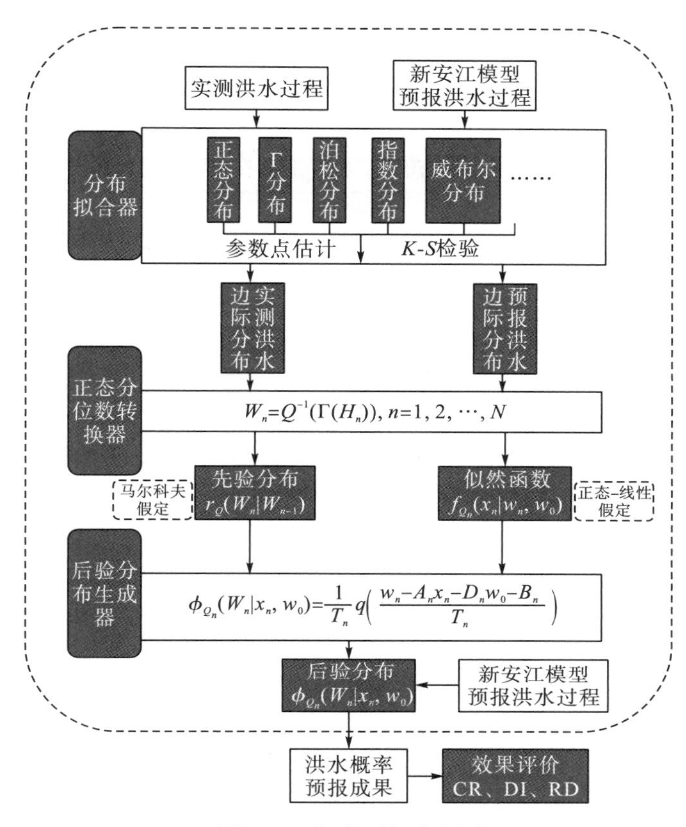

图 5-14　概率预报流程图

上来说，丹巴是大渡河流域上游的一个重要节点，其径流的变化情况较大程度上直接反映了河源区的流量变化。

大渡河流域总共规划了 28 级水电站开发，梯级水电站自上而下为：下尔呷、巴拉、达维、卜寺沟、双江口、金川、安宁、巴底、丹巴、猴子岩、长河坝、黄金坪、泸定、硬梁包、大岗山、龙头石、老鹰岩一级、老鹰岩二级、瀑布沟、深溪沟、枕头坝一级、枕头坝二级、沙坪一级、沙坪二级、龚嘴、铜街子、沙湾、安谷。其中猴子岩、长河坝、黄金坪、泸定、大岗山、龙头石、瀑布沟、深溪沟、枕头坝一级、沙坪二级、龚嘴、铜街子、沙湾、安谷等多座电站均已投产运行。随着梯级水电站的投产运行，原有河道水力联系变化巨大，水电站调蓄能力对径流变化影响巨大，仅剩下丹巴片区仍可看作是天然河道及径流模式。从目前电站投产情况来看，丹巴水文站可以作为下游电站来水情况的总控制性水文站，其直接反映天然径流的变化情况，对大渡河来水总体情况的把控有指导意义。

5.2.3.2　预报方案参数

丹巴以上共配置有 10 个降雨径流预报方案和 10 个马斯京根法方案。在此，仅列出丹巴断面的具体方案参数作为示例。

丹巴水文站上游有 15 个雨量站，10 个水文站，流域内分 1 个单元，平均每个雨量站控制流域面积约 2100km^2，雨量站布置较为稀疏。单元内平均雨量采用泰森多边形法推求。

根据丹巴以上2008年至2018年的水雨情资料，整理出105场洪水，丹巴上游流域单元汇流马斯京根参数见表5-2和表5-3。

表5-2 丹巴单元流域日模产汇流参数率定成果表

序号	参数	参数值	参数意义
1	*K*	1.25	蒸发折算系数
2	*B*	0.1	流域蓄水容量分布曲线指数
3	*C*	0.09	深层蒸散发系数
4	*WUM*	10	上层蓄水容量
5	*WLM*	80	下层蓄水容量
6	*WDM*	50	深层蓄水容量
7	*IMP*	0.03	不透水面积比例
8	*SM*	10	自由水容量
9	*EX*	1.5	流域自由水容量分布曲线指数
10	*KG*	0.4	地下水出流系数
11	*KSS*	0.3	壤中流出流系数
12	*KKG*	0.999	地下水消退系数
13	*KKSS*	0.9	壤中流消退系数
14	*CS*	0.5	河网水流消退系数
15	*L*	0	河网汇流滞时
16	*KE*	24	马斯京根参数
17	*XE*	0.4	马斯京根参数
18	*N*	4	河段数
19	*DDF*	0.21	度日因子

表5-3 丹巴单元流域次模产汇流参数率定成果表

序号	参数	参数值	参数意义
1	*K*	1.25	蒸发折算系数
2	*B*	0.1	流域蓄水容量分布曲线指数
3	*C*	0.09	深层蒸散发系数
4	*WUM*	10	上层蓄水容量
5	*WLM*	80	下层蓄水容量
6	*WDM*	50	深层蓄水容量
7	*IMP*	0.03	不透水面积比例
8	*SM*	48	自由水容量
9	*EX*	1.5	流域自由水容量分布曲线指数
10	*KG*	0.4	地下水出流系数
11	*KSS*	0.3	壤中流出流系数
12	*KKG*	0.930	地下水消退系数

续表

序号	参数	参数值	参数意义
13	*KKSS*	0.7	壤中流消退系数
14	*CS*	0.99	河网水流消退系数
15	*L*	5	河网汇流滞时
16	*KE*	1	马斯京根参数
17	*XE*	0.48	马斯京根参数
18	*N*	4	河段数

5.3　洪水预报案例分析

5.3.1　精度评定要求

依据 GB/T 22482—2008《水文情报预报规范》对上述洪水预报方案进行精度评定和检验，项目包括洪峰流量(水位)、洪峰出现时间、洪量(径流量)。预报方案的精度按合格率或确定性系数的大小分为甲、乙、丙三个等级(详见表 5-4)，方案精度达到甲、乙两个等级者，可用于发布正式预报；方案精度达到丙等者，可用于参考性预报；丙等以下者，只能用于参考性估报。

表 5-4　预报项目精度等级表

精度等级	甲	乙	丙
合格率 QR/%	QR≥85.0	85.0>QR≥70.0	70.0>QR≥60.0
确定性系数 DC	DC≥0.90	0.90>DC≥0.70	0.70>DC≥0.50

概率预报不仅可以提供预报可靠度(或不确定性)的定量描述，同时也可以提供某一分位数(期望值或中位数)的定量预报。因此在进行精度评定时，通常采用期望值参与合格率和确定性系数评定，同时，引入预报可靠度评估指标。

1) 覆盖率(CR)

覆盖率反映预报区间覆盖实测流量数据的比率，可表示如下：

$$\mathrm{CR}=\frac{\sum_{i=1}^{N}k_i}{N}，其中\ k_i=\begin{cases}1, & q_i^d\leqslant Q_i^O\leqslant q_i^u\\ 0, & Q_i^O<q_i^d 或 Q_i^O>q_i^u\end{cases}$$

2) 离散度(DI)

对随机变量取值之间离散程度的测定，可以反映各个观测个体之间的差异大小，从而也就可以反映分布中心的指标对各个观测变量值代表性的高低。

$$\mathrm{DI}=\frac{1}{K}\sum_{i=1}^{K}\frac{q_i^u-q_i^1}{Q_i}$$

3) 平均相对偏移(RD)

$$\mathrm{RD}=\frac{1}{K}\sum_{i=1}^{K}\left|\frac{0.5\cdot(q_i^u+q_i^1)}{Q_i}-1\right|$$

5.3.2 典型性断面预报效果

大渡河上游洪水概率预报模型建立比较成功，通过2018年8场洪水验证，可以看出，概率预报不但实现了对确定性预报成果的修正，而且提供了更加科学的流量区间预报，以及对流量可能发生概率的预测。验证期内平均预报精度和确定性系数分别达到 90.7%和0.91；90%置信区间预报结果的平均区间覆盖率达到 93%。

以图 5-15 中洪水为例，通过概率预报，将确定性模型洪峰预报流量由 4160m^3/s 修正为 4396m^3/s，预报精度提高 5 个百分点；在 90%置信区间内，洪峰流量可能发生的大小范围为 3893~4900m^3/s；可能有 5%的概率发生超过 4900m^3/s 的洪峰流量。

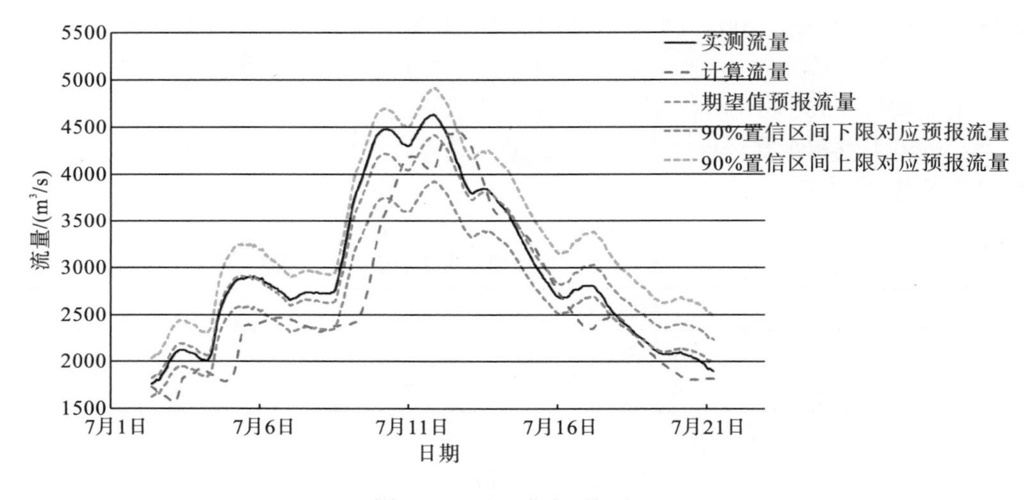

图 5-15 丹巴洪水预报成果

5.4 大渡河洪水预报方案优化

大渡河基于现有的洪水预报模型，已经能够较好地实现流域洪水预报，精度基本能够满足业务需求。但是大渡河也在洪水预报这一工作中，不断开展研究拓展，持续提升预报技术水平，建立更加完善的预报体系。

(1) 河源地区融雪径流预报研究

大渡河流域地处高海拔地区，上游地区大面积有积雪覆盖，融雪径流是流域基流的一个主要来源。现有预报模型未考虑上游地区降雪融雪影响，导致径流基流预测不稳定。大渡河在逐步探索径流变化规律的基础上，开展大渡河流域融雪对径流影响的分析，建立大渡河流域融雪径流预报模型，并融入新安江模型，完善现有预报模型。

(2) 基于不确定性溯源分析深入开展概率预报研究

大渡河流域地形错综复杂、气候复杂多变、局地性显著，这些也决定了流域洪水预报不确定性影响较大。同时，流域开发程度较高，干支流中小水电站分布较多。不同断面不确定性影响的主要因素也不相同，如上游丹巴断面，主要是降雨测量的偏差影响、预报模型精度影响等；下游龚嘴断面，主要是上游瀑布沟等电站的调节影响；对于未来临近期预报，主要受落地雨的面雨量以及电站间流达时间准确度影响；对于预见期较长的预报，主要受预报降雨准确度的影响。因此，大渡河将结合各断面不确定性溯源分析成果，针对不同断面的主要影响因素，建立针对降低预报因素不确定性的概率预报模型，如降雨不确定性概率预报模型。在此基础上，再逐步考虑全要素耦合概率预报模型，以及集合预报模型等。

(3) 考虑高强度人类活动影响下水文预报研究

大渡河流域开发程度较高，干支流中小水电站分布较多。原有的天然河道已逐步被一个接着一个的水库所代替。上游电站的调蓄直接影响下游电站的入库，但是上游电站的实时调度信息往往不能及时充分地掌握，这直接决定了下游电站的入库不确定性。大渡河现有预报模型主动考虑电站的调蓄影响，但也仅局限于采用公司管辖内的干流梯级水电站计划出力反映调蓄影响，未考虑支流及其他业主电站，并且实际发电情况与计划偏差较大，人为影响因素在模型中的反映形式有待进一步研究。大渡河将高强度人类活动影响下的水文预报研究作为后续预报攻关的一个重要方向，着力于探寻降低调蓄对预测准确度的干扰的技术研发。

(4) 水情气象深度耦合预报模型研究

大渡河已经实现了自数值天气预报至流域水情预报的完整预报模式，但是现有预报模式中的水情气象耦合预报仅是浅层耦合，即将数值天气预报成果作为水情预报的一个影响因子，输入预报模型。结合高速发展的大数据技术，从气象演变的机理和径流产生的机理出发，考虑二者机理的深度融合，建立更深层次的水情气象双向耦合预报模型，也是大渡河预报持续探寻的一个重要方向。

第6章　中长期径流预报

中长期径流预报采取的技术途径多为水文学与气象学、数学之间的结合，即采取系统分析法加气象预报的方法。大渡河采用人工神经网络、门限回归、支持向量机、最近邻等多种模型分别从旬、月、年不同时间尺度建立中长期径流预报模型，并且不同时间尺度、不同月份、不同旬时段分别确定其影响因子，充分考虑降雨和上游电站调蓄影响，最终采用加权平均的方式取其多种预报模型的组合预报成果。通过验证，大渡河采用的中长期径流组合预报方案预报精度较高，同时，后续随着电站运行积累到更多资料后可逐年进行模型滚动修订，不断提高预报精度。

6.1　径流预报技术简介

中长期径流预报是介于水文学、气象学与其他学科的一门边缘学科，由于其发布的时段单位较粗，发布预报的时间比较长，因此相应的影响因素也比较多，影响机理也比较复杂。一方面包括天文地理物理因素，另一方面包括大气等气候因素，另外还有下垫面条件以及产汇流因素的影响。天文地理因素主要包括太阳活动、星际引力、地球自转速度的变化与地极移动等因素；气候因素主要包括海洋作用、海温变化、气压变化、气温变化等因素；下垫面条件主要是流域地形的特点、植被覆盖情况、人类活动影响等因素。

从20世纪30年代开始，我国许多水文部门相继开展了中长期水文预报，取得了许多经验，特别是近年来新的数学理论和方法被引进中长期水文预报领域，丰富了中长期水文预报的内在。随着科学技术和水文相关方面研究的进步，现代水文预测已经有了较好的发展，在实际应用中的预报稳定性和精度都有了较大的提高。水文预测不仅要求定性预报，而且要求定量预报，多学科共同的合作，深层次研究影响因素的物理本质及其相互作用。要提高预报精度就必须开展多学科的协作，进一步研究影响长期水文过程的各种因素的物理本质以及它们之间的关系，加强组合预报模型比较研究和适用性研究，这是提高水文预报准确度和实际应用有效性的关键。

中长期径流预报采取的技术途径多为水文学与气象学、数学之间的结合，即采取系统分析法加气象预报的方法。大渡河主要采用自回归、径向基神经网络、集对分析三种方法建立预测模型。

6.1.1 自回归模型

时间序列分析是应用水文要素的观测记录，寻找其自身的演变规律来进行预报。自回归模型 AR(p)、周期均值叠加和马尔可夫链均是时间序列分析常用的模型，其中 AR(p)模型主要适用于平稳时间序列分析。

水文序列在平稳性、正态性和零均值处理后转化为序列$\{X'_t\}$: $X'_1, X'_2, \cdots, X'_n$，则可以把X'_t表示为自身前 1 个时间间隔到前 p 个时间间隔的数据与相应加权系数乘积之和，其拟合误差为白色噪声，即

$$X'_t = \varphi_1 x'_{t-1} + \varphi_2 x'_{t-2} + \cdots + \varphi_p x'_{t-p} + a_t = \sum_{i=1}^{p} \varphi_i x'_{t-i} + a_t$$

式中，t=1,2,⋯,n, $p>0$；$x'_{t-1}, x'_{t-2}, \cdots, x'_{t-p}$为同要素前一个时间间隔到前 p 个时间间隔的值；x'_t为 t 时刻要素估计值；$\varphi_1, \varphi_2, \cdots, \varphi_p$为自回归系数；$a_t$为误差序列。在 AR($p$)模型中，一般认为$a_t$与以往的观测数据不相关，即$a_t$=0。

采用递推算法确定自回归系数，当模型阶数p=1，即 AR(1)时，此时它只有一个自回归系数φ_{11}(前一个下标代表模型阶数，第二个下标代表第几个系数)；当取p=2 时，它有二个系数φ_{21}、φ_{22}，递推求解就是利用一阶模型的系数φ_{11}来推求二阶模型的系数φ_{21}、φ_{22}，再由二阶模型系数推求三阶模型的系数φ_{31}、φ_{32}、φ_{33}……以此类推，可求得p阶模型所有的系数。

为了求得模型的最优阶，应用 AIC 准则函数逐阶优选出使 AIC 最小的自回归阶。其中 AIC 准则函数 AIC(p)=lnσ^2(p)+2p/n，σ^2表示 p 阶自回归模型的残差方差，p 为自回归阶，n 为样本数。lnσ^2随着 p 的增加而单调下降，而 2p/n 却随着 p 的增加而增加，所以 AIC 准则中的两项分别反映了增加p所带来的利与弊。其中第一项代表了拟合优度，第二项代表了增加因子后的惩罚。权衡两者，取使 AIC(p)最小的阶 p 作为模型的阶。

6.1.2 径向基神经网络模型

人工神经网络理论是模仿生物大脑结构和功能建立起来的。神经元是生物神经系统的结构单元和功能单元，通过数以万计的神经元相互联系构成一个庞大而复杂的网络。在人工神经网络(artificial neural network，ANN)中，用“节点”或“人工神经元”仿真生物神经元。通过大量人工神经元的相互连接便构成 ANN，ANN 能够描述系统内存在的非线性特征, 如图 6-1 所示。

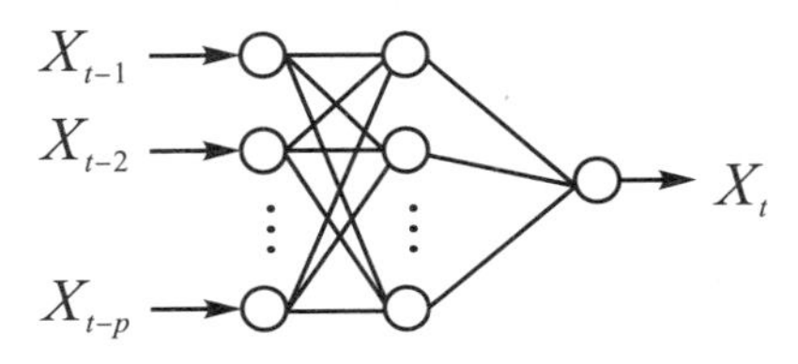

图 6-1　人工神经网络模型结构图

经典人工神经网络一般分三层(一个输入层、一个隐含层和一个输出层)，模型定义如下：

$$X_t=\varphi(X_{t-1},\cdots,X_{t-i},\cdots,X_{t-p})+\varepsilon_t X_t$$

式中，X_t (t=1,2,…,N)为水文时间序列；p 为网络模型输入节点数；ε_t 为白噪声；φ 为人工神经网络非线性映射，为一隐式函数，体现在神经网络结构和连接权上，反映系统各种复杂的、动态的、高度非线性的关系。经典神经网络的输入层单元个数等于影响因子个数，隐含层单元的个数由所描述的问题而定，输出层单元个数为预测因子个数。输入层通过隐含层基函数非线性映射到隐含层，隐含层各单元的线性加权求和得到输出层。

径向基神经网络(radial basis function neural network，RBFNN)是 J Moody 和 C Darken 于 20 世纪 80 年代末提出的一种以函数逼近理论为基础的三层前馈人工神经网络。其核心是隐含层单元的基函数采用高斯函数：

$$\Phi(X_n)=\exp[-(\|X_n-C_i\|)^2/(2\sigma_i^2)]$$

式中，X_n 为 M 维输入向量；C_i=(C_{i1},C_{i2},…,C_{iM}) (i=1,2,…,I；I 为隐含层单元个数)，为基函数的中心；$\|X_n-C_i\|$ 为向量(X_n-C_i)的范数，通常表示 X_n 与 C_i 之间的距离；σ_i 为径向基函数的标准差，表示径向基函数围绕中心点的宽度，可以控制高斯函数的衰减速度，取 $\sigma_i=d_i/(2M)^{1/2}$，其中 d_i 为第 i 个数据中心与其他数据中心之间的最大距离。

在 RBFNN 模型中，隐含层单元的个数 I、隐含层高斯函数的中心 C_i、标准差及连接隐含层与输出层的权值是决定 RBFNN 性能的重要参数。这些参数的取值是否适宜，直接影响模型的精度。比较常用的优化算法有遗传算法、免疫进化算法、粒子群优化算法等。

6.1.3 集对分析

集对分析(set pair analysis，SPA)是由中国学者赵克勤于 1989 年提出的一种处理不确定性问题的系统分析方法，其核心思想是把系统内确定性与不确定性予以辩证分析与数学处理，体现系统、辩证、不确定 3 个特点，从同异反 3 个方面分析事物。集对分析的基本概念是集对及其联系度。所谓集对就是具有一定联系度的两个集合(A、B)所组成的对子。按照集对的某一特性展开系统分析，可以找出两个集合共有的特性、对立的特性和既非共有又非对立的差异特性，并建立其相应的同异反联系度 $\mu_{(A\sim B)}$ 表达式：

$$\mu_{(A\sim B)}=\frac{S}{N}+\frac{F}{N}i+\frac{P}{N}j$$

式中，N 为集合的特性总数；S 为共有的特性个数；P 为对立的特性个数；F 为差异的特性个数。那么，S/N 称为集合 A 与集合 B 的同一度，P/N 称为对立度，F/N 称为差异度。i 和 j 既是差异度和对立度的标记，又可以赋值计算联系度。在计算中 j=−1，而 i 的取值范围为[−1,1]，视具体问题而定。令 a=S/N，b=F/N，c=P/N，则上式又可以表示为

$$\mu_{(A\sim B)}=a+bi+cj$$

显然，a、b、c 满足归一化条件：a+b+c=1。

将集对分析理论用于径流预报的基本思路为：已知径流序列$\{X_t\}_n$和影响径流变化的 p

个预报因子序列$\{Y_{t,i}\}_{n+1,p}$，X_t依赖于p个预报因子$Y_{t,1},Y_{t,2},\cdots,Y_{t,p}$。定义$A_t=(Y_{t,1},Y_{t,2},\cdots,Y_{t,p})$，称$A_t$为一个预报因子集合，$p$为$A_t$的维数，$X_t$为$A_t$的后续值($t=1,2,\cdots,n$)。这样，$p$个预报因子序列$\{Y_{t,i}\}_{n+1,p}$就可以构成$n+1$个预报因子集合。要预报后续值$X_{n+1}$，可将第$n+1$个预报因子集合$B=(Y_{n+1,1},Y_{n+1,2},\cdots,Y_{n+1,p})$分别与其余$n$个预报因子集合$A_t$组成$n$个集对。按照一定标准对这$n$个集对进行同一性、差异性和对立性分析，并根据实际问题对i、j取适当的值，计算相应的同异反联系度$\mu_{(A\sim B)}$($t=1,2,\cdots,n$)。联系度越大，则相应预报因子集合对应的后续值X_t与当前预报值相同的可能性也越大。若几个集对的联系度相同，认为新信息对预报结果的影响较大，取离面临时段最近那个预报因子集合对应的后续值。

由上述思想，可得到与当前预报值最接近的K个径流集合对应的后续值X_t，称K为径流集合的个数。将这K个后续值取加权平均，可得到面临时段的径流量。

6.2　大渡河中长期径流预报方案

考虑到流域梯级开发相对成熟，大渡河流域中长期径流预报重点针对流域整体来水预报，基于流域径流变化特性分析，分为平枯期和汛期两种情况，分别采用不同的方案、不同的影响因素，开展中长期径流预报。

6.2.1　大渡河径流特性分析

6.2.1.1　流域降水气象成因分析

四川盆地南面是云贵高原，西面与青藏高原相连，北邻秦岭高地，特殊的地理位置使得盆地的气候既受东亚季风和印度季风的影响，同时又受青藏高原大气环流系统的影响。众多研究表明，四川盆地东部与西部降水变化具有很高的负相关，即西多(少)、东少(多)。西部以成都为中心，东部以涪陵为中心，东西分界线在阆中经遂宁、内江至泸州西部一线。这种东西振荡分布的特征与西太平洋副热带高压的关系极为密切。

西太平洋副热带高压是指500hPa月平均图上，西太平洋地区588dagpm等值线所包围的反气旋环流。6～8月，西太平洋副高西部边缘常在四川盆地上空摆动，当副高较强时，副高西部边缘处于川西上空，而当副高较弱时，副高西部边缘常处于川东上空。一般而言，副高对自西向东移动的系统有阻塞作用，故当副高较强时，西来槽和冷空气被阻塞在盆地西部，冷暖空气交汇于盆地西部的机会与时间就大大多于东部，同时副高边缘又是水汽输送的通道，暖湿气流携带大量水汽向盆地西部输送，致使盆地西部降水偏多，而东部则为副高所控制，天气晴好，降水量也少；反之，当副高较弱时，东部降水偏多，盆地西部由于无阻塞系统，低值系统东移迅速，使得系统交汇于盆地西部的时间较短，故雨水偏少。

从水汽输送的角度看，四川盆地的夏季水汽主要来源于青藏高原、孟加拉湾及南海地区，而南海的水汽主要通过西太平洋副高南侧的东风气流向西输送。当太平洋南侧海温高时，低值系统越活跃，对流就越强，则水汽蒸发就越旺盛，相应地空气中水汽含量就增大，因而通过东风气流向四川盆地输送的水汽就越多；反之，向四川盆地输送的水汽就少。也就是说，太平洋低纬地区对流的强弱、南方系统的活跃程度可影响四川盆地降水的多少。

由以上分析可知，西太平洋副热带环流在夏季四川盆地的降水中，起到了制约降水持续时间和水汽供应大小双重作用，是影响主汛期四川盆地降水变化的主导系统。当西太平洋副高偏北偏西时，其外侧东南风可以把南海的水汽带到盆地西部，在中低层由于受到西太平洋副高的影响，孟加拉湾水汽和高原水汽受到阻挡被迫停留在盆地西部，进而形成异常的盆地西部水汽辐合，而相反的盆地东部水汽辐散，导致四川盆地西涝东旱。反之，当西太平洋副高偏南偏东时，其外侧的南海水汽不能进入盆地西部，只能到达盆地东南部，此时由于没有西太平洋副高的阻挡，孟加拉湾的水汽和高原水汽可以进入盆地东部，这样就在盆地东部形成了异常的水汽辐合，而在盆地西部水汽辐散，造成四川盆地西旱东涝。

此外，四川盆地的降水还受到亚洲经向环流、北半球极涡、印缅槽、冷空气、太阳黑子等众多因子的影响。例如，亚洲经向环流强则表明西风带环流向南北纵深发展，容易有大槽大脊过境，而春季经向环流发展到夏季则会调整为纬向环流发展，天气系统以东移为主，那么在汛期最主要的水汽通道西太平洋副高西南边缘的西南气流将更有利于西伸发展，位于副高边缘的四川盆地则将有利于出现降水偏多。北半球极涡与副高之间的同期关系在亚洲大陆多半呈反相关，即冬季当极涡范围大、强度强时，则西太平洋副高弱；反之当极涡范围小、强度弱时，则西太平洋副高就强，这是因为冬季亚洲大陆作为一个冷源区，有强大的冷空气势力，极锋锋区的南扩与北缩决定于极涡势力范围的扩大与缩小，它可以对西太平洋副高环流实体产生强大的作用，使其强度、范围、主体的南北和东西位置产生相应反位相的变化。这样极涡变化对夏季四川降水也是通过西太平洋副高的变化而产生影响，但是冬季极涡对夏季盆地主汛期的降水影响的机制还有待于更进一步的探讨。实际上，每一个环流指数的变化都不是孤立的，它们之间的关系错综复杂，因而产生的影响也会是千变万化，更深入的研究还有待我们继续进行。

6.2.1.2 大渡河径流组成分析

大渡河流域泸定以上地下径流和高原融雪径流补给较丰富，集水面积占铜街子以上面积的近八成，年径流量约占铜街子断面流量的近六成；沙坪以上集水面积和来水量基本相当，因此可以看出，大渡河泸定—沙坪区间为暴雨区，约占 20%的控制面积，径流量占到了 40%，其中又以泸定—瀑布沟产流最多，如表 6-1 所示。

表 6-1 大渡河铜街子断面以上年径流地区组成

站名	集水面积		年平均流量	
	面积/km^2	占福禄镇/%	平均流量/(m^3/s)	占福禄镇/%
泸定水文站	58 943	77.1	870	59.2
瀑布沟电站	68 512	89.6	1190	81.0
沙坪水文站	75 016	98.1	1450	98.6
铜街子电站	76 452	100.0	1470	100.0

瀑布沟水库各月来水所占比例在 65%以上，其中汛期 5～10 月来水占 74.1%，以 6 月份最大，占 80.7%；泸定—瀑布沟区间汛期来水占瀑布沟比例大部分在 20%～30%，枯季所占比例在 30%以上。瀑布沟来水是沙坪来水的重要组成部分，各月来水占沙坪比例在 80%左右，其中汛期 5～10 月来水占 82.2%，以 7 月份最大，占 83.8%；瀑布沟、岩润—沙坪区间来水占沙坪比例居第二，在 9.1%～17.5%，其中汛期 5～10 月来水占 10.7%；尼日河岩润站来水占沙坪比例居第三，各月比例均不足 8%，汛期 5～10 月所占比例为 7.1%。瀑布沟以上来水占铜街子断面的 73.6%～83.6%，其中汛期 5～10 月所占比例为 81.5%，以 7 月份最大，占 83.6%；瀑布沟—铜街子区间占铜街子比例在 20%左右，其中汛期 5～10 月所占比例为 18.5%。由此可见，瀑布沟至铜街子各站来水均是以干流来水为主，区间及支流来水所占比例较小，且 6 月或 7 月份干流来水所占比例居全年最高，如表 6-2 所示。

表 6-2　瀑布沟—沙坪河段各站径流地区组成

月份	1 月	2 月	3 月	4 月	5 月	6 月	7 月	8 月	9 月	10 月	11 月	12 月	5～10 月
泸定/(m^3/s)	249	220	233	357	786	1670	1910	1380	1580	1100	551	338	1400
瀑布沟/(m^3/s)	383	337	345	494	1010	2070	2540	2020	2180	1520	806	514	1890
泸定—瀑布沟区间/(m^3/s)	134	117	112	137	224	400	630	640	600	420	255	176	490
泸定占瀑布沟比/%	65.0	65.3	67.5	72.3	77.8	80.7	75.2	68.3	72.5	72.4	68.4	65.8	74.1
泸—瀑区间占瀑布沟比/%	35.0	34.7	32.5	27.7	22.2	19.3	24.8	31.7	27.5	27.6	31.6	34.2	25.9
岩润/(m^3/s)	29.5	24.9	25.5	36.7	75.9	174	213	189	196	136	68.5	40.9	164
瀑布沟、岩润—沙坪区间/(m^3/s)	52.5	50.1	70.5	112.3	164.1	236	277	291	294	224	125.5	85.1	246
沙坪/(m^3/s)	465	412	441	643	1250	2480	3030	2500	2670	1880	1000	640	2300
瀑布沟占沙坪比/%	82.4	81.8	78.2	76.8	80.8	83.5	83.8	80.8	81.6	80.9	80.6	80.3	82.2
岩润占沙坪比/%	6.3	6.0	5.8	5.7	6.1	7.0	7.0	7.6	7.3	7.2	6.9	6.4	7.1
瀑、岩—沙区间占沙坪比/%	11.3	12.2	16.0	17.5	13.1	9.5	9.1	11.6	11.0	11.9	12.6	13.3	10.7
瀑布沟—铜街子区间/(m^3/s)	92.0	84.0	111	177	270	460	500	500	480	350	204	122	430
铜街子/(m^3/s)	475	421	456	671	1280	2530	3040	2520	2660	1870	1010	636	2320
瀑布沟占铜街子比/%	80.6	80.0	75.7	73.6	78.9	81.8	83.6	80.2	82.0	81.3	79.8	80.8	81.5
瀑—铜区间占铜街子比/%	19.4	20.0	24.3	26.4	21.1	18.2	16.4	19.8	18.0	18.7	20.2	19.2	18.5

6.2.1.3　大渡河径流年际变化

径流的年际变化一般采用极值比 Km 和变差系数 Cv 描述。极值比 Km 定义为历年最大年平均流量与最小年平均流量之比。Km 和 Cv 值越大，表明径流年际变化越大。大渡河多年平均径流为 1471m^3/s，Cv 值为 0.123，Km 值为 1.28～1.75，Cv 和 Km 值都偏小，说明各站年径流的年际变化均较小；不同年代的 Cv 和 Km 值接近，说明径流年际变化在时间演变过程中不显著；20 世纪 50 年代径流年际变化偏小，20 世纪 40 年代径流年际变化偏大，如表 6-3 所示。

表 6-3　沙坪站不同年代径流的 Cv 和 Km 值

时间	历年	1940s	1950s	1960s	1970s	1980s	1990s	2000s
径流均值 /(m^3/s)	1471	1591	1532	1478	1340	1448	1487	1446
Cv	0.123	0.152	0.083	0.099	0.088	0.089	0.115	0.131
Km	1.740	1.750	1.280	1.410	1.340	1.380	1.400	1.530

5 年滑动平均过程可以反映径流平均状态的长期变化情况，大渡河流域年径流在不同时段具有局部增加或减少趋势，增加趋势和减少趋势随时间变化相互转换。但在 20 世纪 50 年代和 60 年代期间径流主要表现为减少趋势，70 年代和 80 年代期间则呈显著的增加趋势，1937～1943 年、1991～1996 年径流呈短时期的减少趋势，1943～1948 年、1996～2000 年径流呈短时期的增加趋势，且这几个时段径流变化趋势率相对于其他时段较大，如图 6-2 所示。

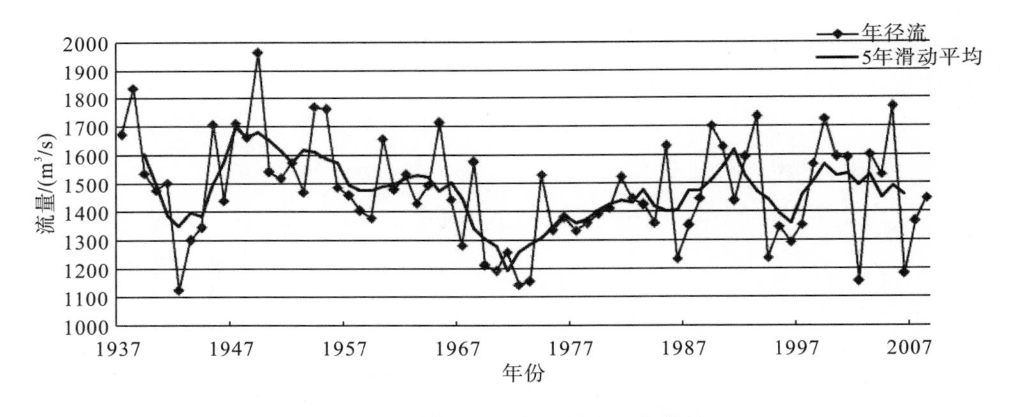

图 6-2　沙坪站年径流的滑动平均曲线

夏季和秋季径流变化趋势与年径流相近，秋季径流变化在 1960～1965 年间出现小幅度的增加趋势；春季径流整体上呈现逐渐增加的趋势，在 20 世纪 50 年代至 80 年代期间，夏季径流大幅增减的同时，春季径流则表现为较为平缓的增加趋势，且在 1989 年前后出现大幅增加趋势；冬季径流在 1948～1984 年间主要呈减少趋势，但 1987～1990 年的短短四年间，径流出现大幅增加趋势，但整体上仍略呈减少趋势，如图 6-3 所示。

年径流累加值在 1955 年、1965 年出现了极小值，对应点为可能突变点。秩和检验方法中，检验值在 1955 年、1965 年为极大值，且超过 0.05 的显著性检验。因此，大致可以推断大渡河年径流在 1955 年和 1965 年存在显著性突变。查历史资料可知，1955 年 7 月青衣江发生特大暴雨，暴雨笼罩范围较大，波及本流域中下游，在泸定—铜街子区间内形成流域区间突然来水；1965 年 7 月流域上游降雨形成大洪水，并且降雨伴随着强度增加逐步向中下游扩展和移动，形成下游较大洪水。图 6-4 绘制了沙坪站年径流序列突变识别图。

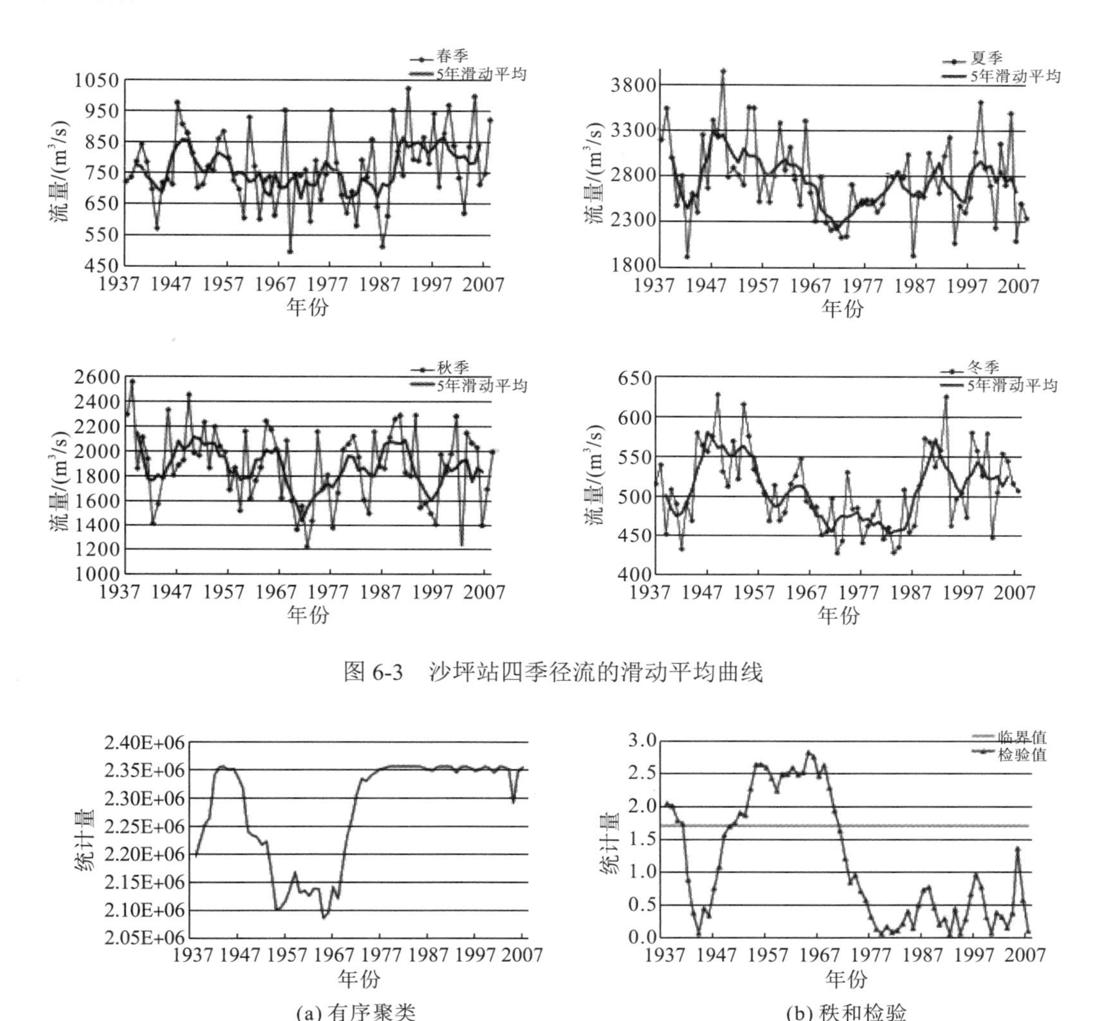

图 6-3　沙坪站四季径流的滑动平均曲线

(a) 有序聚类　(b) 秩和检验

图 6-4　沙坪站年径流突变点识别

大渡河年径流序列 8～10 年、11～18 年、32～56 年周期振荡表现十分明显，其中心时间尺度分别为 9、13、46 年，正负位相交替出现。9 年周期在 1940～1955 年、1975～1985 年表现显著，13 年周期在 1950～1990 年间表现显著，46 年周期在 1950～1995 年间表现显著。2000 年之后略表现出 6 年的短周期。年径流序列存在 13 年、46 年主周期。这三个周期的波动，决定着大渡河年径流在整个时间域上的变化特性，但小尺度上年径流变化周期不显著。图 6-5 绘制了沙坪站年径流基于小波分析的周期结果。

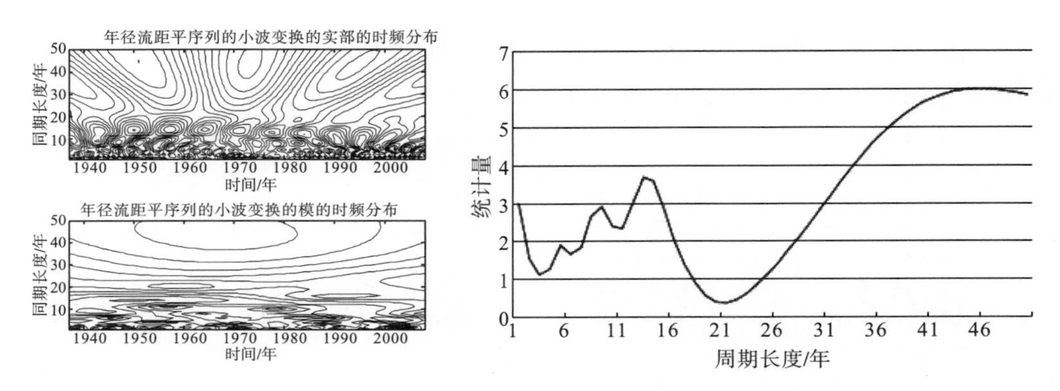

图 6-5 沙坪站年径流周期小波分析图和小波方差图

6.2.2 中长期径流预报总体设计

结合大渡河流域干流梯级水电站投产情况，大渡河流域中长期径流预报主要针对丹巴、瀑布沟 2 个断面，提供未来数旬、月或年的径流预测，为长期发电计划提供入库来水依据。大渡河中长期径流预报采用自回归模型、径向基神经网络模型、集对分析共 3 种模型分别从旬、月、年不同时间尺度建立预报模型，并且不同时间尺度、不同月份、不同旬时段分别确定其影响因子，开展预报工作，如图 6-6 所示。

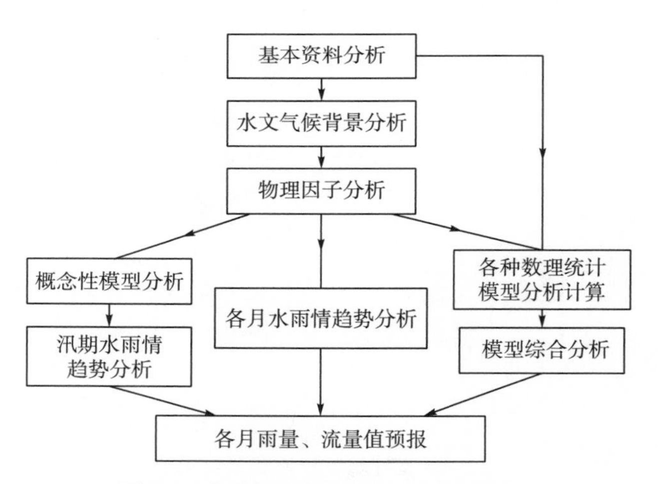

图 6-6 大渡河中长期径流预报总体思路

其中，考虑到不同模型以及影响因子对预报精度的影响，大渡河首先建立了自回归模型，主要结合流域来水的规律，实现了平枯期的高精度预报。其次大渡河建立径向基神经网络预测模型，以前期不定量个数的月来水量作为影响因子，建立流域逐月、年来水预报非线性模型，实现全年径流预报。在此基础上，考虑到汛期来水受气候影响较明显，大渡河从 74 项环流指数中挑选影响流域来水的气候因子，作为影响因子，建立预报模型，提高汛期预报准确度。通过三个模型，充分利用不同模型的优点，从不同的侧重点出发形成组合预测形式，从而使预测模型具有对环境变化的适应能力，满足生产需求。

大渡河中长期预报方案的建立主要采用 1951～2009 年数据作为基础资料，由于大部分电站都是近几年建设，历史资料长度较小，对中长期参数率定而言资料长度较短，后续随着电站运行积累到更多资料后可逐年进行模型结构和参数滚动验证和修订。

6.2.3 典型性断面预报方案

6.2.3.1 瀑布沟电站基本情况

瀑布沟水电站是大渡河干流梯级规划中的第 19 个梯级水电站，是一座以发电为主，兼有防洪、拦沙等综合利用效益的大型水电工程，具有不完全年调节能力，是大渡河流域现有调节性能最好的电站。坝址控制集水面积占大渡河流域面积的 88.5%，坝址多年平均流量为 1250m^3/s。

瀑布沟以下有日调节或径流式电站共 5 座，瀑布沟及下游梯级总装机容量占比梯级装机容量达 61.25%，这说明瀑布沟的调节方式基本直接影响了流域大部分电站发电能力。因此，瀑布沟电站作为龙头水库，其中长期调度方案的制定直接影响流域梯级发电能力。而中长期径流预报是调度方案制定的基础，也是至关重要的。因此，本节主要介绍瀑布沟电站断面预报方案。

6.2.3.2 自回归模型预报

从每年 10 月开始，大渡河进入退水阶段，从翌年 3 月开始涨水，3～5 月流量逐步上涨，6～9 月流量起伏变化较大。因此在 10 月～翌年 2 月的月径流之间存在稳定的退水及 3～5 月存在稳定的涨水规律，如图 6-7 所示。

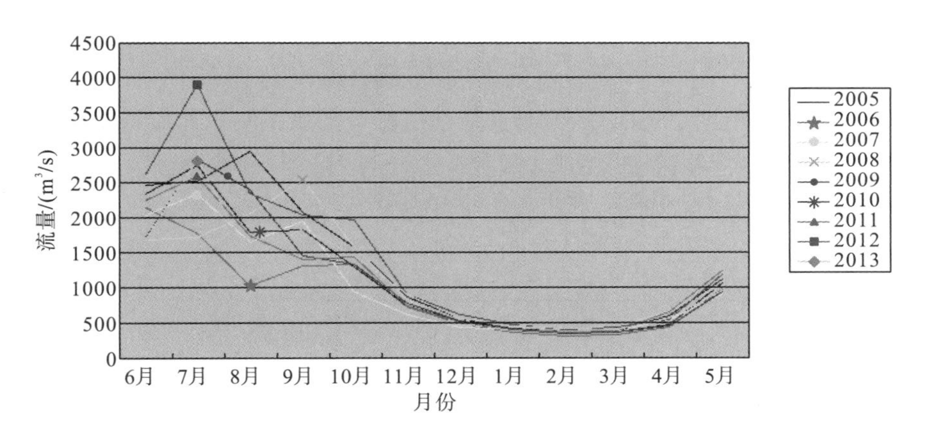

图 6-7　瀑布沟年径流过程线

以瀑布沟 1937～2010 年共 74 年的各月平均流量资料在 Excel 中列表进行各月 AR(p)模型参数计算，取使 AIC(p)最小的阶 p 作为模型的阶，确定各月 AIC(p)预报方程，如表 6-4 所示。

表 6-4 各月 AR(p)模型选定的模型阶数及相应预报方程

月份	阶数	预报方程
1	1	$Q'_t = 0.3828Q'_{t-1}$
2	1	$Q'_t = 0.2645Q'_{t-1}$
3	1	$Q'_t = 0.1397Q'_{t-1}$
4	1	$Q'_t = 0.0112Q'_{t-1}$
5	1	$Q'_t = 0.0827Q'_{t-1}$
6	2	$Q'_t = 0.1439Q'_{t-1} - 0.0109Q'_{t-2}$
7	1	$Q'_t = 0.2107Q'_{t-1}$
8	2	$Q'_t = -0.0505Q'_{t-1} + 0.2257Q'_{t-2}$
9	2	$Q'_t = 0.0951Q'_{t-1} + 0.0589Q'_{t-2}$
10	1	$Q'_t = 0.2485Q'_{t-1}$
11	3	$Q'_t = 0.2883Q'_{t-1} + 0.0520Q'_{t-2} + 0.2651Q'_{t-3}$
12	3	$Q'_t = 0.3709Q'_{t-1} + 0.0984Q'_{t-2} + 0.1358Q'_{t-3}$

注：Q'_{t-1} 表示上年该月流量与该月流量多年平均值的差值；Q'_{t-2} 表示预报年度倒推 2 年该月流量与该月流量多年平均值的差值；Q'_{t-3} 表示预报年度倒推 3 年该月流量与该月流量多年平均值的差值。

6.2.3.3 RBFNN 模型预报

据瀑布沟的月平均入库流量资料，分析月径流序列的相关性。枯水期月径流与前期径流的相依关系较为显著，其中以 1 月和 12 月最为突出；4～6 月、10 月是汛期与非汛期之间的过渡月份，月径流与前一个月径流的相依关系明显，与前 2 个月径流及更早月份径流的相依关系比较弱；汛期 7～9 月径流与前期径流相依关系不明显，如表 6-5 所示。

表 6-5 月平均入库径流相依性分析结果

月份	r(k)									
	k=1	k=2	k=3	k=4	k=5	k=6	k=7	k=8	k=9	k=10
1	0.904	0.856	0.808	0.674	0.497	0.247	0.295	0.251	0.134	0.139
2	0.926	0.838	0.806	0.779	0.666	0.548	0.114	0.218	0.284	0.160
3	0.481	0.245	0.086	0.062	0.095	0.114	0.363	−0.138	−0.082	0.113
4	0.789	0.195	0.070	−0.078	−0.089	−0.136	−0.170	0.282	-0.039	−0.072
5	0.710	0.626	0.133	0.027	0.016	0.056	0.063	-0.203	0.045	-0.141
6	0.712	0.607	0.540	0.263	0.135	0.162	0.206	0.162	0.09	0.407
7	0.186	0.266	0.126	0.089	−0.250	−0.339	−0.146	−0.080	−0.077	−0.148
8	0.422	−0.039	0.216	0.055	−0.089	−0.161	−0.148	−0.209	−0.166	−0.037
9	0.365	0.071	0.136	0.072	−0.021	−0.102	−0.057	0.077	−0.001	−0.018

续表

月份	r(k)									
	k=1	k=2	k=3	k=4	k=5	k=6	k=7	k=8	k=9	k=10
10	0.639	0.396	0.107	0.235	0.187	0.185	0.271	0.250	0.330	0.247
11	0.871	0.548	0.560	0.274	0.167	0.210	0.114	0.175	0.156	0.214
12	0.976	0.865	0.606	0.587	0.260	0.110	0.157	0.061	0.102	0.107
年平均	0.665	0.456	0.350	0.253	0.131	0.075	0.089	0.070	0.058	0.081
枯水期平均	0.787	0.571	0.397	0.320	0.225	0.167	0.151	0.112	0.116	0.096
非枯水期平均	0.421	0.226	0.254	0.120	−0.056	−0.110	−0.036	−0.012	−0.059	0.051

1 月、12 月径流与前 4 个月径流的相关系数均在 0.5 以上，故选取前 4 个月(以 1 月为例，选取前一年 9～12 月)径流作为径流预测模型的影响因子；2 月径流与前 6 个月径流序列的相关系数均在 0.5 以上，故选取前 6 个月(1 月、前一年 8～12 月)径流作为 2 月径流预测模型的影响因子；4 月、5 月径流预测模型选取前 2 个月径流作为影响因子；6 月、11 月径流与前 3 个月径流序列的相关系数大于 0.5，故选取前 3 个月径流作为影响因子；3 月、7 月、8 月、9 月径流与前期径流的相依关系稍弱，选取前 3 个月径流作为预测模型的影响因子。

通过试算优化确定 1～12 月径流预测模型的隐含层节点数，建立适合于各月份的 RBFNN 预测模型，如表 6-6 所示。在实际应用过程中，采用逐次增加拟合样本个数的方式对模型进行更新，如当 2005 年 1 月径流预测完成后，在预测 2005 年 2 月径流之前，将 2005 年 1 月实测值加入拟合样本，重新进行预测模型参数训练，构建预测 2005 年 2 月径流的预测模型。

表 6-6　RBFNN 模型网络结构

月份	输入层节点数	隐含层节点数	输出层节点数	月份	输入层节点数	隐含层节点数	输出层节点数
1	4	5	1	7	3	5	1
2	6	5	1	8	3	5	1
3	3	5	1	9	3	5	1
4	2	3	1	10	2	3	1
5	2	3	1	11	3	5	1
6	3	5	1	12	4	5	1

6.2.3.4　集对分析模型预报

利用相关概率法从 74 项环流指数中挑选出与瀑布沟入库流量变化密切相关的前期气象影响因子。考虑到业务预报的可行性，建立当前径流与其前移至少两个月的环流指数之间的相关关系。例如，认为 1～6 月的环流形势可能对 8 月的流量产生影响，于是分别计算 1～6 月的 74 项环流指数与 8 月径流量的相关概率，总相关概率高的环流指数便为大渡河流域 8 月径流量的前期气象影响因子，依此类推，如表 6-7 所示。

表 6-7　大渡河流域前期气象影响因子表

<table>
<tr><td colspan="2">年径流</td></tr>
<tr><td colspan="2">前一年 1 月北半球极涡中心强度(JQ)
前一年 2 月北半球极涡中心强度(JQ)
前一年 5 月南方涛动指数
前一年 7 月西藏高原(25° N～35° N,80° E～100° E)
前一年 9 月印缅槽(15° N～20° N,80° E～100° E)
前一年 11 月北半球极涡中心强度(JQ)</td></tr>
<tr><td>6 月径流</td><td>7 月径流</td></tr>
<tr><td>前一年 11 月冷空气
前一年 12 月冷空气
前一年 12 月北半球极涡中心强度(JQ)
同年 1 月东亚槽位置(CW)
同年 2 月西太平洋副高强度指数(110° E～180° E)</td><td>前一年 12 月西太平洋副高北界(110° E～150° E)
前一年 12 月西藏高原(30° N～40° N,75° E～105° E)
同年 3 月亚洲经向环流指数(IM,60° E～150° E)
同年 3 月西藏高原(25° N～35° N,80° E～100° E)
同年 3 月南方涛动指数
同年 4 月亚洲经向环流指数(IM,60° E～150° E)
同年 5 月印缅槽(15° N～20° N,80° E～100° E)</td></tr>
<tr><td>8 月径流</td><td>9 月径流</td></tr>
<tr><td>同年 3 月西藏高原(25° N～35° N,80° E～100° E)
同年 3 月南方涛动指数
同年 4 月西太平洋副高脊线(110° E～150° E)
同年 4 月冷空气
同年 5 月西藏高原(30° N～40° N,75° E～105° E)
同年 5 月印缅槽(15° N～20° N,80° E～100° E)
同年 5 月冷空气</td><td>同年 2 月西太平洋副高北界(110° E～150° E)
同年 3 月西太平洋副高北界(110° E～150° E)
同年 3 月西太平洋副高强度指数(110° E～180° E)
同年 3 月西藏高原(30° N～40° N,75° E～105° E)
同年 5 月东亚槽位置(CW)
同年 6 月西太平洋副高脊线(110° E～150° E)
同年 7 月西藏高原(25° N～35° N,80° E～100° E)</td></tr>
</table>

根据集对分析理论，用大渡河流域的前期气象影响因子构造预报因子集合，瀑布沟电站对应的入库流量为其后续值。将面临时段的预报因子集合分别与其余时段的预报因子集合组成集对，进行联系度计算。取与面临时段联系度最大的几个预报因子集合，将其对应的后续值取加权平均，得到面临时段的径流量，如图 6-8 所示。

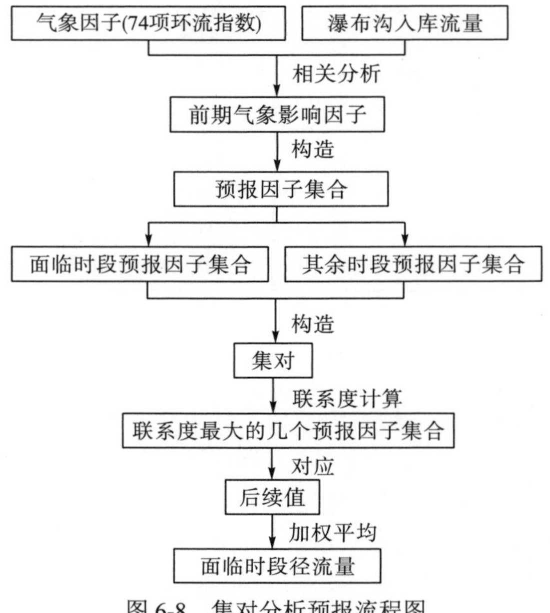

图 6-8　集对分析预报流程图

6.3 中长期径流预报案例分析

利用自回归模型、径向基神经网络模型、集对分析共 3 种模型对瀑布沟 2011~2014 年径流进行中长期径流预测模拟。总体看来，现有预测模型结果满足生产业务需求。

6.3.1 自回归模型预报

基于退水规律建立的自回归预测模型，应用于平枯期的预测是行之有效的，如图 6-9 所示。尤其是枯水期，预报精度能达到95%以上。平水期 5 月、11 月误差相对偏大一些，主要是这两个月一定程度上受降水影响。尤其是在降水显著的时间，如 2014 年 5 月。因此，后续可以考虑加入降雨作为影响因素。

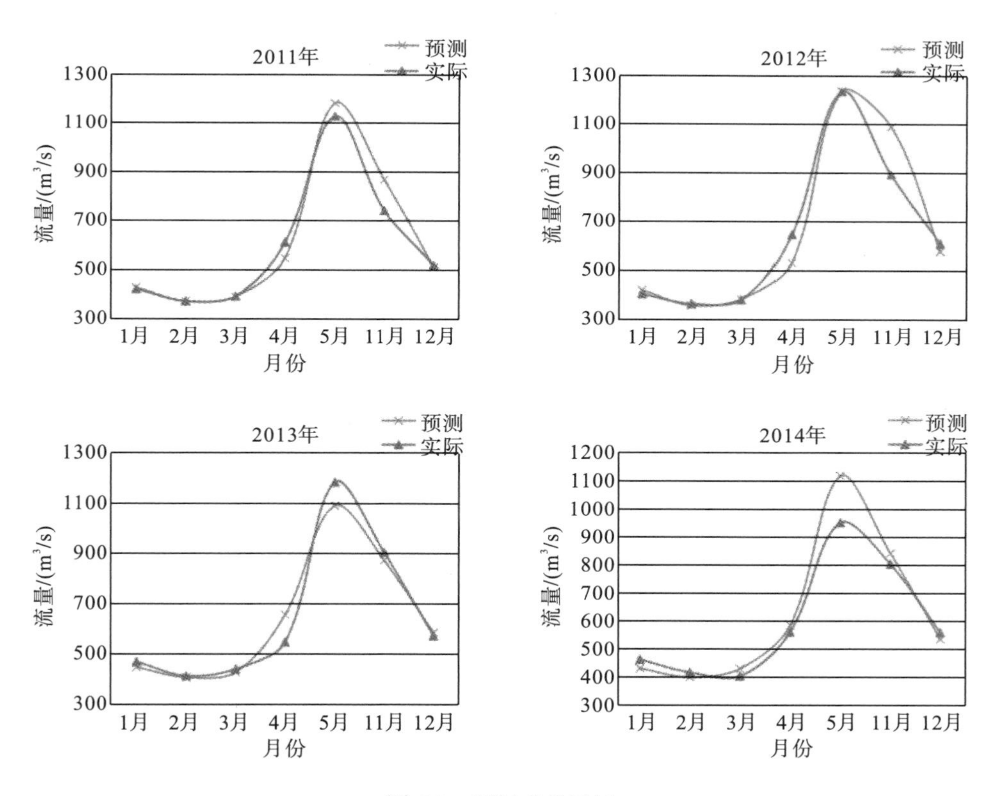

图 6-9　预报成果示例

6.3.2 RBFNN 模型预报

将基于免疫进化算法的 RBFNN 预测模型应用于瀑布沟月径流预测，取得了满意的结果。图 6-10 显示了 2011～2014 年月径流预测值与实测值的对比情况。RBFNN 模型预测精度较高，最大误差为29.64%，误差小于20%的占87%，误差小于10%的占68%，预测效果较好。枯水期月径流预测精度最高，预测值相对误差均在10%以内；汛期预测效果较枯期要差一些，原因是7月的月径流与前期月径流的相依关系较弱，当只采用前期月径流作为其影响因子建立预测模型时，必然在一定程度上影响预测精度；5月、10月为枯水期与汛期之间的过渡时期，预测精度略有偏差。由于5～10月大渡河流域降水比较集中，因此可适当增加降水等实时气候因子建立预测模型。

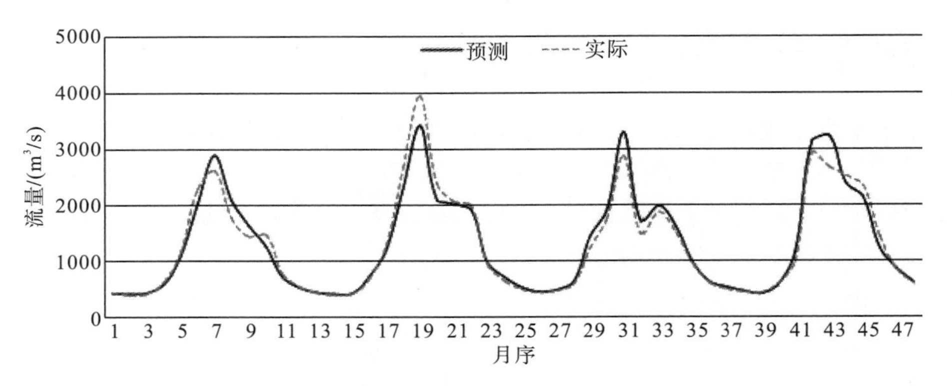

图6-10 预报成果示例

6.3.3 集对分析模型预报

瀑布沟2011~2014年径流预报成果显示，年径流平均预报精度为92%，汛期6～9月平均预报精度能达到80%左右，利用前期气象影响因子进行径流预报是合理可行的，如表6-8所示。

表6-8 预报成果示例

项目		2007年	2008年	2009年	2010年	2011年	2012年	2013年	2014年	平均
年	实际值	1028	1120	1168	1146	1128	1450	1146	1300	
	预报值	1107	1203	1293	1003	1169	1422	1175	1074	
	精度	92.3	92.6	89.3	87.5	96.4	98.1	97.5	82.6	92
6月	实际值	2038	1690	1710	2346	2254	2622	1700	2898	
	预报值	1842	2541	1716	2087	1743	2107	1984	2400	
	精度	90.4	49.6	99.6	89	77.3	80.4	83.3	82.8	81.6
7月	实际值	2339	1710	2850	2749	2585	3919	2840	2643	
	预报值	1816	2526	2477	2621	2907	3068	1861	2646	
	精度	77.6	52.3	86.9	95.3	87.5	78.3	65.5	99.9	80.4
8月	实际值	1650	2050	2390	1791	1737	2344	1440	2485	
	预报值	1935	1827	2199	2600	2064	1850	1957	2309	
	精度	82.7	89.1	92	54.8	81.2	78.9	64.1	92.9	79.5
9月	实际值	1943	2540	1450	1834	1402	2031	1840	2312	
	预报值	2467	1652	1749	1978	2093	2046	1859	1973	
	精度	73	65	79.4	92.1	50.7	99.3	99	85.3	80.5

注：实际值和预报值的单位为m^3/s，精度单位为%。

6.4　大渡河中长期预报方案优化

大渡河基于现有的中长期预报模型，已经能够较好地实现流域中长期来水预报，精度基本能够满足业务需求。但是大渡河也在中长期径流预报这一工作中，不断开展研究拓展，持续提升预报技术水平，建立更加完善的预报体系。

(1) 基于大数据技术深度挖掘径流变化特性

大渡河已开展的径流特性分析，仍基于传统的统计分析，主要是针对均值、波动情况、趋势、周期等项目。针对水文序列中的隐性特性，不能较好地分析掌控，后续将借助大数据分析挖掘技术，深度挖掘径流变化背后的隐性特性。

(2) 基于大数据技术深入开展中长期径流预报研究

大渡河中长期径流预报模型已采用了人工神经网络等非线性模型，但是对模型的节点、参数等仍采用的是人工经验下的试算确定，不能称之为最优模型。随着计算机技术的发展，可以考虑结合大数据技术，建立超参数下的人工神经网络模型，由系统根据历史情况自动选优节点个数、参数值等，建立最优预测模型，提高预报精度。

(3) 考虑气候水情相结合的动力统计预测模型研究

大渡河已经建立了基于气象因子的中长期径流预测模型，但是气象因子的获取仍是制约因素。大渡河公司也在多途径获取气象信息，考虑更加丰富稳定的气象信息作为中长期径流预测的基础，以此为基础，建立基于气候因子的动力统计相结合的预测模型。

下篇　智能调控

第7章　梯级联合优化调度

随着新建电站的陆续投产，流域逐步形成梯级开发格局，梯级水电站间具有密切的水力、电力联系，梯级协同调度、协同参与电力市场对于流域水资源综合优化利用、提升流域整体市场竞争力都具有重要作用，也有利于梯级水电站的发电生产管理。而梯级调度涉及的电站多、范围广，市场环境下不确定性因素繁多、规则复杂，这就要求电厂根据市场需求、径流预报及自身运行状态等情况，快速响应并调整电站调度运行方案。在当前复杂的市场环境下，大渡河以流域梯级水电站为主体，以智能化手段为技术支撑，开展了中长期优化调度、短期优化调度、站间负荷分配以及包括水库汛末分期蓄水、中小洪水实时预报调度在内的洪水资源化利用等系列专题研究，为梯级发电计划及水库调度方案的制定提供数据支持，提高梯级水电站水能利用效率，提升梯级水电运行调度管理水平。

7.1　梯级水电站中长期优化调度

7.1.1　数学模型

7.1.1.1　目标函数

以发电为主的梯级水电站优化目标一般考虑梯级整体发电效益最大化，有生态供水等综合利用要求的梯级水电站需要考虑多目标优化。大渡河梯级水电站以发电为主，综合利用要求相对单一，为了实现水能资源的最优利用，考虑电网需求、发电量、发电收入等准则，编制年内调度方案，实现整体发电效益最大化。

(1)梯级水电站年内出力最小时段的出力尽可能大，即最大化最小出力，该目标的效果一是为电网提供尽可能大的均匀可靠出力，二是达到增大枯期发电量的目的。其表达式为

$$\mathrm{NP} = \max\min\sum_{i=1}^{N}(A_i \cdot Q_{i,t} \cdot H_{i,t}) \quad \forall t \in T \tag{7-1}$$

式中，NP为整个梯级最大化的最小出力(MW)；A_i为第i个电站出力系数；$Q_{i,t}$为第i个电站在第t时段的发电流量($\mathrm{m^3/s}$)；$H_{i,t}$为第i个电站在第t时段的平均发电净水头(m)；T为年内计算总时段数(计算时段为月，T=12)；N为梯级水电站总数。

(2)梯级水电站年发电量最大：

$$\begin{cases} \max E = \max \sum_{i=1}^{N} \sum_{t=1}^{T} (A_i \cdot Q_{i,t} \cdot H_{i,t} \cdot M_t) \\ \max E = \max \sum_{i=1}^{N} \sum_{t=1}^{T} \frac{Q_{i,t} \cdot M_t}{\delta_{(i.t)}} \end{cases} \tag{7-2}$$

式中，E 为梯级水电站年发电量；M_t 为第 t 时段小时数；$\delta_{(i.t)}$ 为第 i 个电站在第 t 时段的耗水率；其他符号意义同前。

(3) 梯级水电站年发电收入最大：

$$\max S = \max \sum_{i=1}^{N} \sum_{t=1}^{T} (A_i \cdot Q_{i,t} \cdot H_{i,t} \cdot M_t \cdot \eta_t) \tag{7-3}$$

式中，S 为梯级水电站年发电收入；η_t 为第 t 时段电价因子；其他符号意义同前。

7.1.1.2 约束条件

(1) 水量平衡约束：

$$V_{i,t+1} = V_{i,t} + (q_{i,t} - Q_{i,t} - S_{i,t})\Delta t \quad \forall t \in T \tag{7-4}$$

式中，$V_{i,t+1}$ 为第 i 个电站第 t 时段末水库蓄水量(m^3)；$V_{i,t}$ 为第 i 个电站第 t 时段初水库蓄水量(m^3)；$q_{i,t}$ 为第 i 个电站第 t 时段入库流量(m^3/s)，当上游有电站时，$q_{i,t}$ 为上游电站下泄流量与区间流量之和，当上游无电站时，$q_{i,t}$ 为天然入库流量；$S_{i,t}$ 为第 i 个电站第 t 时段弃水流量(m^3/s)；Δt 为计算时段长度(s)。

(2) 水库蓄水量约束：

$$V_{it,\min} \leqslant V_{it} \leqslant V_{it,\max} \quad \forall t \in T \tag{7-5}$$

式中，$V_{it,\min}$ 为第 i 个电站第 t 时段应保证的水库最小蓄水量(m^3)；V_{it} 为第 i 个电站第 t 时段的水库蓄水量(m^3)；$V_{it,\max}$ 为第 i 个电站第 t 时段允许的水库最大蓄水量(m^3)，通常是基于水库安全方面考虑的，如汛期防洪限制等。

(3) 水库下泄流量约束：

$$Q_{it,\min} \leqslant Q_{it} \leqslant Q_{it,\max} \quad \forall t \in T \tag{7-6}$$

式中，$Q_{it,\min}$ 为第 i 个电站第 t 时段应保证的最小下泄流量(m^3/s)；$Q_{it,\max}$ 为第 i 个电站第 t 时段最大允许下泄流量(m^3/s)。

(4) 电站出力约束：

$$N_{i,\min} \leqslant A_i \cdot Q_{i,t} \cdot H_{i,t} \leqslant N_{i,\max} \quad \forall t \in T \tag{7-7}$$

式中，$N_{i,\min}$ 为第 i 个电站允许的最小出力(MW)，取决于水轮机的种类与特性；$N_{i,\max}$ 为第 i 个电站的装机容量(MW)。

(5) 非负条件约束：

上述所有变量均为非负变量(≥0)。

7.1.2 模型求解

目前，用于求解梯级水电站优化问题的方法主要有动态规划法(dynamic

programming，DP)、逐步优化算法(progress optimization algorithm，POA)和遗传算法(genetic algorithm，GA)等。其中动态规划法已在我国许多水电站优化调度中得到了成功的应用。大渡河瀑布沟及以下梯级水电站中，仅瀑布沟电站具有季调节性能，下游深溪沟、龚嘴、铜街子等站仅有日调节以下能力，对以年为周期、计算时段为月或旬的中长期优化调度而言，该梯级水电站可概化为一库几级梯级水电站系统，可采用动态规划法求解。

7.1.2.1　动态规划方法原理

动态规划是一种研究多阶段决策过程的数学规划方法，所谓多阶段决策过程，是指可将过程根据时间和空间特性分成若干互相联系的阶段，每个阶段都做出决策，从而使全过程最优。这个最优化原理是贝尔曼 1957 年提出的，即“作为全过程的最优策略具有这样的性质：无论过去的状态和决策如何，以前面一个决策所形成的状态作为初始状态的过程而言，余下的诸决策必须构成最优策略。”换句话说，只要从面临时段的状态出发就可以做出决策，与以前如何达到面临时段的状态无关，必须使面临时段和余留时期的效益之和的目标函数值达到最优。

一个多阶段决策过程是一个未知变量不少于阶段数的最优化问题。对于一个每阶段有 M 状态变量可供选择的 N 阶段过程，求其最优策略就是解 $M\times N$ 维函数方程取极值的问题。如 $M\times N$ 很大时求解就很困难。动态规划法可使一个多维(如 $M\times N$ 维)的极值问题化为多个(如 N 个)求 M 维极值的问题。

7.1.2.2　动态规划模型结构

动态规划的模型结构如下：

阶段：根据时间或空间的特性，恰当地把所要求解问题的过程分为若干个相互联系的部分，每个部分就称为一个阶段。在多阶段决策过程中，每一个阶段都是一个组成部分，整个系统则是按一定顺序联系起来的统一整体。过程由开始或最后一个阶段出发，由前向后或由后向前一个阶段一个阶段地递推，直到最后一个阶段结束。

状态：是指某阶段过程演变时可能的初始位置。它既是本阶段的起始位置，又是前一阶段的终了位置。通常，一个阶段包含若干个状态，描述状态的变量称为状态变量。

决策：当某个阶段状态给定以后，从该状态转移到下一个阶段某状态的选择。如前所述，每一个阶段都有若干个状态，给定状态变量某一个值，就有系统的某一个状态与之对应，由这一状态出发，决策者可以做出不同的决策，而使系统沿着不同的方向演变，结果达到下一阶段的某一个状态。描述采取不同决策的变量称为决策变量，它的取值决定着系统下一阶段处于哪个状态。

状态转移方程：在某个阶段给定状态变量取值后，如果这一阶段的决策变量一经确定，则下一阶段的状态变量也就完全确定。这个关系表示由某个阶段到下一个阶段的状态转移规律。

约束条件：为达到目标而应受到的各种限制条件。

阶段收益：是指系统过程的某一阶段收益。在水电站水库优化调度过程中，阶段收益一般为水电站的出力或发电量。它是一个阶段对于目标函数的一种“贡献”。

目标函数：用来衡量所实现过程的优劣程度的一种数量指标。

递推方程：实现目标函数最优的计算方程。

7.1.2.3 动态规划算法

对于具有长周期调节性能的水电站水库，其水库运行调度是一个典型的多阶段决策过程，可以按照下列系统概化思路进行处理：

(1)阶段与阶段变量。对于具有长周期调节性能的水库，可以将调节周期以月份为单位划分为 T 个时段，以 t 代表变量，则 $t=1,2,\cdots,T$。相应的时刻 t～$t+1$ 为面临时段，时刻 $t+1$～$T+1$ 为余留时期。

(2)状态变量。描述多阶段决策过程演变过程所处状态的变量，称为状态变量。它能够描述过程的演变，而且满足无后效性要求。这里选用每个阶段的水库水位 Z 为状态变量。Z_t 和 Z_{t+1} 分别为 t 时段初、末的水库水位，其中 Z_{t+1} 也就是 $t+1$ 时段的初始蓄水状态。

(3)决策变量。取出力 $P_t(Z_t)$ 为决策变量，当时段 t 的初始状态 Z_t 给定后，如果做出某一决策 $P_t(Z_t)$，则时段初的状态将演变为时段末的状态 Z_{t+1}。在出力优化调度中，决策变量的选取往往限制在某一范围 $D_t(Z_t)$ 内，此范围称为允许决策集合，有 $P_t(Z_t)\in D_t(Z_t)$ 。

(4)列出状态转移方程。通过水量平衡方程求出 V_t 和 V_{t+1}，再由水位库容关系曲线得到 Z_t 和 Z_{t+1} 的关系式，即为状态转移方程：

$$V_{t+1}=V_t+(Q_{r,t}-Q_t)\Delta t \tag{7-8}$$

$$Z_{t+1}=f(Z_t) \tag{7-9}$$

式中，$Q_{r,t}$ 为时段 t 的入库流量(m^3/s)；Q_t 为时段 t 的发电流量(m^3/s)；Δt 为计算时段长度(s)；V_t 和 V_{t+1} 分别为 t 时段初、末的库容。

状态转移方程或系统方程，把多阶段决策过程中的三种变量，即阶段(时段)变量 t、状态变量 Z、决策变量 $P_t(Z_t)$ 三者之间的相互关系联系了起来。对于确定性的决策过程，下一阶段的状态完全由面临时段的状态和决策所决定。

(5)建立效益函数与目标函数。对于单一水电站，以水电站在调度期(调度年或日历年)收益最大或者发电量最大作为优化准则或目标，而将防洪安全及其他综合用水要求作为约束条件处理。令 B_t 和 $B_1(Z_1)$ 分别为任一时段 t 和整个调度周期的效益指标，则 B_t 与目标函数 $B_1^*(Z_1)$ 分别为

$$B_t=B_t(Z_t,Q_t,\lambda_t) \tag{7-10}$$

$$B_1^*(Z_1)=\max\sum_{i=1}^{T}B_t(Z_t,Q_t,\lambda_t) \tag{7-11}$$

式中，Z_1 为整个调度期初的水库水位；$B_1^*(Z_1)$ 为 $B_1(Z_1)$ 中最大(最优)值；λ_t 为 t 时段的电价因子。

(6)建立水库最优调度的递推方程。递推方程的具体形式与递推顺序和阶段变量的编号有关。若逆序递推且阶段变量的序号与阶段初编号一致时，如图 7-1 所示，水电站水库最优调度问题的递推方程为

$$B_t^*(Z_t)=\max\left\{B_t(Z_t,Q_t,\lambda_t)+B_{t+1}^*(Z_{t+1})\right\} \tag{7-12}$$

式中，$B_t(Z_t,Q_t,\lambda_t)$ 为面临时段的效益；$B^*_{t+1}(Z_{t+1})$ 为余留时期$(t+1\sim T+1)$最大收益的累计值；$B^*_t(Z_t)$ 为 $t\sim T+1$ 时期总收益的最大值。

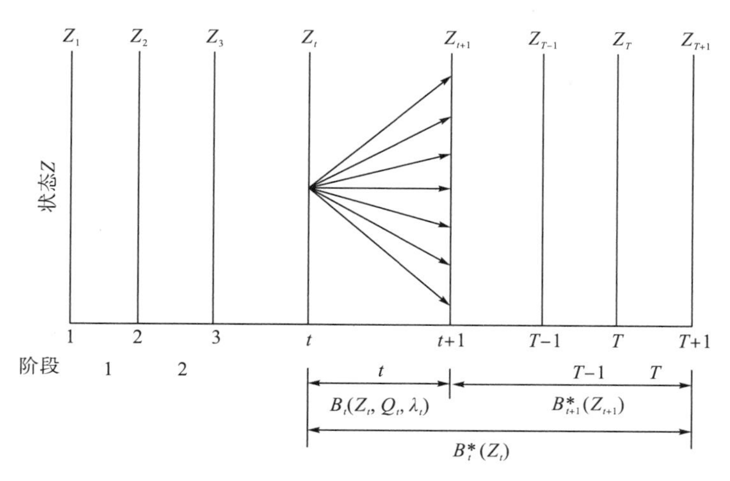

图 7-1　多阶段决策逆序递推过程图

若顺序递推(递推方向与状态转移方向一致)且阶段变量序号与阶段末编号一致时，有

$$B^*_t(Z_t)=\max\{B_t(Z_t,Q_t,\lambda_t)+B^*_{t-1}(Z_{t-1})\} \tag{7-13}$$

(7) 明确约束条件。水电站在运行过程中应满足的各种限制条件，包括水位、出力、流量及保证率等：

$$Z_{t,\min}\leqslant Z_t\leqslant Z_{t,\max} \tag{7-14}$$

$$V_{t,\min}\leqslant V_t\leqslant V_{t,\max} \tag{7-15}$$

$$P_{bt}\leqslant P_t\leqslant P_{yt} \tag{7-16}$$

$$Q_{t,\min}\leqslant Q_t\leqslant Q_{t,\max} \tag{7-17}$$

式中，$Z_{t,\min}$ 为水库死水位或综合利用要求的最低水位；$Z_{t,\max}$ 为正常蓄水位或防洪限制水位；$V_{t,\min}$ 为水库死库容或综合利用要求的最小库容；$V_{t,\max}$ 为正常蓄水位或防洪限制水位所相应的水库容积；P_{bt}、P_{yt} 为水电站的保证出力和预想出力；$Q_{t,\min}$ 为水轮机允许的和综合利用要求的最小放流量；$Q_{t,\max}$ 为水轮机的最大过水能力。

7.1.2.4　动态规划方法的优越性

用动态规划求解水电优化调度问题，相比其他优化方法，有下述优点：

(1) 易于确定全局最优解。即使指标函数形式较简单，由于约束条件所确定的约束集合往往十分复杂，故用目前的非线性规划方法求全局最优解是非常困难的。而动态规划方法是一种逐步改善法，它把原问题化成一系列结构相似的最优子问题，而每个子问题的变量个数比原问题少得多，约束集合也简单得多，故较易于确定全局最优解。特别是，对于一类其指标、状态转移和允许决策集合不能用分析形式表示的最优化问题(如非线性整数规划、离散模型)，用分析方法无法求出最优解，而用动态规划却很容易。基于这一点，对于目前相当多的最优化问题来说，动态规划是求出其全局最优解的一种好方法。

(2) 能得到一族解，有利于分析结果。非线性规划的方法是对问题的整体求解，是单阶段进行的，它只能得到全过程的解。而动态规划方法是将结果分成多阶段进行，求出的不仅是全过程的解，而且包括所有子过程的一族解。在某些情况下，这些解族正是实际问题所需要的，它有助于分析结果是否有用等，这时动态规划方法比其他方法更显出优越性，且大大减少了计算量。

(3) 能利用经验，提高求解的效率。动态规划方法反映了过程逐段演变的前后联系，较非线性规划与实际过程联系得更紧密，因而在计算中能更有效地利用经验，提高求解的效率。

7.1.3 实例计算

选用平水年 2004 年的径流资料，以瀑布沟、深溪沟、龚嘴、铜街子四站为整体，以旬为计算时段进行模拟计算，用以检验上述模型和求解算法的可行性。根据运行经验，在计算中，瀑布沟电站年初、末水位均设置为 845m，枯水期梯级最小出力为 1200MW，丰水期梯级最小出力为 2000MW，电站逐月负荷率水平设为 100%，考虑丰枯分时电价，计算结果见表 7-1 和图 7-2。

表 7-1 大渡河瀑布沟及以下梯级水电站 2004 年优化调度方案结果

时段	旬末水位/m	入库流量/(m^3/s)	发电流量/(m^3/s)	弃水流量/(m^3/s)	梯级总出力/MW	瀑布沟出力/MW	深溪沟出力/MW	龚嘴出力/MW	铜街子出力/MW
一月上旬	844.7	456	487	0	1219.7	702	134.4	231.3	152
一月中旬	843.9	416	488	0	1220	701	134.7	231.9	152.4
一月下旬	842.7	391	489	0	1217.5	698	134.9	232.1	152.5
二月上旬	841.5	381	489	0	1209.5	706	132.3	223.9	147.3
二月中旬	840.1	368	494	0	1215.9	707	133.5	225.9	148.5
二月下旬	838.7	357	497	0	1217.2	706	134.4	227.3	149.5
三月上旬	837.1	355	499	0	1235.3	706	137.6	236.4	155.3
三月中旬	835.9	385	494	0	1215.9	692	136.1	234	153.8
三月下旬	826.4	439	1160	0	2696.3	1555	306	505.9	329.4
四月上旬	816.5	483	1240	0	2783.9	1550	328.9	546.7	358.3
四月中旬	806.7	558	1243	0	2687.2	1450	329.8	548.1	359.3
四月下旬	796.7	710	1323	0	2739.8	1429	350.1	580.5	380.2
五月上旬	805.8	1117	558	0	1230.6	596	160.3	285	189.3
五月中旬	801.5	1450	1720	0	3539.9	1829	456.5	759	495.4
五月下旬	803	1818	1736	0	3549.1	1824	460.4	765.2	499.5
六月上旬	811	2139	1610	0	3578.7	1845	451.4	763.1	519.2

续表

时段	旬末水位/m	入库流量/(m³/s)	发电流量/(m³/s)	弃水流量/(m³/s)	梯级总出力/MW	瀑布沟出力/MW	深溪沟出力/MW	龚嘴出力/MW	铜街子出力/MW
六月中旬	825.6	2709	1620	0	3759.0	2018	453.9	765.4	521.7
六月下旬	833	2479	1870	0	4369.4	2500	517.7	765.4	586.3
七月上旬	836.2	2599	2327	0	5267.4	3256	659.7	765.4	586.3
七月中旬	836.2	1849	1849	0	4515.5	2626	537.8	765.4	586.3
七月下旬	836.2	1709	1709	0	4283.2	2431	502.1	765.4	584.7
八月上旬	839	1899	1647	0	4113.6	2387	453.3	765.4	507.9
八月中旬	837.4	1509	1656	0	4138.7	2407	455.3	765.4	510
八月下旬	834.5	1719	1946	0	4662	2781	529.3	765.4	586.3
九月上旬	841	2579	2007	0	4781.7	2884	545	765.4	586.3
九月中旬	844.2	1939	1643	0	4162.9	2440	452.1	764.1	506.7
九月下旬	845.8	2069	1920	0	4754.1	2886	522.9	765.4	579.8
十月上旬	850	2469	2072	0	5105.8	3208	546.1	765.4	586.3
十月中旬	850	1869	1869	0	4729.4	2935	494.4	765.4	534.6
十月下旬	850	1439	1439	0	3719.3	2269	384.8	644.2	421.3
十一月上旬	850	1120	1120	0	2831.9	1709	298.4	497.8	326.7
十一月中旬	850	895	895	0	2284.1	1370	240.9	405.8	267.4
十一月下旬	850	745	745	0	1918.6	1143	202.8	344.8	228
十二月上旬	850	650	650	0	1634.9	966	176	297.9	195
十二月中旬	850	567	567	0	1434.5	843	154.7	263.8	173
十二月下旬	845	508	939	0	2305.4	1369	249.6	415.7	271.1

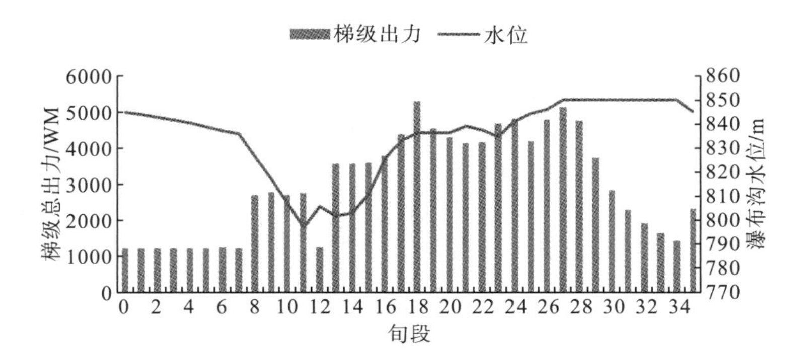

图 7-2　梯级总出力及瀑布沟水库水位过程图

统计大渡河瀑布沟及以下梯级各电站丰、平、枯期的计划电量及其结构，结果见表 7-2、表 7-3。

表 7-2 大渡河瀑布沟及以下梯级各电站电量统计表 单位：MW·h

时段	梯级总电量	瀑布沟电量	深溪沟电量	龚嘴电量	铜街子电量
全年电量	26 267 301	15 203 187	3 009 895	4 752 503	3 301 716
丰期电量	16 129 531	9 509 332	1 835 382	2 777 712	2 007 105
平期电量	3 769 930	2 076 579	447 658	752 189	493 504
枯期电量	6 367 840	3 617 276	726 855	1 222 602	801 107

表 7-3 大渡河瀑布沟及以下梯级群电量结构表

时段	梯级总电量	瀑布沟电量	深溪沟电量	龚嘴电量	铜街子电量
全年电量	100.00%	100.00%	100.00%	100.00%	100.00%
丰期电量	61.40%	62.55%	60.98%	58.45%	60.79%
平期电量	14.35%	13.66%	14.87%	15.83%	14.95%
枯期电量	24.25%	23.79%	24.15%	25.72%	24.26%

经过优化计算后，梯级计划总电量提高到 262.67 亿 kW • h。从表 7-3 看出，枯期由于来水较少，电量远少于丰期。但受丰枯电价影响，枯期电价水平更高，为获取更多的发电收益，瀑布沟在入汛前水库水位消落至全年最低。丰期虽然电价水平相对较低，但来水充沛，能多发电以弥补电价劣势，从而获取更大的发电收入。

7.2 梯级水电站短期优化调度

梯级水电站短期优化调度是指在保证电力系统和电站安全运行的前提下，根据梯级各水库来水过程及综合利用要求，运用系统工程理论和最优化原理，应用计算机寻找最优规则达到极值的最优运行策略，制定较短时间内逐时段梯级各水电站及其水库最优运行方案并执行，以获得尽可能大的效益。在上报发电计划阶段，梯级水电站根据当前水情和水位控制计划，报送发电计划至电网调度中心，此时最优运行策略常为发电量最大或发电收益最大。在负荷执行阶段，梯级水电站根据电网下达的负荷要求进行厂间负荷分配，此时最优准则常为梯级蓄能最大或耗水量最小。

7.2.1 数学模型

7.2.1.1 目标函数

为使短期优化调度方案更好地适应电网负荷需求，按照电网日内负荷需求曲线的波动规律特点，将日内时段过程分为电力需求高峰期(7：00 ～11：00、19：00～23：00)、电力需求平稳期(11：00 ～19：00)、电力需求低谷期(0：00～7：00、23：00～24：00)三类(以下分别简称“峰段、平段和谷段”)，在梯级水电站短期发电调度研究时，考虑日内峰、平、谷段电站出力的比例。同时，考虑电网潮流分布、网内其他水火电站发电出力等因素，在由中长期优化调度方案确定的瀑布沟水库水位，以及预报径流、检修计划等条件下，确定梯级水电站日内 96 点发电出力。制定出的短期调度方案满足以下要求：

(1) 应满足电网峰、平、谷段的负荷需求。

(2) 发电出力应避开机组振动区运行。

(3) 发电出力曲线尽可能均匀。可根据情况设定日发电用水量、峰段与平段出力比、平段与谷段出力比、谷段是否发电，并可对峰、平、谷对应时间段进行微调。

目标函数：

$$\max S = \max \sum_{i=1}^{N} \sum_{t=1}^{T} (A_i \cdot Q_{i,t} \cdot H_{i,t} \cdot M_t \cdot \eta_t) \tag{7-18}$$

式中，S 为梯级水电站日发电收入；A_i 为第 i 个电站出力系数；$Q_{i,t}$ 为第 i 个电站在第 t 时段发电流量 (m^3/s)；$H_{i,t}$ 为第 i 个电站在第 t 时段平均发电净水头 (m)；M_t 为第 t 时段小时数；η_t 为第 t 时段电价因子；T 为调度期内计算总时段数；N 为梯级水电站总数。

7.2.1.2 约束条件

(1) 等出力约束：

$$\begin{cases} N_i^t = N_i(f) & (t \in f) \\ N_i^t = N_i(P) & (t \in P) \\ N_i^t = N_i(g) & (t \in g) \end{cases} \tag{7-19}$$

式中，N_i^t 为 i 电站 t 时段出力；$N_i(f)$ 为 i 电站峰段出力；$N_i(P)$ 为 i 电站平段出力；$N_i(g)$ 为 i 电站谷段出力。

(2) 峰平谷出力比约束：

$$\begin{cases} N_i(f):N_i(P) \in (a,b) \\ N_i(g):N_i(P) \in (c,b) \end{cases} \tag{7-20}$$

式中，a、b、c 为常数，表示比值范围。

(3) 水量平衡约束：

$$V_{i,t+1} = V_{i,t} + R_{i,t} - Q_{i,t} - S_{i,t} \tag{7-21}$$

式中，$V_{i,t}$ 和 $V_{i,t+1}$ 为第 i 电站第 t 时段和第 t+1 时段末的水库蓄水量；$R_{i,t}$ 为第 i 电站第 t 时段的平均入库流量；$Q_{i,t}$ 为第 i 个电站第 t 时段的发电流量；$S_{i,t}$ 为第 i 电站第 t 时段的弃水流量。

(4) 梯级水电站水量联系约束：

$$R_{i,t} = Q_{i-1,t-\Delta t_{i-1}} + S_{i-1,t-\Delta t_{i-1}} + I_{i,t} \tag{7-22}$$

式中，Δt_{i-1} 为第 i−1 电站到第 i 电站的水流滞时对应的时段数；$I_{i,t}$ 为第 t 时段第 i−1 电站到第 i 电站之间的区间平均入流。

(5) 水库蓄水量约束：

$$V_{i,t\min} \leqslant V_{i,t} \leqslant V_{i,t\max} \tag{7-23}$$

式中，$V_{i,t\min}$ 和 $V_{i,t\max}$ 为第 i 水库调度期内所要求的最小蓄水量和最大蓄水量。

(6)各水电站机组过水能力约束：

$$Q_{i,t\min} \leqslant Q_{i,t} \leqslant Q_{i,t\max} \tag{7-24}$$

式中，$Q_{i,t\min}$ 和 $Q_{i,t\max}$ 为第 i 电站调度期内所允许的最小过机流量和最大过机流量。

(7)各水电站出力约束：

$$N_{i,t\min} \leqslant A_i \cdot Q_{i,t} \cdot H_{i,t} \leqslant N_{i,t\max} \qquad \forall t \in T \tag{7-25}$$

式中，$N_{i,t\min}$ 为第 i 个电站允许的最小出力，取决于水轮机的种类与特性；$N_{i,t\max}$ 为第 i 个电站的装机容量。

(8)水电站振动区约束：

$$\left[N_i^t - \overline{NS}_{i,t,k}(Z_i^t, Z_i^{t+1}, Zd_i^t)\right]\left[N_i^t - \underline{NS}_{i,t,k}(Z_i^t, Z_i^{t+1}, Zd_i^t)\right] \geqslant 0 \tag{7-26}$$

式中，$\overline{NS}_{i,t,k}$、$\underline{NS}_{i,t,k}$ 为 i 电站 t 时段第 k 个出力振动区的上下限，与 i 电站 t 时段初末水位 Z_i^t、Z_i^{t+1} 及 i 电站 t 时段平均尾水位 Zd_i^t 有关。

(9)水电站出力爬坡限制：

$$\left|N_i^t - N_i^{t-1}\right| \leqslant \Delta\bar{N}_i \tag{7-27}$$

式中，$\Delta\bar{N}_i$ 为 i 电站相邻时段最大出力升降限制。

(10)变量非负约束。

7.2.2　模型求解

可采用定出力算法与逐步优化算法(POA)相结合求解。定出力算法的思想是：通过确定峰平出力比、谷平出力比(在约束范围之内)以及平段出力，将日内所有时段出力确定下来，根据初始水位和入库流量即可求出各时段末水位，不断地调整平段出力的值，使计算出的最后一个时段的末水位与初始设定的日末水位相等。按照上述出力过程运行，即可满足电网负荷需求的如下 2 个约束：①峰平出力比为(1～2)∶1，谷平出力比为(0.5～1)∶1；②在同一个峰平谷时段内出力不变。

以上求得的只是峰平出力比和谷平出力比一定的情况下水库满足其他约束时的运行方式，接下来将峰平出力比和谷平出力比分别在(1～2)∶1 和(0.5～1)∶1 之间循环组合，以梯级总效益最大为目标求出最优的峰平出力比和谷平出力比。此时用 POA 算法进行优选。

假设梯级水电站短期调度期为 1 天，初始时刻为 0 点，终止时刻为 24 点，将一天离散为 96 个时段，i 电站第 t 个时段的末水位为 $Z_{i,t}$，i 电站设定的日末水位为 $Z_{i,\text{end}}$，定出力算法的计算步骤如下：

(1)约束范围之内任取一组峰平出力比 $a_{i,t} \in (a,b)$、谷平出力比 $c_{i,t} \in (c,b)$，确定一个平段出力，初始时可取电站装机容量和最小出力的平均值，即 $\text{NP}^0 = (N_{i\max} + N_{i\min})/2$。

(2)通过平段出力值及出力比可推算峰段和谷段出力，则可得整个日内的出力过程 $N_{i,t}$。

(3)根据初始水位 $Z_{i,0}$、入库流量 $R_{i,t}$ 和出力过程 $N_{i,t}$ 进行水能计算，求出各时段末水位，并求得最后时段的末水位 $Z_{i,96}$。

(4) 比较最后一个时段的末水位 $Z_{i,96}$ 与开始设定的日末水位 $Z_{i,\mathrm{end}}$。若 $Z_{i,96}>Z_{i,\mathrm{end}}$，则应加大平段出力，可将平段出力取为上次平段出力值与装机容量的平均值；若 $Z_{i,96}<Z_{i,\mathrm{end}}$，则应减小平段出力，可将平段出力取为上次平段出力值与最小出力的平均值。后转入步骤(2)迭代计算。

(5) 直到计算出的最后一个时段的末水位等于开始设定的日末水位，即 $Z_{i,96}=Z_{i,\mathrm{end}}$ 时，迭代结束，得到峰平出力比和谷平出力比一定时日出力过程。

POA 算法的计算步骤见图 7-3，具体如下：

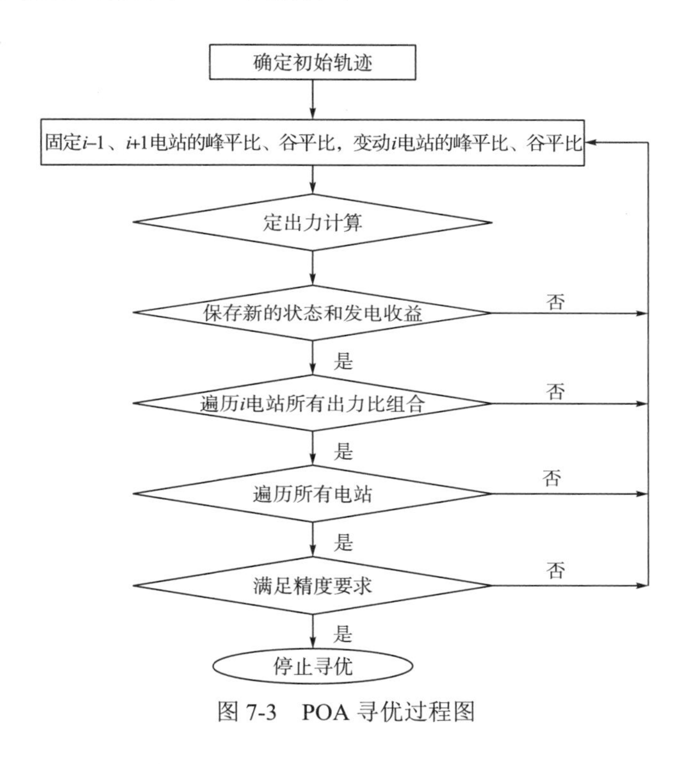

图 7-3　POA 寻优过程图

(1) 确定各电站的初始峰平比、谷平比，峰平出力可定为 $(a+b)/2:1$，谷平出力可定为 $(c+d)/2:1$。

(2) 让 i 电站峰平比、谷平比按一定精度上下浮动，其他电站的出力比不变。

(3) 由各电站的出力比，通过定出力计算，得到梯级发电过程，若不满足水位、出力、电站振动区及出力爬坡限制等约束，在梯级发电收入计算时给予惩罚。

(4) 历遍 i 电站的所有出力比组合，记录梯级发电收入时的出力比状态和相应的梯级发电收入。

(5) 将 i 电站出力比更新为步骤(4)所得的出力比状态，变动 i+1 电站出力比，其他电站的出力比不变，重复(3)～(4)，并遍历所有电站，完成一次寻优计算。

(6) 重复(2)～(5)，完成多次寻优计算，若前后两次计算中所得梯级最大发电收入相等，记下此时各电站的峰平出力比、谷平出力比，以及各电站的出力过程，整个计算过程结束。

7.2.3 实例计算

以瀑布沟、深溪沟、龚嘴、铜街子四站为整体，选取某代表日，瀑布沟水库的初始水位设为 798.91m，日末水位设为 799.00m，深溪沟、龚嘴、铜街子水库初始水位分别为 657.67m、526.2m、473.04m，日末水位分别为 657.67m、526.2m、473.04m。瀑布沟天然来水 800m^3/s，瀑深区间来水 10m^3/s，深龚区间来水 160m^3/s，龚铜区间来水 5m^3/s。设置峰平段发电出力比为(1～2)：1，谷平段发电出力比为(0.5～1)：1。在考虑充分利用梯级水电站区间入流和各水库调节性能的前提下，考虑电网峰谷出力比例等外部条件，在龙头水库发电可用水量给定时，合理分配各电站出力，使全梯级日发电收入最大化。

采用定出力算法和 POA 相结合的方法进行计算，用 C#语言编程，得到了令人满意的结果，见表 7-4 及图 7-4、图 7-5。

表 7-4 大渡河瀑布沟及以下梯级水电站短期优化调度结果表

项目	峰段	平段	谷段	合计
瀑布沟电量/MW・h	7898	6582	5266	19746
深溪沟电量/MW・h	1824	1824	1824	5472
龚嘴电量/MW・h	3869	3224	1934	9027
铜街子电量/MW・h	3078	2367	1420	6865
梯级总电量/MW・h	16669	13997	10444	41110
瀑布沟收入/万元	284	158	95	537
深溪沟收入/万元	62	41	31	134
龚嘴收入/万元	95	53	24	172
铜街子收入/万元	75	39	17	131
梯级总收入/万元	516	291	167	974

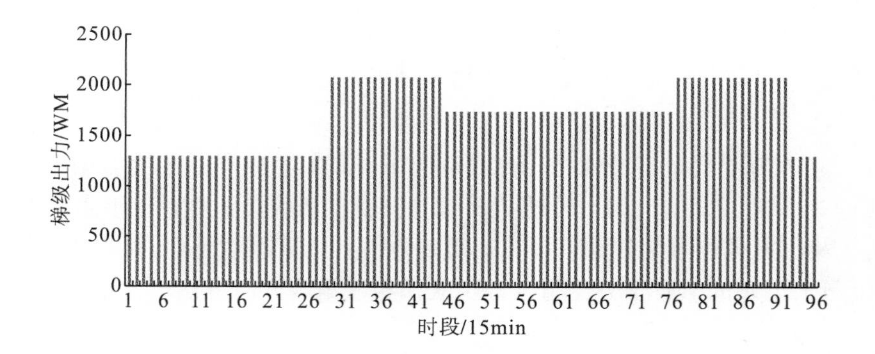

图 7-4 梯级出力过程图

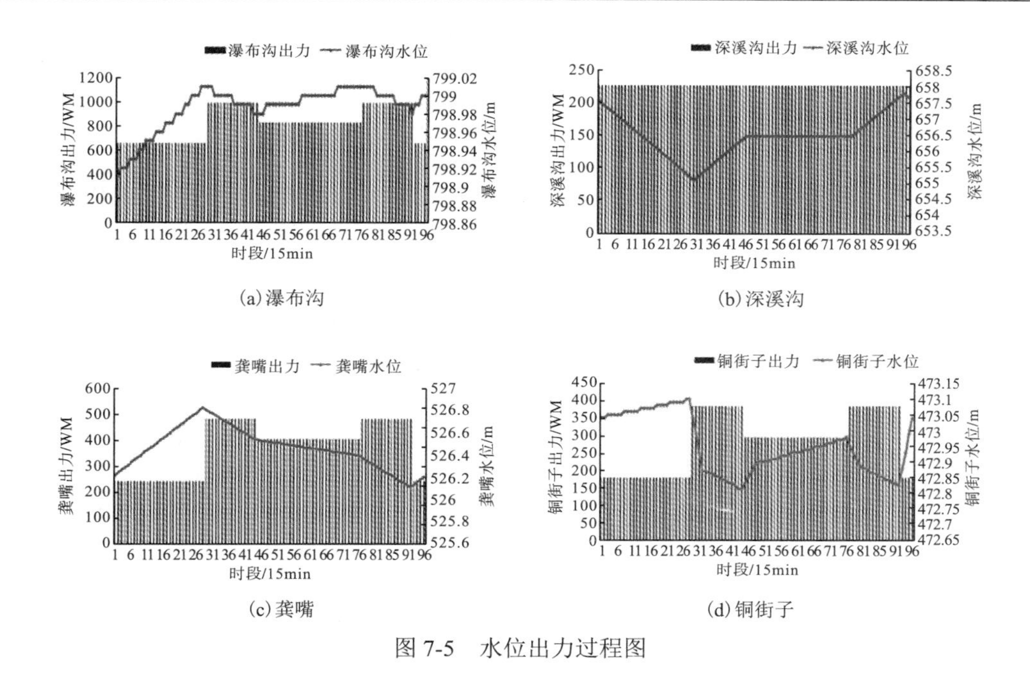

(a)瀑布沟 (b)深溪沟

(c)龚嘴 (d)铜街子

图7-5 水位出力过程图

从表7-4和图7-4可以看出，所制定的梯级水电站短期优化调度方案，满足梯级各电站峰平出力比(1～2)∶1，谷平出力比(0.5～1)∶1范围内的要求，梯级发电收益最大时峰平谷出力比为1.2∶1∶0.75，梯级总电量为41.11×10^6kW·h。梯级水电站发电过程满足各种约束，出力过程平稳，且整个过程无弃水产生，优化结果合理，适合电力市场规律和电网负荷特性。

由于各电站振动区、爬坡限制、上网电价及区间流达时间不同，从各电站的出力水位过程图可以看出，梯级发电收入最大时各电站的出力比并不相同，其中，瀑布沟电站峰平谷出力比为1.5∶1∶0.8，深溪沟电站峰平谷出力比为1∶1∶1，龚嘴电站峰平谷出力比为1.2∶1∶0.6，铜街子电站峰平谷出力比为1.3∶1∶0.6，但各电站均满足日末水位控制要求，由此编制的短期发电调度方案也更容易被电网调度中心采纳。

7.3 梯级水电站负荷分配

7.3.1 梯级联合调度负荷分配模式

梯级联合调度负荷分配是现行电力调度体制下，电网给定梯级总负荷的情况下，梯级水电站站间负荷的优化分配。近期由于电力调度体制的制约等因素，梯级联合调度方案由电网统筹考虑，流域梯级调度机构只负责流域各梯级水库、电站运行信息的采集，并在此基础上提出联合调度建议方案，电网对其进行安全稳定校核，并下达至梯级调度机构，再由梯级调度人员通过远程集中监控执行生产计划。特殊情况下，电网具有对机组的直调权。远期在电力体制改革进一步深化、输配分开或梯级调度机构调度能力提高的条件下，梯级调度机构具有实际的流域梯级水电站的电力调度权，才能真正实现梯级的联合优化调度。

梯级联合调度负荷分配方式主要有负荷分区分配模式和负荷统一分配模式两种。负荷分区分配模式是指，对同一条河流上各梯级水电站按照地理位置、电力送出点进行分区，电网下达各分区的总负荷，梯级调度机构对各分区内的水电站站间负荷进行再分配；负荷统一分配模式是电网下达流域梯级水电站总负荷的分配模式。目前大渡河实现了负荷部分分区分配模式，随着电力调度体制改革的实施，大渡河流域梯级联合调度实施程度将得到进一步深入。

7.3.1.1 负荷分区分配模式

同在一条河上，相邻梯级水电站间通常地理位置两两相近，联系密切，可根据各梯级水电站地理位置分布特点，结合输电线路规划特征等进行分区。各分区内梯级水电站由于水力联系紧密，电力送出点相对集中，区内梯级水电站的联合调度实现较为容易。

负荷分区分配模式的生产组织过程为：首先由流域梯级调度机构上报各组总发电能力，由电网电力调度控制中心根据整个流域各梯级联合优化运行要求及电网安全稳定要求，下达各分区总负荷，各分区再从水资源优化利用角度将各分区总负荷在对应梯级水电站间进行优化分配，并实施集中控制调度(图 7-6)。

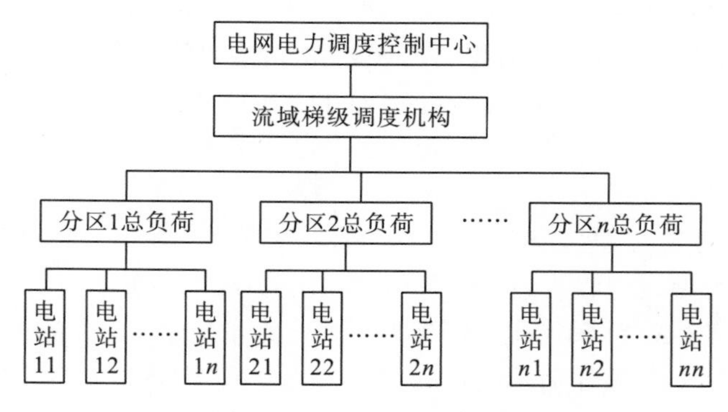

图 7-6 负荷分区分配模式

负荷分区分配模式的优点有：

(1)提高各分区水能利用率及发电效益。

各分区负荷由电网分别下达、负荷统一分配，在满足各项安全约束的前提下，实现各分区电站间梯级总负荷的厂间实时分配，可以使水库的调节作用得到一定程度的发挥，使得分区内各电站在负荷与水量上匹配，进而提高梯级水能利用率，增加发电效益。

(2)有利于制定各分区梯级水电站生产计划，减少电网调度工作量。

负荷分区统一分配有利于企业对各梯级水电站的生产计划管理，统一制定各分区发电计划，有利于对梯级水电站的生产业务管理；并使得梯级与电网调度机构之间的生产信息披露、信息发布、信息交换更加方便和有效；此外相关上级部门也能更方便地管理梯级水电站的生产。

电网不需详细了解各分区内部各电站水库特性、综合利用要求、机组特性、水力关系等复杂信息，而只需通过流域梯级调度机构了解各分区梯级整体情况，有利于开展梯级水电站的联合优化运行，一定程度减少电网调度工作量，提高效率。

这一模式的缺点有：

(1) 电网调度工作量较大，效率较低。

电网仍需详细了解各个分区梯级水电站整体运行状况等，开展梯级水电站的联合优化运行，在一定程度上造成电网调度机构效率的降低。

(2) 梯级水能利用效率较低。

该模式下，各分区负荷分别制定，电网总调难以协调水调和电调的矛盾，各分区间难以做到水量和出力的匹配。电网下达出力不当，较容易造成下游分区电站弃水或无水可发的不利局面。

7.3.1.2　负荷统一分配模式

负荷统一分配模式下，电网调度中心对流域梯级调度机构单一调度，下达总负荷，流域梯级调度机构对各电厂整体控制。电网调度中心下达总负荷到流域梯级调度机构，流域梯级调度机构在保证完成电网下达的任务的条件下，自主进行梯级水电站的优化运行管理和调度。在一些特殊情况下，电网调度中心也可以直接控制电站。

在这种模式下，实行流域梯级水电站机组和水库的集中统一优化调度，可以充分利用有限的水力资源多发电，提高梯级整体效益。流域梯级调度机构的主要职能是负责流域梯级水电厂水库、机组的集中控制调度和电力市场的开拓研究，依据电网的负荷要求或实时给定的梯级总有功功率，考虑发电机组特性、运行限制条件及其他因素综合决策，在保证电厂安全运行的前提下，实现水电站发电运行的最优经济运行。在这种模式中，电网整体把握全局，做好负荷预测和分配，根据系统网络的潮流分布情况适时给出梯级总负荷，并把总负荷传达给流域梯级调度机构。流域梯级调度机构根据电网的要求，在满足电网安全和服从电网要求的总出力、考虑不同电站的电价差异和避开机组振动区等边界条件下，结合梯级水电站的经济运行方式，进行梯级负荷统一分配并合理安排梯级各电站发电。这种调度管理模式可以减轻电网调度任务强度，提高梯级电源质量，保证电网安全稳定运行，给梯级发电企业充分自由优化调度管理，增加梯级集中控制调度的积极性，实现总体效益的最大化。负荷统一分配模式如图 7-7 所示。

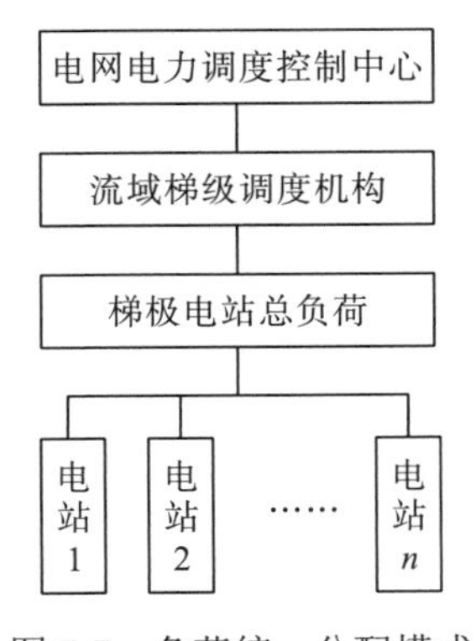

图 7-7　负荷统一分配模式

负荷统一分配模式的优点有：

(1) 电网调度中心和流域梯级调度机构分工明确。

流域梯级调度机构的职责是通过远程集中监控系统等，统一组织所属电站的电力生产(包括厂内机组负荷优化分配)和水库调度工作，并收集所属电站机组、水库等特性制定各自发电计划，上报电网调度中心，并按照电网下达的负荷计划进行合理分配。电网调度中心的职责是在流域梯级调度机构上报的发电计划基础上，根据电网安全稳定约束条件等，制定发电计划，实现流域梯级水电站联合调度。

(2) 提高流域水能利用率，有利于环境保护。

流域梯级水电站负荷统一分配的实施，可以使流域调蓄性水库的调节作用得到更加充分的发挥，在流域梯级各电站防洪和发电统一考虑的情况下，提高梯级水能利用率。

负荷统一分配模式可进行全流域负荷的优化分配，在枯季对各梯级水库之间进行补偿调节，使流域径流得到充分利用。在梯级统一电力调度的过程中，汛初水库蓄水时可先蓄调节能力较小的水库，而龙头水库后蓄，从而提高梯级水电站的引用水头；汛后则龙头水库先开始加大发电，对下游各梯级水库进行补偿调节，可使梯级水电站枯季的发电能力有大幅度的提高，并提高流域径流的水能利用率。

流域梯级水电站负荷统一分配的实行通过有效提高可再生水能资源利用率，一方面节约化石类非可再生能源的使用量，另一方面也减少二氧化硫等污染物的排放量，其实施是节能发电调度政策推行的必然要求。

(3) 有效提高发电效益。

流域梯级水电站间具有紧密的水力联系和电力联系，各电站发电效益受上下游电站的影响较大：下游电站的调度用水及发电水头直接受上游电站的制约，同时下游电站的回水又直接影响上游电站的发电水头。若各梯级水电站单独运行，一方面使得梯级整体水能利用率较低；另一方面，导致水库无益弃水，造成大量弃水电量。实行梯级统一调度，可以充分发挥龙头水库的补偿作用，大大提高梯级下游电站的发电能力。此外，负荷统一分配的实行可以进一步优化流域梯级水电站机组的运行方式，减少单机在电力系统中旋转备用的运行时间和机组空载运行概率，在保证出力的情况下，联合躲避机组振动区。

(4) 有利于企业生产计划管理。

负荷统一分配有利于企业对各梯级水电站的生产计划管理。根据气象水文预报成果，可编制出合理的月度、季度和年度发电量计划及负荷分配计划，使全流域的水能利用具有充分的可预见性，从而科学地计划全流域的发电任务。另外，梯级水电站实行统一协调管理，有利于对各梯级水电站的生产业务管理；并使得梯级各电站与电网调度机构之间的生产信息披露、信息发布、信息交换更加方便和有效；此外相关上级部门也能更方便地管理梯级各电站的生产。

(5) 电网调度工作量小，效率高。

电网不需详细了解流域梯级内部各电站水库特性、综合利用要求、机组特性等复杂信息，而只需通过集控中心了解梯级整体情况，有利于开展梯级水电站的联合优化运行，电网调度工作量小，效率高。

这一模式的缺点有：

流域梯级调度机构安全运行责任增大。流域梯级水电站投产时间不同，可能输电线路规划中并非单一电力送出点。当电网下达总负荷给流域梯级调度机构、由流域梯级调度机构进行分配时，为保障电网安全稳定运行，电网需将系统网络的潮流分布情况等信息实时传送至流域梯级调度机构，保证流域梯级调度机构分配的负荷符合电网安全运行要求。

7.3.1.3　大渡河负荷分配模式

大渡河目前实现了负荷部分分区分配模式。深溪沟、枕头坝一级两站是瀑布沟水电站的反调节电站，水库调节能力弱，单独调度协调难度大，且瀑布沟、深溪沟、枕头坝一级三站均采用相同的送出通道，因此三站组成一个分区，由四川电力调度控制中心统一下发总负荷。大渡河集控中心是大渡河公司流域梯级水电站的调度机构，收到四川电力调度控制中心下发的总负荷后再在站间协调分配。其他各梯级水电站由四川电力调度控制中心分别下达发电负荷。

这种模式下，四川电力调度控制中心和大渡河集控中心、大渡河集控中心和各自梯级水电站之间均有完整可靠的通信信道，四川电力调度控制中心和各梯级水电站之间也有通信信道，以备紧急情况之需(图 7-8)。

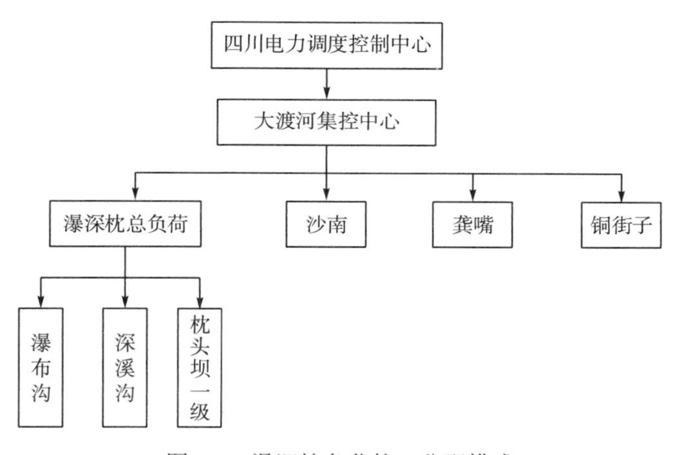

图 7-8　瀑深枕负荷统一分配模式

瀑深枕负荷统一分配模式的优点有：

(1)提高瀑深枕三站水能利用率及发电效益。

作为瀑布沟的反调节电站，深溪沟、枕头坝水库库容较小，水库水位受瀑布沟负荷影响较大。瀑布沟、深溪沟梯级负荷分别分配，只能被动地接受电网调度“带固定负荷”指令，而带固定负荷使其水库水位大起大落，很容易产生弃水或者水库拉空现象，影响梯级经济运行及电网的安全。

瀑深枕负荷统一分配，由集控中心上报发电计划，经电网安全校核后下达瀑深枕总负荷，由瀑深枕三站经济调度控制系统，在满足各项安全约束的前提下，实现瀑布沟、深溪沟、枕头坝三站梯级总负荷的厂间实时分配，可以使瀑布沟水库的调节作用、深溪沟和枕头坝的反调节作用得到充分发挥，使得瀑布沟、深溪沟、枕头坝电站在负荷与水量上匹配，进而提高梯级水能利用率，增加发电效益。

(2)有利于制定瀑深枕生产计划，减少电网调度工作量。

瀑深枕负荷统一分配有利于公司对瀑深枕梯级水电站的生产计划管理，统一制定瀑深枕三站发电计划，有利于对瀑深枕梯级水电站的生产业务管理。

电网不需详细了解瀑布沟、深溪沟、枕头坝一级三站水库特性、综合利用要求、机组特性、水力关系等复杂信息，而只需通过集控中心了解瀑深枕梯级整体情况，有利于开展瀑深枕梯级水电站的联合优化运行，一定程度减少电网调度工作量，提高效率。

(3)较接近现行调度体制，实施较易。

这种调度模式中，沙南、龚嘴、铜街子电站发电计划仍由电网调度中心下达，集控中心上报的发电计划仅作为参考；电网经潮流计算及全流域优化调度计算后再下达至集控中心，由集控中心具体负责实施；在紧急情况下，电网具有直接下达计划至各电站甚至直控机组的权限。这种模式较接近现行调度体制，较容易为电网调度机构所接受，而集控中心也无须过多考虑电网安全运行问题。

这一模式的缺点有：

(1)电网调度工作量大，效率低。

四川省水能资源丰富，理论蕴藏量 1 万 kW 以上河流有 158 条。今后，随着各大流域梯级开发的进一步实施，电网规模将急剧扩大，电网直调电站数目众多，并承担各流域梯级水电站的优化调度计算，其工作任务将极其繁重。除了瀑布沟、深溪沟、枕头坝一级梯级信息外，电网需详细了解流域梯级其他各级电站水库特性、综合利用要求甚至机组特性等，开展梯级水电站的联合优化运行，一定程度上造成电网调度机构效率的降低。

(2)梯级水能利用效率低。

该模式下，瀑深枕梯级与下游各电站发电计划分别制定，电网总调很难协调水调和电调的矛盾，瀑深枕三站与下游梯级水电站很难做到水量和出力的匹配。电网下达出力不当，容易造成下游梯级水电站弃水或无水可发的不利局面。

7.3.2 数学模型

在目前电力市场环境下，大渡河梯级水电站通常作为一个整体来参与四川电网的电力电量平衡。大渡河梯级向省电力公司调度中心上报未来一段时间的发电计划，省电力调度中心再根据市场电力需求预测进行电力电量平衡后，通常以梯级各时段总出力或总电量的形式下达发电任务。在此过程中，应以怎样的最优准则、什么样的方式在梯级水电站间合理分配电量(或出力)，才能既确保电网安全，又能节约能耗，使有限的水资源达到充分利用也是大渡河下游梯级水电站联合发电调度需要解决的重要问题之一。

7.3.2.1 目标函数

模型要求在给定一天的总发电量前提下，计划大渡河梯级各水电站的发电过程，并满足各种物理和设定的约束要求。在计算时间单位为一天的情况下，将径流式电站的水库水位作为常数处理。

优化追求的目标是计划期末各梯级水库蓄能之和最大。由于径流式电站的水库水位在一天内不变，故目标转换为计划期末的瀑布沟水库水位最高，即计划期末的瀑布沟存水量尽可能大。

弃水的来源通常是两部分水量之和，一部分是超过水库容许水位的弃水，另一部分是超过水轮机的最大出力的水量(称之为弃出力水量)。考虑到瀑布沟的调节能力较大，为了充分利用水能，水位限制作为硬约束，不容许弃水，弃水仅来源于弃出力水量。其中已知条件有梯级总的负荷过程 P_t 和各水库的来水过程 $q_{i,t}$。

以梯级蓄能最大为梯级水电站负荷分配的目标函数：

$$\max V_{0T} \tag{7-28}$$

式中，V_{0T} 为计划期末瀑布沟水库存水量。

7.3.2.2　约束条件

(1)动力(负荷)平衡：

$$\sum_{i=1}^{N} P_{i,t} = P_t \tag{7-29}$$

式中，$P_{i,t}$ 为第 i 电站第 t 时段内的出力；P_t 为系统在第 t 时段内对梯级总的出力要求。

(2)水量平衡：

$$\begin{cases} Q_{1,t} = q_{1,t} + S_{1,t} + (V_{1,t-1} - V_{1,t})/900 \\ Q_{2,t} = q_{2,t} + Q_{1,t-\tau} + S_{1,t-\tau} - S_{2,t-\tau} + (V_{2,t-1} - V_{2,t})/900 \quad (t = \tau,\cdots,96) \\ Q_{2,t} = q_{2,t} + Q_{1,t-\tau} + S_{1,96+t-\tau} - S_{2,96+t-\tau} + (V_{2,t-1} - V_{2,t})/900 \quad (t = 1,\cdots,\tau) \\ \cdots \\ Q_{N,t} = q_{N,t} + Q_{N-1,t-\tau} + S_{N-1,t-\tau} - S_{N,t-\tau} + (V_{N,t-1} - V_{N,t})/900 \quad (t = \tau,\cdots,96) \\ Q_{N,t} = q_{N,t} + Q_{N-1,t-\tau} + S_{N-1,96+t-\tau} - S_{N,96+t-\tau} + (V_{N,t-1} - V_{N,t})/900 \quad (t = 1,\cdots,\tau) \end{cases} \tag{7-30}$$

式中，$q_{i,t}$ 为第 i 个电站第 t 时段的天然径流量；$V_{i,t}$ 为第 i 个电站第 t 时段的库容。

(3)电站出力约束：

$$P_{i,t\min} \leqslant P_{i,t} \leqslant P_{i,t\max} \tag{7-31}$$

式中，$P_{i,t\min}$ 和 $P_{i,t\max}$ 为第 i 个电站的最小出力和最大出力。

(4)电站水量限制：

$$V_{i,t\min} \leqslant V_{i,t} \leqslant V_{i,t\max} \tag{7-32}$$

式中，$V_{i,t\min}$ 和 $V_{i,t\max}$ 为第 i 个电站的最小库容和最大库容。

(5)梯级水电站水量联系约束：

$$R_{i,t} = Q_{i-1,t-\Delta t_{i-1}} + S_{i-1,t-\Delta t_{i-1}} + I_{i,t} \tag{7-33}$$

式中，Δt_{i-1} 为第 $i-1$ 电站到第 i 电站的水流滞时对应的时段数；$I_{i,t}$ 为第 t 时段第 $i-1$ 电站到第 i 电站之间的区间平均入流。

(6)变量非负约束：上述所有变量均为非负变量。

7.3.3 模型求解

采用启发式负荷分配算法分配电量，设梯级要求日发电总量为E_m，瀑布沟日调蓄水流量为$Q_{调}$(若水库蓄水，则$Q_{调}>0$；若水库供水，则$Q_{调}<0$)，求解过程(图 7-9)如下：

(1)瀑布沟水库不蓄不供，下游梯级各电站日末水位等于设定的目标水位，此时瀑布沟发电流量等于入库流量，计算梯级发电量E_T。

(2)若$E_T<E_m$，瀑布沟供水，$Q_{调}<0$；若$E_T>E_m$，瀑布沟蓄水，$Q_{调}>0$；调节流量$Q_{调}$由E_m-E_T及梯级各站总水头确定。

(3)计算瀑布沟调蓄后的梯级发电量E_T，若在精度控制范围内$E_T=E_m$，负荷分配计算结束，否则返回(2)。

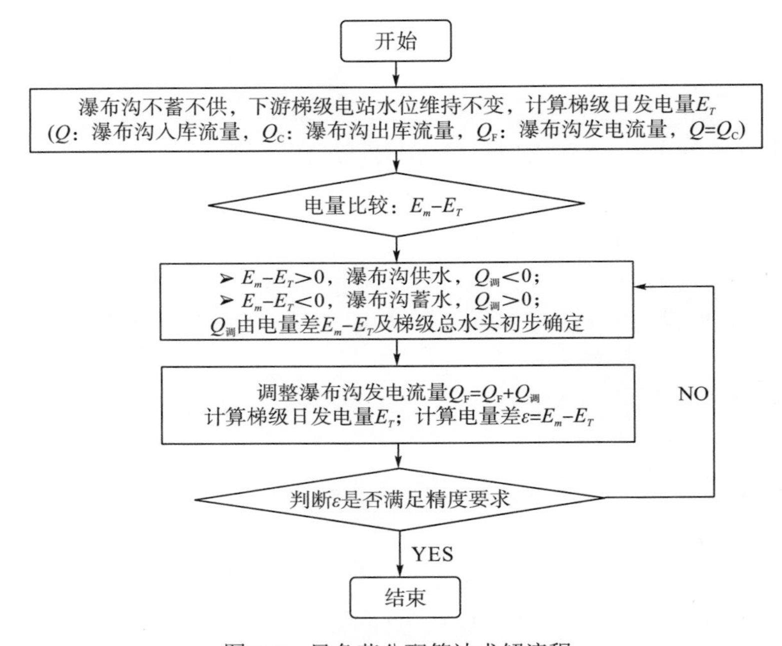

图 7-9　日负荷分配算法求解流程

完成梯级各电站以日为计算时段的梯级负荷分配计算后，通过给定各站峰平出力比、谷平出力比(在约束范围之内)，由 7.2.2 节中介绍的定出力和 POA 结合算法可将日内所有时段出力确定下来，根据初始水位和入库流量即可求出各时段出力过程。

7.3.4 实例计算

以瀑布沟、深溪沟、龚嘴、铜街子四站为例，选取某代表日，四站梯级计划日电量为 7000 万 kW • h，瀑布沟水库的起始水位设为 840m，深溪沟、龚嘴、铜街子水库初始水位分别为 657.67m、526.20m、473.04m。瀑布沟天然来水 800m^3/s，瀑深区间来水 10m^3/s，深龚区间来水 160m^3/s，龚铜区间来水 5m^3/s。设置瀑布沟电站峰、平、谷段发电出力比为 1.5∶1∶0.5。利用前述方法，采用 C#编程求解模型，梯级日电量分配结果见表 7-5 和表 7-6，日内 96 点水位、出力过程见图 7-10 和图 7-11。

表 7-5　大渡河瀑布沟及以下梯级水电站梯级日负荷分配结果表(一)

电站名	电量/(万 kW・h)	日均出力 /MW	日末水位 /m	入库流量 /(m^3/s)	发电流量 /(m^3/s)	弃水流量 /(m^3/s)	弃水电量 /(万 kW・h)
瀑布沟	3476.3	1448.5	839.42	800	1316	0	0
深溪沟	957.7	399	657.67	1326	1326	0	0
龚嘴	1462.2	609.3	526.2	1486	1486	0	0
铜街子	1103.8	459.9	473.04	1491	1491	0	0
合计	7000	2916.7	—	—	—	—	—

表 7-6　大渡河瀑布沟及以下梯级水电站梯级日负荷分配结果表(二)

项目	峰段	平段	谷段	合计
瀑布沟电量/(万 kW・h)	1738.3	1158.9	579.4	3476.6
深溪沟电量/(万 kW・h)	478.9	319.3	159.6	957.8
龚嘴电量/(万 kW・h)	615.4	564.6	282.3	1462.3
铜街子电量/(万 kW・h)	500	402.6	201.3	1103.9
梯级总电量/(万 kW・h)	3332.6	2445.4	1222.6	7000.6

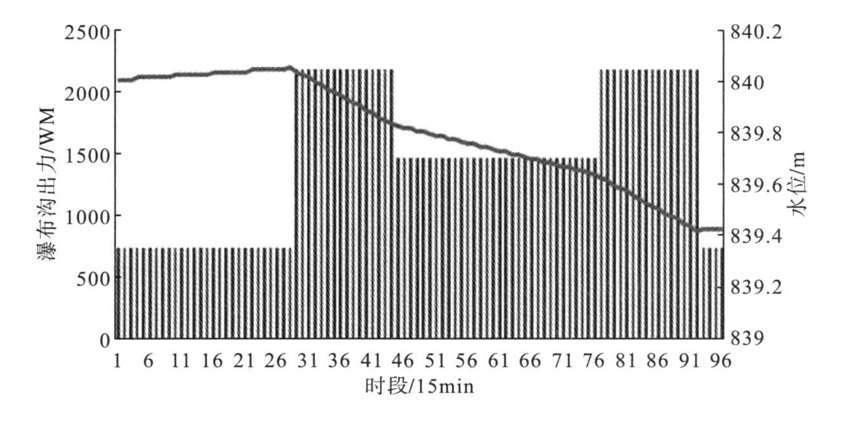

图 7-10　梯级出力过程图

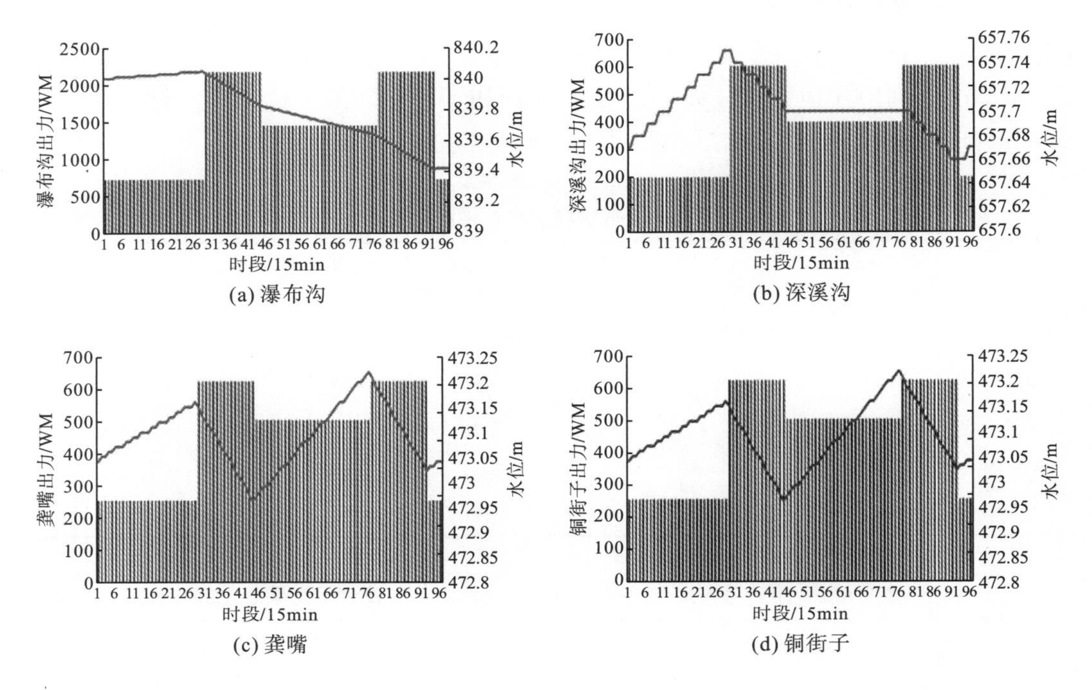

图 7-11 水位出力过程图

从实例计算结果可以看出，瀑布沟、深溪沟、龚嘴、铜街子四站日电量总和与电网下达梯级发电任务相符，在给定电站日初水位及来水信息的基础上，通过定出力和 POA 结合算法优化了日内电量分配过程，发电过程满足各种约束，出力过程平稳，无不合理的弃水。

7.3.5 日发电计划合理性校核

7.3.5.1 发电计划校核计算原理

发电计划校核计算主要是基于电网公司下达的各电站日内发电计划，模拟计算出各水库日内调度过程，并根据电网公司下达的出力变更计划进行滚动计算，以分析电网公司下达负荷的合理性、经济性等。

7.3.5.2 实例计算

已知电网公司下达的各电站发电计划和梯级水电站入库及区间径流。梯级水电站水位为：瀑布沟电站初始水位 800m，最高水位 850m，最低水位 790m；深溪沟电站初始水位 657m，最高水位 660m，最低水位 655m；龚嘴电站初始水位 524m，最高水位 528m，最低水位 520m；铜街子电站初始水位 471m，最高水位 474m，最低水位 469m。根据电网给定的发电计划进行校核计算，结果见图 7-12。

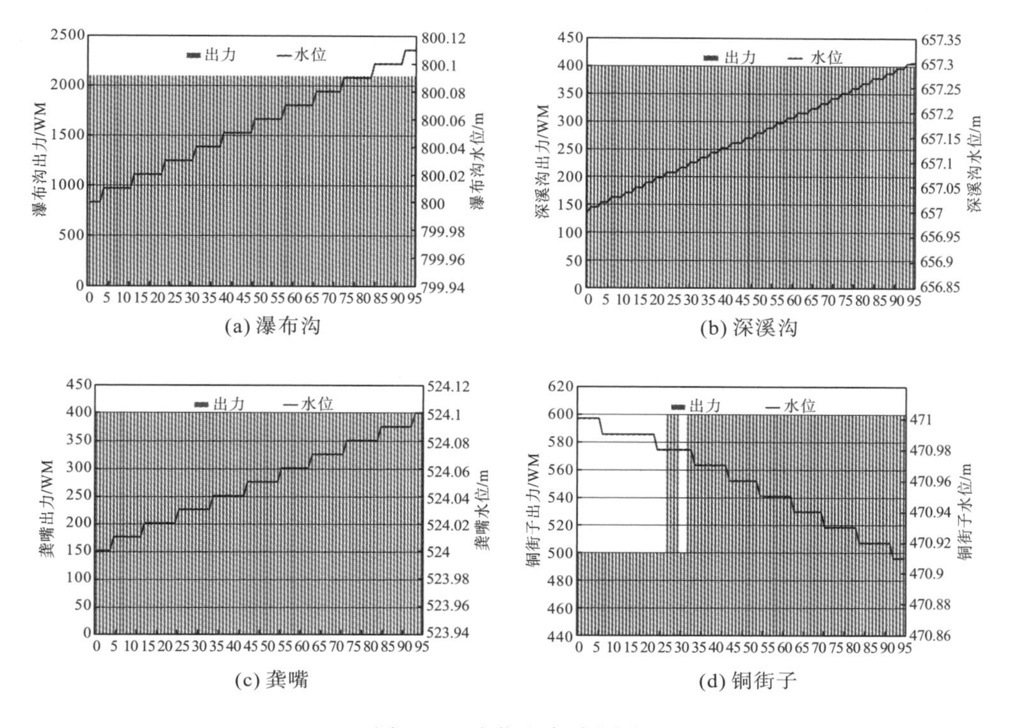

图 7-12　水位出力过程图

由图 7-12 可以看出，各电站的运行水位在限定的最高、最低水位之间，没有发生弃水或使电站运行水头过低，说明电网当日下达的发电计划是合理的。

7.4　水库汛末分期蓄水

水库汛末分期蓄水与中小洪水实时预报调度是洪水资源化利用的重要手段。通常流域平水期(10 月份)来水量已不足以支撑水电站满载运行要求，如要确保水库 10 月末蓄满，则必须降低电站发电出力蓄水。通过对流域暴雨洪水特性的分析，综合选定汛末分期蓄水方式，在确保防汛安全的前提下提前逐步回蓄水库，可以有效提高水库汛末发电能力和蓄满率。目前，大渡河瀑布沟水库每年在防汛主管部门的批准下，9 月中下旬起视水雨情形式适时开展汛末分期蓄水，10 月蓄满。

7.4.1　汛期分期方法

7.4.1.1　汛期分期的模糊分析方法

模糊水文学认为，汛期属于模糊概念，中间过渡性是汛期模糊及分析的成因基础。在过渡阶段，水库所处的阶段具有亦此亦彼的特性，即以一定程度属于汛期，又不属于汛期，这是汛期模糊分析的科学依据。因此确定汛期隶属函数，必须分析洪水的物理成因，确定控制汛期的主要物理成因指标与主汛期的大致范围，这是确定汛期隶属函数的基础。根据流域水文气象条件的实际情况，给定汛期物理成因指标的几个区间值，当入汛(或出汛)指标小于区间下限，汛期隶属度为0；指标值大于区间上限，汛期隶属度为1。

从影响大渡河流域的天气系统和大气环流特征可以看出，大渡河流域具有明显的季节性变化规律，洪水整体呈由弱至强，再由强至弱的过程。即水库从非汛期进入汛期，再从汛期进入非汛期是一个渐变的过程，这是汛期模糊分析的成因基础。汛期的隶属度函数确定步骤如下：

(1)给定判断汛期与非汛期的标准值Q_F，瀑布沟水库取2500m^3/s，对每一具体年份可以在径流过程线上找到流量大于或等于Q_F的起始时间t_1和终止时间t_2，两时间点的区间$[t_1,t_2]$即为该年度的汛期区间。

(2)根据1959～2008年日流量资料，分别得到各年的汛期区间。

(3)计算时间论域6～9月上各日被汛期样本区间覆盖的次数n_t，则如果总共有n年资料，则时间t属于汛期的隶属度为

$$\mu=\frac{n_t}{n} \tag{7-34}$$

由图7-13可以看出，各日属于汛期的隶属度呈现为单峰状，如果取隶属度0.80以上为判定主汛期的指标，则可将主汛期划为6月29日～8月12日，同时考虑洪水分期的随机波动性，即主汛期可划分为6月下旬至8月中旬。

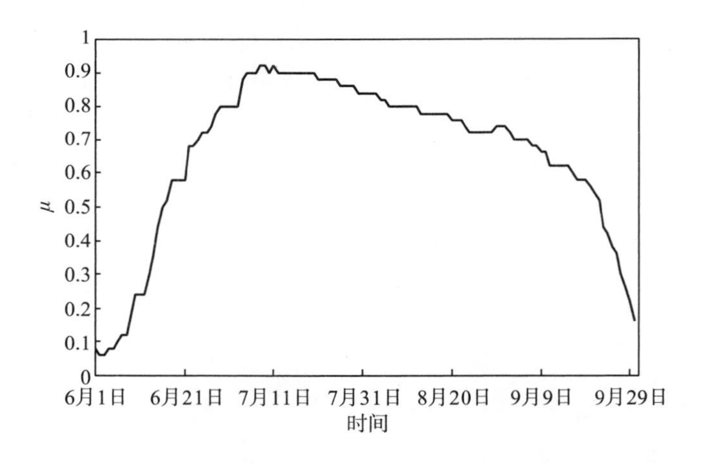

图7-13 瀑布沟水库汛期隶属度函数曲线

7.4.1.2 汛期分期的相对频率法

根据实际需要与应用方便，按照月(或旬)统计时段内发生洪水的频率，通过分析整个时段内发生频率的变化特征，可得到汛期的分期方式。

如以旬为单位时间，洪水季节性分期的具体信息可以从每一个旬洪水发生的场次资料中得到。对每个旬计算洪水发生的频率(在一个给定时段内发生洪水的概率)，由于每个时段长度可能出现差别(10 天左右不等)，为使所有的旬有相同的长度，在计算相对频率

(relative frequencies，RF)时需乘以时间系数以作调整。对于有 11 天的某月下旬，其旬频率应乘以系数 10/11。瀑布沟水库汛期从 6 月开始，至 10 月(10 月不计入汛期)结束，共计 4 个月，122 天，经调整后变为 120 天。但是初始频率 RF_i 的代数和 S 与调整之后的频率 RF_i' 的代数和 S' 不相等。一般将各个 RF_i' 乘上系数 S/S' 得到：

$$\sum_{i=1}^{n}\mathrm{RF}_i=\sum_{i=1}^{n}\mathrm{RF}_i'\frac{S}{S'} \tag{7-35}$$

对于 RF_i 值大小接近的旬可看作位于同一分期。采用 1959～2008 年瀑布沟水库日流量资料，将整个汛期内的时间单元划分到旬，采用年最大值(annual maximum，AM)取样方法进行频率计算，得到结果如图 7-14 所示。

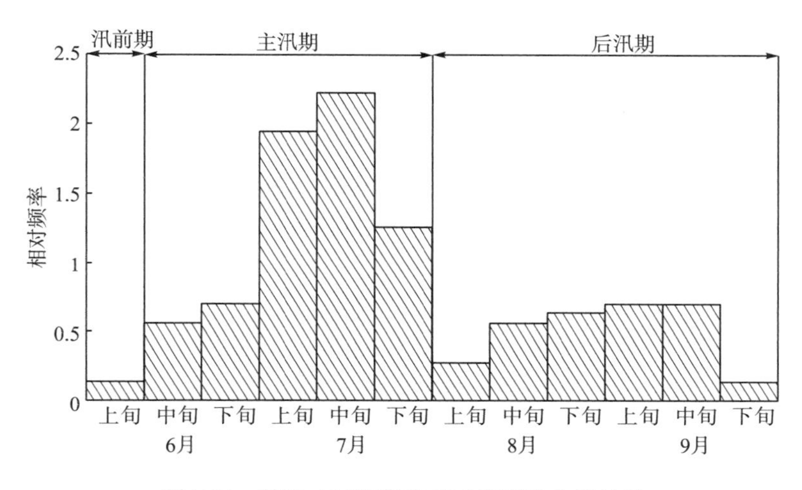

图 7-14　基于 AM 取样的相对频率法分期结果

7.4.1.3　汛期分期的矢量统计法

洪水的季节特征以年为周期，可以用极坐标来表征洪水的季节性：将一年 365 天(或 366 天)用 360° 来表示，洪水发生在哪一天则可表示成一个矢量，方向代表发生的事件，长度代表发生的密集程度。

矢量统计法(directional statistics，DS)把每场取样洪水看作一个矢量，根据各个矢量之间的方向相似性来判断分割点，即作为汛期分期点。洪水发生的时间 D_i (日期)可转换成角度值 θ_i 来表示：

$$\theta_i=D_i\frac{2\pi}{T},\qquad 0\leqslant\theta_i\leqslant 2\pi \tag{7-36}$$

式中，T 是指汛期内的总天数。因此，洪水发生的日期值可表示为一个确定性的矢量，其方向由 θ_i 判断。各矢量的方向均值 $\bar{\theta}$ 以及汛期发生洪水的平均时间 M 也可根据各矢量计算得出：

$$\bar{\theta}=\tan^{-1}\left(\frac{\bar{y}}{\bar{x}}\right) \tag{7-37}$$

$$M=\bar{\theta}\frac{T}{2\pi} \tag{7-38}$$

$$\bar{x}=\frac{1}{N}\sum_{i=1}^{N}\cos\left(\theta_i\right) \tag{7-39}$$

$$\bar{y}=\frac{1}{N}\sum_{i=1}^{N}\sin\left(\theta_i\right) \tag{7-40}$$

式中，$\bar{x}$ 为平均时间矢量在 x 轴的方向值；$\bar{y}$ 为平均时间矢量在 y 轴的方向值；角度 $\bar{\theta}$ 表示汛期发生洪水的平均时间。测定平均矢量长度 $\bar{r}$ 的计算公式为

$$\bar{r}=\sqrt{\bar{x}^2+\bar{y}^2}，\ 0\leqslant\bar{r}\leqslant1 \tag{7-41}$$

$\bar{r}$ 值接近 1 时表明在该取样中各场洪水的矢量方向与平均矢量方向密集在一起；$\bar{r}$ 值接近 0 时表明该取样中各场洪水的发生时间离散程度较大。

根据插补后的瀑布沟 1937～2008 年洪峰系列，加入 1904 年历史洪水（1939 年也作历史洪水分析）组成资料系列，共 72 个样本点。根据上述公式将各资料值换算成矢量，单位长度为 1，分别点绘于极坐标图中，如图 7-15 所示：6 月 29 日～8 月 1 日之间矢量聚集程度较高，可作为主汛期；6 月 1 日～6 月 28 日定为汛前期；8 月 2 日之后为后汛期。

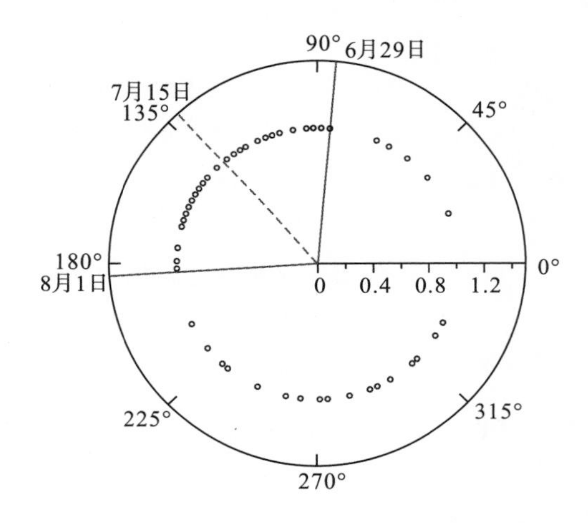

图 7-15　基于 AM 取样的矢量统计法分期结果

7.4.1.4　汛期分期的圆形分布法

圆形分布法是将具有周期性变化的资料，通过三角函数变换，使原始数据成为线性资料的一种统计方法。洪水的季节性可以依据具有方向性的数据来判断。圆形分布法把洪水发生事件看作一个矢量，然后计算矢量特征值。

设计算期内总天数为 T，第 i 个洪水样本发生时间和量级分别为 D_i、q_i，在不考虑和考虑洪水量级的情况下，洪水事件发生的坐标值 $\left(x_i,\ y_i\right)$ 的计算式为

$$\left(x_i,\ y_i\right)=\begin{cases}\left(\cos\alpha_i,\ \sin\alpha_i\right) & \text{不考虑洪水量级}\\ \left(q_i\cos\alpha_i,\ q_i\sin\alpha_i\right) & \text{考虑洪水量级}\end{cases} \tag{7-42}$$

$$(\bar{x},\ \bar{y})=\left(\sum_{i=1}^{N}x_i/N,\quad \sum_{i=1}^{N}y_i/N\right) \tag{7-43}$$

式中，N 为样本容量；$\alpha_i=D_i\dfrac{2\pi}{T}$ 为第 i 个洪水的发生时间(角度)，$0\leqslant\alpha_i\leqslant 2\pi$。计算期发生洪水的集中期 $\bar{\alpha}$ 和集中度 r 分别为

$$\bar{\alpha}=\begin{cases}\arctan\bar{y}/\bar{x} & \bar{x}>0,\ \bar{y}\geqslant 0\\ 2\pi+\arctan\bar{y}/\bar{x} & \bar{x}>0,\ \bar{y}\leqslant 0\\ \pi+\arctan\bar{y}/\bar{x} & \bar{x}<0\\ \dfrac{\pi}{2} & \bar{x}=0,\ \bar{y}>0\\ \dfrac{3\pi}{2} & \bar{x}=0,\ \bar{y}<0\\ \text{不定} & \bar{x}=0,\ \bar{y}=0\end{cases} \tag{7-44}$$

$$r=\begin{cases}\sqrt{\bar{x}^2+\bar{y}^2} & \text{不考虑洪水量级}\\ \sqrt{\bar{x}^2+\bar{y}^2}/Q & \text{考虑洪水量级}\end{cases}\qquad 0\leqslant\bar{r}\leqslant 1 \tag{7-45}$$

式中，$Q=\dfrac{1}{N}\sum_{i=1}^{N}q_i$；集中期 $\bar{\alpha}$ 对应的集中日为 $\bar{D}=\bar{\alpha}\dfrac{T}{2\pi}$。

集中度 r 在圆形分布中是描述 α_i 集中趋势的统计指标，它与 α_i 的标准 S 的关系如下：

$$S=\sqrt{-2\ln r} \tag{7-46}$$

计算期内的高峰期的起止日 $D_{起}$、$D_{止}$ 分别为

$$D_{起}=\frac{\bar{\alpha}-S}{2\pi}T,\quad D_{止}=\frac{\bar{\alpha}+S}{2\pi}T \tag{7-47}$$

根据以上圆形分布法原理，选用瀑布沟水库汛期 122 天的洪水资料，按不同取样进行汛期分期，将高峰期作为主汛期，划分汛期区间。

根据 1937～2008 年洪峰流量系列(考虑 1939 年和 1904 年历史洪水)，计算汛期洪水发生的各项指标(集中度、集中期等)。表 7-7 列出了年最大洪峰流量的计算结果，不考虑洪水量级的集中度 r 为 0.381，集中日 $\bar{D}$ 约为 7 月 15 日；考虑洪水量级的集中度 r 为 0.429，集中日 $\bar{D}$ 约为 7 月 16 日。将高峰期作为主汛期，两种方法的分期结果大同小异。由于是否考虑洪水量级得出的结果略有差异，考虑洪水量级的结果与实际较为接近，选择其作为最终结果。得出汛前期可定为 6 月 1 日～6 月 20 日，主汛期为 6 月 21 日～8 月 10 日，后汛期为 8 月 11 日～9 月 30 日。

表 7-7　圆形分布法汛期分期结果

是否考虑洪水量级	集中度 r	集中期	集中日 $\bar{D}$	汛前期	主汛期(高峰期)	后汛期
否	0.381	132°	7-15	6-1～6-17	6-18～8-11	8-12～9-30
是	0.429	134°	7-16	6-1～6-20	6-21～8-10	8-11～9-30

7.4.1.5 大渡河主汛期与后汛期时间划定

从瀑布沟年最大洪水排序来看(1937～2008 年洪峰系列，考虑 1904 年历史洪水)，8 月 20 日后洪峰流量大于 5000m³/s 量级的一共只有 3 次。最大的一场为 1981 年洪水，洪峰出现在 9 月 15 日，洪峰排序为第 13 位；其次为 1993 年洪水，洪峰出现在 8 月 26 日，洪峰排序为 15 位；再次就是 1945 年洪水，峰现时间为 9 月 1 日，洪峰排序为 16 位。其他发生于 8 月 20 日之后的洪水，量级均小于 5000m³/s，排序均在 25 位以后。

通过降水气候背景、大气环流形势、水汽来源、洪水出现时间及量级等方面的分析可知，瀑布沟洪水存在主汛期与后汛期洪水差别，且各种分析主汛期结束的时间都在 6 月下旬至 8 月中旬左右。综合各种方法分析的结果，取各种方法的外包线，可得到主汛期与后汛期的分界为 8 月 20 日，8 月 20 日以后为后汛期。

7.4.2 实例计算

为合理选定水库蓄水调度方式，需要按水库不同开始蓄水时间、蓄水过程来组合拟定水库蓄水比选方案。然后按照工程等级、洪水标准、防洪保护对象、控泄要求、水库防洪运行方式等进行调洪分析计算、效益分析计算，分析确定提前蓄水方案。本节以瀑布沟水库为例，汛末分期蓄水方案计算分析过程如下。

1. 调洪分析计算

各比选方案调洪计算结果见表 7-8。

表 7-8 瀑布沟汛末分期蓄水方案调洪计算结果

方案	开始蓄水时间	起蓄水位/m	9月10日控制水位/m	9月20日控制水位/m	9月30日控制水位/m	典型洪水	最大入库流量/(m³/s)	最大下泄流量/(m³/s)	水库最高水位/m
1	9月1日	841	844	845	846	校核洪水(PMF)	11200	9640	852.42
						设计洪水(P=0.2%)	6980	6980	850.38
2	9月5日	841	844	845	846	校核洪水(PMF)	11000	9510	852.16
						设计洪水(P=0.2%)	6860	6860	850.30
3	9月10日	841	—	845	846	校核洪水(PMF)	10700	9340	852.00
						设计洪水(P=0.2%)	6670	6670	850.28
4	9月15日	841	—	845	846	校核洪水(PMF)	10500	9230	851.71
						设计洪水(P=0.2%)	6500	6500	850.10

续表

方案	开始蓄水时间	起蓄水位/m	9月10日控制水位/m	9月20日控制水位/m	9月30日控制水位/m	典型洪水	最大入库流量/(m^3/s)	最大下泄流量/(m^3/s)	水库最高水位/m
5	9月20日	841	—	—	846	校核洪水(PMF)	10300	8890	851.19
						设计洪水(P=0.2%)	6380	6380	850.15
全年设计洪水调洪计算结果						校核洪水(PMF)	15250	10300	853.69
						设计洪水(P=0.2%)	9460	8450	850.24

注：PMF 为可能最大洪水；P 为洪水频率。

2. 效益分析计算

采用 1937 年 6 月至 2007 年 5 月共 70 年旬径流系列，9～10 月按各方案水库控制水位控制，其他月份按原水库调度图进行操作，计算中考虑水轮机水头受阻限制，确定各方案能量指标。各方案 9 月份分期蓄水后每年增加发电量 0.16 亿～0.74 亿 kW·h，详见表 7-9。

表 7-9　瀑布沟汛末分期蓄水方案水位控制及增加年发电量表

方案	开始蓄水时间	起蓄水位/m	9 月 10 日控制水位/m	9 月 20 日控制水位/m	9 月 30 日控制水位/m	增加年发电量/(亿 kW·h)
1	9 月 1 日	841	844	845	846	0.74
2	9 月 5 日	841	844	845	846	0.74
3	9 月 10 日	841	—	845	846	0.67
4	9 月 15 日	841	—	845	846	0.51
5	9 月 20 日	841	—	—	846	0.16

3. 洪水量级比较

根据瀑布沟水库 1959～2008 年的逐日流量资料进行统计(表 7-10)，1959～2008 年系列中 9 月 1 日后日流量大于 4500m^3/s 的天数为 7 天，9 月 5 日后日流量大于 4500m^3/s 的天数也为 7 天，9 月 10 日后为 6 天，9 月 15 日后为 3 天，9 月 20 日之后未出现日流量大于 4500m^3/s 的情况。以 4000m^3/s 量级进行统计，则 9 月 1 日后日流量大于 4000m^3/s 有 24 天，平均约两年出现 1 天，9 月 5 日后有 22 天，9 月 10 日后有 19 天，9 月 15 日后有 10 天，9 月 20 日后有 2 天，9 月 25 日后未出现日流量大于 4000m^3/s 的情形。以 3000m^3/s 量级进行统计，9 月 1 日后日流量大于 3000m^3/s 的有 211 天，9 月 5 日后日流量大于 3000m^3/s 的有 184 天，9 月 10 日后有 148 天，9 月 15 日后有 89 天，9 月 20 日后有 31 天，9 月 25 日后只有 8 天。

表 7-10 瀑布沟 9 月份以后不同量级日流量统计

时间	出现天数		
	>4500m³/s	>4000m³/s	>3000m³/s
9 月 1 日以后	7	24	211
9 月 5 日以后	7	22	184
9 月 10 日以后	6	19	148
9 月 15 日以后	3	10	89
9 月 20 日以后	0	2	31
9 月 25 日以后	0	0	8

图 7-16 为瀑布沟坝址处 1959～2008 年系列中 9 月逐日的最大日流量和平均日流量过程，从洪水过程总体形态看，进入 9 月份以后，在前三个候，平均流量稍有上升，而最大日流量则呈双峰，在 9 月 15 日左右达到第二个峰值；而随着分期时间推移，在后三个候流量过程进入快速下降通道，出现大量级洪水的概率逐渐减小，虽然最大日流量过程稍有反复，但不明显。

因此，从 9 月份之后的洪水情况来看，虽然从水库对不同时段设计洪水的防洪调度结果看，在 9 月份蓄水基本都可以满足水库的防洪要求，但从洪水规律上来看，9 月 15 日前仍有发生较大洪水的可能，提前到 9 月 15 日之前蓄水仍有一定的防洪风险。

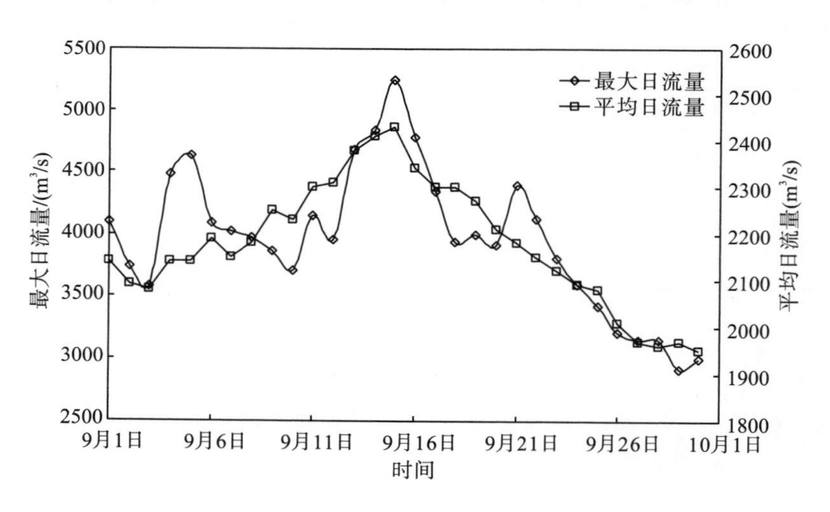

图 7-16 瀑布沟 9 月最大日流量与平均日流量

4. 气象成因分析

在 8 月 20 日之后，西太平洋副高开始逐渐南撤，在 8 月第 4 候时，西太平洋副高脊线位置还在 30°N 以北，在 8 月第 5 候时副高的平均脊线位置已南撤到 28°N 左右，之后在 28°N 左右稳定了一段时间直至 9 月第 1 候，之后又开始南移，到 9 月第 3 候已撤回到 26°N 左右。对比副高平均脊线位置的移动规律和瀑布沟洪水不同时间的出现次数可以发现，当副高脊线位置在 25° N～30° N 移动时，流域内易产生暴雨而形成洪水。在 9 月第 4 候之前，副高脊线位置还处在 25° N 以北，而从 9 月第 4 候开始，副高再次迅速南撤，南撤到 25° N 以南的位置，此时大渡河流域较难形成暴雨，也不易产生洪水，因此流域内出现在 9 月 15 日后的年最大洪水仅有 3 次，只占总次数的 4%。而 9 月份之后的年最大洪水有 12 次，占总次数的 16.4%，其中 9 月 15 日及之前的年最大洪水有 9 次，占总次数的 12.3%。这也说明，虽然进入 9 月份之后，洪水量级有所降低，但是 9 月 15 日之前还是有一定可能出现较大洪水。

而 9 月 15 日之后，西风带环流势力加强，副高脊线位置迅速南撤至 25° N 以南的位置，印度低压势力大减，流域易受西风带偏北气流影响，降水量普遍减少，大渡河流域出现较大洪水的可能明显降低。瀑布沟年最大洪峰发生在 9 月 15 日后的仅有 3 次，占总次数的 4%，三次洪水均在 9 月 20 日左右，未出现迟于 9 月 25 日的年最大洪峰，最大洪峰流量为 4510m^3/s。由此可见，9 月 15 日后发生年最大洪水的可能较小，且洪峰流量量级不高。

在天气成因上，大渡河 9 月 15 日之后较难形成流域性的强暴雨，这是因为：

(1) 从能量学的角度来说，由于流域地形较高，温度下降快，9 月 15 日之后陆地温度逐渐下降，露点温度也逐渐降低，天气系统的动能较 7、8 月份减少较多，水汽来源也没有 7、8 月份充沛。

(2) 从天气学的角度来讲，在 9 月 15 日之后，副高位置迅速南撤，与 7 月中旬相比，副高已偏南较多，因此，9 月 15 日之后基本没有阻塞型降雨，即使有降雨，由于西风槽是移动的，中、上游降雨不会同步，不会形成流域性暴雨。

(3) 9 月份大渡河流域属于暖区和温区，而此时，北方欧亚大陆内部的冷空气还不活跃，10 月下旬左右才有冷空气入侵，因此 9 月份大渡河流域降水比 7、8 月份明显要少。

5. 提前蓄水方案确定

比较各方案的调洪计算和效益分析计算结果，9 月 1 日开始蓄水其增发的电量最多，但其调洪后的水库水位也最大。但若只提前到 9 月 20 日开始蓄水，则增发电量太少，提前蓄水的意义不大。综合比较发现，9 月 15 日开始蓄水方案较优，其增发电量为 0.51 亿 kW • h，比从 9 月 10 日开始蓄水只少 0.16 亿 kW • h，但是比 9 月 20 日增加了 0.35 亿 kW • h；而其校核洪水调洪后的水库最高水位与 9 月 20 日开始蓄水方案差别不大。

综合考虑 9 月份不同时期洪水量级的差别及形成洪水的天气成因，9 月 15 日前后洪水不论是量级还是出现次数，均有明显差别，9 月 15 日是一个较为明显的拐点。因此，瀑布沟水库在汛末提前到 9 月 15 日开始蓄水，提前蓄水期间，控制 9 月 20 日之前水位不超过 845m，9 月底水位不超过 846m。

7.4.3 汛末分期蓄水成效

(1)提高水库蓄满率

根据瀑布沟径流(加入尼日河引水流量后)系列资料分析，10 月份瀑布沟水电站坝址多年平均径流量为 1650 m^3/s，瀑布沟满载发电引用流量为 2520 m^3/s，显然 10 月份的多年平均径流量已不能满足瀑布沟满载运行要求，如要确保水库平水期(10 月份)末蓄满，则必须降低电站发电出力蓄水。由于瀑布沟水电站是四川电网距离负荷中心最近的主力调峰调频电站，只要电网负荷有需要，瀑布沟水电站必须随时响应，参与电网的调峰调频。

据测算，10 月份瀑布沟负荷率若达到 55%，按 2000MW 出力运行，72 年中有 37 年无法蓄满；负荷率若达到 70%，即按 2500MW 出力运行，72 年中将有 62 年无法蓄满。可见，若瀑布沟水库在 10 月份响应电网加大出力，则蓄不满的概率较大。

近年来，通过实施汛末分期蓄水，有效提高了瀑布沟水库对有限水资源量的利用程度，通过合理拦蓄尾洪，实现洪水资源化利用。

(2)改善电网电源结构性矛盾

瀑布沟水电站具有季调节能力，是四川电网主力调峰调频电站，其运行方式对电网运行有较大影响。适当优化瀑布沟蓄水进度，实施汛末分期蓄水，显著降低了水库平水期蓄水对瀑布沟及以下梯级发电出力的影响，有效缓解四川电网电源结构性矛盾，提高四川电网平枯期供电能力。

(3)提高水库供水，保证下游通航能力

随着西部大开发战略的实施，以及长江航道等级的提高、通航条件的改善，腹地经济得到了快速发展，长江产业带正逐步形成，生产力沿江布局成为必然趋势，长江上下游之间的物资交流量迅速增加，“黄金水道”的作用更加显著，经济发展与航道建设相辅相成、相互促进的局面正悄然形成。保障川江河段的航运畅通，对四川经济的发展具有十分重要的战略意义。在目前航道整治和渠化工作未完全实施的条件下，增加航道流量是改善和保障航运畅通的最重要手段。瀑布沟水库提前蓄水，有效减少了 10 月份蓄水量，缓解 10 月份蓄水对下游航道的影响，特别是大件运输需要；同时，提前蓄水确保了水库蓄满和枯水期下游供水需要。

7.5 中小洪水实时预报调度

为实现洪水资源化，在适度承担风险的前提下，水库通过拦蓄部分中小洪水，既减轻下游的防洪压力，同时有效利用洪水资源，发挥水库综合效益。

7.5.1 研究方法

7.5.1.1 水文气象预报水平评估

准确、及时的实时水情及预报信息是中小洪水实时预报调度的关键，预报精度与预见期直接影响调度效果。统计分析水情预报精度，对当前水情信息采集技术、水文气象预报水平进行分析评估，是中小洪水预报调度技术研究的基础，对制定切实可行的调度方案十分重要。

短期水情预报的不确定性因素主要有：

(1) 区间暴雨。流域暴雨区通常雨强大、汇流时间短，区间暴雨产流对洪水预报影响较大。降雨受地形扰动较大，受气象降雨预报技术手段限制，目前大多数流域对降雨的强度和位置的预报精度还达不到准确定量预报的水平，预见期内区间降雨径流是导致水情预报不确定性的主要原因。

(2) 上游水电站调度。与上游水库电站未建立有效的水库联合调度和信息共享机制时，上游水库调度方式对下游水库来水预报形成了不确定性，对下游水库入库流量预报影响较大。

(3) 区间来水、入库流量、调洪演算计算方法的变化。水库蓄水后，入库控制站至水库大坝坝址区间由河道变成水库，该区间的产汇流规律发生改变，原有区间来水预报模型可能已不适应，另外，因为入库点的变化、干支流来水相互影响、库区洪水演进相比河道的变化等影响，水库入库流量的定义和计算方法需要重新确定。此外，由于河道型水库动库容的存在，且影响较大，基于静库容的调洪方法不一定能满足调度运行需要。

水情预报是水库优化调度的基础，由于不确定因素存在，水情预报成果应用就存在风险，预报成果的应用在可能带来较大效益情况下，也可能带来较大风险。水库中小洪水实时预报调度对流域洪水预报提出了更高的要求，为实现水库精准实时预报调度目标，洪水预报水平需不断提高，特别是提高关键地区的预报水平，除加强不确定性因素分析的力度外，还需在新方法、新模型上进行更广泛的研究和探讨。

短期降水预报的不确定性因素主要有：

(1) 现有探测条件的局限性。目前全世界无论是探测地球表面还是高空的大气状况，都有一定的空间分辨率，探空是 200 千米，对于一些小的天气系统，会产生遗漏。若高空图中流域上空无一个站点信息，则流域上空的局地小天气系统无法从天气图上反映出来，直接导致流域气象预报的不确定性。

(2) 山区局地对流性天气明显，由于山的高度和走向不同等，可导致相隔几千米的地区降水量相差甚远，因而也加大了气象预报的不确定性。

(3) 山区的地形特征使得动力气象不能全部适用，山区的小气候主要靠经验预报，如果不长期积累当地天气特点，预报精度难以保证。

降水预报给水情预报及防汛调度带来有利及不利的两面影响，预报正确，则为水情预报提供较好的输入条件，同时有利于决策者做出正确且最优化的水库调度；预报错误，则直接影响水情预报，也让防汛调度的风险加大。从由降水预报的不确定性可能带来较大风险的角度考虑，决策者应基于审慎的原则，进行综合权衡评估。

长期水文预报和长期气象预报是密不可分的，因为气象要素，特别是降水量，很大程度上决定着水文要素。对于洪水的长期预报来说，更是依赖于长期降水量预报。

7.5.1.2 水库实时预报调度运用条件分析

全面考虑电站水库工程等级、洪水标准、防洪保护对象、控泄要求、水库防洪运行方式、水库下游运用条件、水库下泄流量、中小洪水调度对库区回水的影响等因素，根据不同量级的来水过程时水库不同预见期长度下的预报预泄能力，确定水库预报预泄调度的控制上限指标。

总体原则：以不降低水库防洪标准(水库参与防洪的起调水位为汛限水位)，也基本不增加下游防洪压力为前提；以大洪水来临之前将水库水位预泄至汛限水位为条件，由防汛主管部门根据防洪形势、实际来水以及预测预报情况进行机动控制，当不需要水库进行防洪调度时，利用水库部分库容，发挥水库的综合效益，当需要水库进行防洪调度时，以服从防洪调度为原则。

7.5.1.3 风险分析

假设上游出现迅猛来水，水库无法进行预泄，只能从当前库水位进行起调，分别采用典型年一定频率的设计洪水过程和校核(PMF)洪水过程，通过不同起调水位来调洪计算水库最高库水位，分析评估水库自身及下游的防洪风险。

应急对策方面，联合上游有调蓄能力的水库开展联合防洪调度，在下游有防洪压力时，可发挥一定的防洪作用，减轻洪灾损失。另外，分流量级制定一定预见期(一般为24～48h)内水库预报入库流量超过一定量级时防洪调度响应措施。

7.5.1.4 效益分析

(1)防洪效益。当遇较大洪水时，水库可以通过拦洪削峰补偿的调度方式发挥防洪作用，减轻下游防洪压力，因此，以水库发挥防洪削峰调度后减少下游超保证(或警戒)水位天数及减少比例作为防洪效益分析的主要对象。

(2)发电效益。选用历史洪水过程日均流量系列，以调洪起始日坝前水位和汛限水位作为边界条件，模拟调度分析中小洪水调度带来的发电效益，并与坝前水位维持汛限水位时的发电效益进行对比。发电水量增量，是指因上浮汛限水位而增加且可被利用于发电的那部分水量，不含弃水量。

7.5.2 实例计算

7.5.2.1 中小洪水识别

以瀑布沟水库为例，挑选瀑布沟1959～2008年日均最大流量超过3000m^3/s的洪水共131场进行分析，3000m^3/s以上流量级的洪水均出现在6～9月期间，根据洪水点据分布的密集情况和洪水量级的大小可分为以下四个阶段：第一阶段(6 月 1 日～6 月 19 日)仅出现 7 次大于 3000m^3/s 的洪水，且最大流量不超过 4500m^3/s，此阶段属于洪水少发期，洪水发生频次低且量级较小；第二阶段(6 月 20 日～7 月 25 日)点据分布密集，为全年洪水频发期，此阶段洪水发生频率最高且洪水量级大，4500～5000m^3/s 之间洪水共发生 9 次，5000m^3/s 以上洪水共发生 6 次；第三阶段(7 月 26 日～8 月 25 日)点据分布较稀疏，此阶段洪水发生频率较第二阶段明显偏低，为相对空档期，洪水量级均不足 4500m^3/s；第四阶段(8 月 26 日～9 月 24 日)出现 4500m^3/s 以上洪水共 5 次，但最大流量均不超过 5500m^3/s，出现的洪水最大量级较第二阶段偏小(图 7-17)。

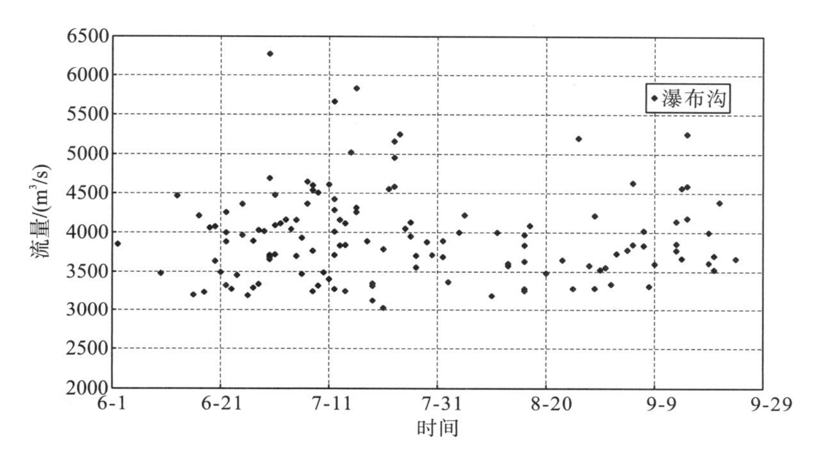

图 7-17 瀑布沟日均最大流量分布散点图

由瀑布沟洪水日均最大流量分布图可看出，绝大多数场次洪水的量级在 3000～4500m^3/s 之间，尤其是 3000～4000m^3/s 之间最为密集。统计 131 场洪水的日均最大流量，在 3000～4500m^3/s 之间流量的场次共 111 场，占总场次的 91.7%；在 3000～4000m^3/s 之间流量的场次共 80 场，占总场次的 66.1%；大于 4500m^3/s 流量级的场次共 20 场，占总场次的 16.5%(表 7-11)。由此可知，大渡河瀑布沟站洪水大多数情况下日均最大流量不超过 4500m^3/s，且 6～9 月期间在 3000～4500m^3/s 量级的洪水出现最为频繁，因而从历史场次洪水出现频繁情况来看，瀑布沟站 3000～4500m^3/s 量级的洪水可初步暂定为中小洪水。

表 7-11 瀑布沟不同量级洪水场次统计表

洪水量级/(m^3/s)	出现场次	所占百分比
3000～4000	80	66.1%
3000～4500	111	91.7%
＞4500	20	16.5%

从天气预报及降雨情况判断，大渡河流域产生较大洪水主要是由于全流域持续性降雨，一般降雨要持续超过三天，而且前期降水较多。上游或者中下游单区发生较大降雨只

会产生中小洪水，单纯上游降雨产生的洪水过程量大，峰不高；单纯中下游降雨产生的洪水过程峰高，量不大。尼日河流域一般要持续 2 天以上的中—大雨，或者 1 天以上大—暴雨降雨过程才会发生较大洪水。从典型洪水遭遇情况来看，大渡河流域瀑布沟以下区间来水与上游来水有一定遭遇可能，但多发生于 7 月上中旬，7 月下旬以后遭遇概率较小，可以择机实施中小洪水调度。

从近 30 年的资料来看，大洪水大多发生于 6 月下旬、7 月中上旬、8 月下旬～9 月上中旬，其他时间多为中小洪水。

另外，从瀑布沟设计洪水成果(表 7-12)可以看出，重现期两年一遇的洪水洪峰流量为 4700m^3/s，因此瀑布沟的中小洪水主要研究入库流量小于 4500m^3/s 的洪水也是合理的。

表 7-12　瀑布沟设计洪水成果表(源自设计成果)

	设计值			
	P=5%	P=10%	P=20%	P=50%
流量/(m^3/s)	6960	6370	5680	4700

注：P 为洪水频率。

7.5.2.2　预报调度指标控制

瀑布沟水库的调度从调度目标可分为兴利调度和防洪调度。汛期兴利调度库水位在汛限水位以上时，机组必须进行满发，机组满发流量 2000m^3/s；当入库流量小于 20 年一遇标准且大于 3000m^3/s 时，需为下游防洪进行补偿调节，实施防洪调度，因此瀑布沟水库兴利调度的空间非常有限。在防洪部门无特殊要求下，下述两种情况为中小洪水的兴利调度：①当预见期内水库下游区间无强降雨，入库流量大于机组满发流量且小于 3000m^3/s 时，可根据预报预泄能力进行兴利调度；②水库在进行洪峰流量大于 3000m^3/s 的防洪调度后，预见期内上游及区间均无强降雨发生，且入库流量已退至 3000m^3/s 以下后，可通过机组满发进行兴利调度。

瀑布沟中小洪水预报调度指标根据防洪任务目标和来水量级进行控制，以不降低水库防洪标准，也基本不增加下游防洪负担为前提；以大洪水来临之前将水库水位预泄至汛限水位为条件，由防汛部门根据防洪形势、实际来水以及预测预报情况进行机动控制，当不需要瀑布沟水库进行防洪调度时，利用水库部分库容，发挥水库的综合效益，当需要瀑布沟水库进行防洪调度时，以服从防洪调度为原则。

当入库流量小于 4000m^3/s 或处于调洪过后峰后退水段，预报预泄调度最高库水位在汛限水位以上浮动幅度按 1～2m 控制；当来水流量大于 4000m^3/s 时，按正常防洪调度。当防洪任务为控制下游不超过警戒水位(相应瀑布沟出库 4000m^3/s)时，瀑布沟水库最高调洪水位按 843.1m 控制；当防洪任务为控制下游不超过保证水位(相应瀑布沟出库 5000m^3/s)时，瀑布沟水库最高调洪水位按 844.8m 控制；当防洪任务为不淹下游金口河段成昆铁路(相应瀑布沟出库 5810m^3/s)时，瀑布沟水库最高调洪水位按 848.4m 控制。

7.5.3　中小洪水实时预报调度成效

目前大渡河水文气象信息采集范围广，时效性有可靠保障，预报水平可靠性较高。利用水文气象预报，采取预报预泄措施，根据制定的中小洪水预报调度控制指标，风险可控，一方面，提高了水库的库容利用率，挖掘出防洪效益；另一方面，合理利用洪水资源，提高抗旱、供水、生态用水的保证率，同时也增加了发电效益，较大发挥水库的综合效益。

1. 防洪效益

瀑布沟水库防洪调度的起调水位均为汛限水位 841m，选用下游发生超警洪水的年份 1982、1989、1992、1993、1998、1999 年共 6 年洪水过程日均流量系列(时段为 7 月 1 日～10 月 1 日)，统计水库发挥防洪削峰调度后减少水库下游沙坪、福禄镇站超保证(或警戒)水位天数及减少比例，计算成果见表 7-13。

由表 7-13 可以看出，在这 6 年洪水过程日均流量系列中，沙坪超警戒天数为 12 天，福禄镇超警戒天数为 6 天；经防洪削峰调度后，沙坪、福禄镇水位均不会超警戒，防洪效益显著；水库最高调洪水位 844.51m，风险可控。

表 7-13　瀑布沟水库防洪效益估算成果表

年份	水库调度前				水库调度后				防洪调度减少下游超警戒水位天数及比例				最高库水位/m
	沙坪超过 5600m³/s 洪水过程		福禄镇超过 6060m³/s 洪水过程		沙坪超过 5600m³/s 洪水过程		福禄镇超过 6060m³/s 洪水过程		沙坪		福禄镇		
	次数	天数	次数	天数	次数	天数	次数	天数	天数	比例/%	天数	比例/%	
1982	1	2	1	1	0	0	0	0	2	100	1	100	843.53
1989	1	1	0	0	0	0	0	0	1	100	0		843.40
1992	1	2	1	2	0	0	0	0	2	100	2	100	844.17
1993	2	2	1	1	0	0	0	0	2	100	1	100	844.51
1998	1	2	1	2	0	0	0	0	2	100	2	100	844.43
1999	1	3	0	0	0	0	0	0	3	100	0		843.83

2. 发电效益

选用 2001～2010 年共 10 年洪水过程日均流量系列(时段为 7 月 1 日～10 月 1 日)，分别以①调洪起始日 7 月 1 日、②8 月 1 日坝前水位 841m 为边界条件，分析中小洪水调度带来的发电效益，并与坝前水位维持汛限水位 841m 时的发电效益进行对比，如表 7-14 所示。

表 7-14 发电效益分析

年份	①7月1日起调库水位 841m			②8月1日起调库水位 841m		
	增蓄水量/(亿 m^3)	增发电量/(亿 kW·h)	占多年平均年发电量/%	增蓄水量/(亿 m^3)	增发电量/(亿 kW·h)	占多年平均年发电量/%
2001	0.98	0.37	0.25	0.07	0.03	0.02
2002	1.69	0.64	0.44	0.95	0.36	0.25
2003	1.24	0.47	0.32	1.02	0.38	0.26
2004	3.05	1.15	0.79	1.73	0.65	0.45
2005	1.04	0.39	0.27	0.86	0.32	0.22
2006	1.65	0.62	0.43	0	0.00	0.00
2007	2.71	1.02	0.70	1.85	0.70	0.48
2008	1.76	0.66	0.46	1.34	0.51	0.35
2009	0.93	0.35	0.24	0.93	0.35	0.24
2010	3.72	1.40	0.96	2.86	1.08	0.74
均值	1.88	0.71	0.49	1.16	0.44	0.30

在统计的 10 年洪水过程中，每年都会因中小洪水调度带来发电效益，年利用率达到 100%。以 7 月 1 日起调库水位 841m 为计算边界，多年平均增发电量为 0.71 亿 kW·h，最大年增发电量为 1.40 亿 kW·h；以 8 月 1 日起调库水位 841m 为计算边界，多年平均增发电量为 0.44 亿 kW·h，最大年增发电量为 1.08 亿 kW·h；若考虑因减少弃水给下游梯级水电站增加的发电量，效益会更大。

第 8 章　负荷实时调控

梯级水电站负荷实时调控既与电力系统紧密相连，同时也与水库的水情息息相关，需要根据流域水情和梯级各水电站的实时情况进行负荷的站间分配。梯级水电站站间负荷实时调控不仅需要考虑电力电量平衡、系统备用容量、母线频率、上库水位、区间来水、机组运行工况等实时运行参数，也需要考虑机组启停顺序、机组最短启停时间、避免机组频繁启停、避免频繁穿越振动区、避免负荷在站间大规模转移等梯级水电站机组运行特性，在此前提下计算梯级水电站当前时刻的最佳开机组合，以及站间的合理负荷分配方案。梯级水电站站间负荷实时调控的实时性要求非常高，以往常规动态规划算法及改进动态规划算法无法满足电网 AGC（automatic generation control）服务负荷考核规定。因此，研究梯级站间负荷实时分配策略、实时分配控制模型及求解算法，对于实现梯级水电站的实时调度具有重要意义。

8.1　研 究 内 容

对水库而言，除洪水涨落期外，天然来水在一昼夜内基本是均匀的，而日需水过程往往是不均匀的，例如发电用水是随用电负荷的变化而在一昼夜内变化的。梯级水电站的实时调度主要用于电力系统负荷实时调整后各电站出力决策的实施，实现梯级水电站站间负荷的实时分配，以确保在电力系统安全的前提下不会出现非正常弃水、水库拉空等不合理现象，从而达到科学、经济的目的。不同于“以电定水”模式下的短期优化调度，梯级站间负荷实时分配中梯级总出力值实时跟踪电网负荷频率变化，具有不可预知性，不仅需要在线实时平衡电力系统负荷的变化，还需综合考虑电网、水库、机组等多方面的约束，同时兼顾各电站的厂内经济运行，具有很强的安全性、时效性和实用性控制要求。梯级水电站 EDC 可分为机组开停机组合和站间负荷分配两个优化问题，需要研究以下内容：

(1) 机组开停机组合方面，梯级水电站机组的工况转换过程复杂，常规水电站的机组启停模型无法适应梯级水电站应用要求。需要针对梯级水电站工况转换复杂的特点，研究并提出改进的梯级水电站机组启停优化模型。

(2) 站间负荷优化分配方面，梯级水电站非龙头电站的水库库容普遍较小，负荷调节过程中需要考虑上库水位因素。因此，需要改进梯级水电站站间负荷分配模型，将实时库水位参数纳入梯级水电站站间负荷实时分配模型中，以防上库水位过高导致溢流或上库水位过低导致拉空，从而引发事故。

(3) 梯级水电站站间负荷实时分配的实时性要求非常高，以往常规动态规划算法及改进动态规划算法无法满足电网 AGC 服务负荷考核规定，导致实际应用中各梯级水电站站间负荷实时分配大多采用工程化方式。例如，根据电网总有功负荷指令，按照预先设定的梯级水电站机组优先顺序逐台启动，直至启动机组的容量之和等于全站总有功负荷指令值，然后在运行的梯级水电站之间按照负荷调整策略表法进行有功负荷实时分配。该模式原理简明、易于实现，对梯级站间负荷实时分配系统的计算性能要求极低，但由于未考虑不同梯级水电站机组的水耗量特性，使得梯级水电站整体运行效率不高。此外，现有的梯级水电站站间负荷实时分配优化模型大多未考虑站间有功出力转移约束，在实际应用中为确保安全进行了大量工程化处理，实际分配方案与理论最优值存在偏差。因此，需研究满足各类业务功能需求的不同数学模型及快速在线解算方法。

(4) 对于大型梯级水电站而言，梯级各电站间负荷实时分配存在更大困难。一是流域电站级数更多，且往往调节性能不一；二是可能存在多组调节——反调节配对电站，调度约束更为复杂，模型建立及求解难度更大；三是部分大型电站承担电网主力调峰调频任务，对电站的运行可靠性、响应性要求更高。

8.2 站间负荷实时分配模型

8.2.1 建模要点

(1) 常规负荷分配。针对梯级水电站分布、库容、装机容量等特点，建立基于“以电定水”蓄能最大的优化运行原则的梯级水电站站间负荷实时分配数学模型。在常规负荷分配时，需考虑流量平衡、水位优化、站间水流时滞处理和躲避机组振动区等要素。

(2) 小负荷分配。将全厂总有功负荷的小变化量根据各电站的调节裕度依次分配到各个参与分配的电站，避免平均分配时电站调节死区的影响，提高小负荷分配的调节精度。

(3) 水位到达限值，流量闭锁。当下级电站的水位到达设定上限值时，上级电站下泄流量不能超过下级电站的当前下泄流量，以避免造成漫坝事故。

(4) 自动退出及自动告警。具有事故自动退出功能及自动告警功能，能够根据各电站及电网的实时运行状态进行判断，提示运行人员相关重要信息，保证梯级水电站站间负荷实时分配系统的安全、可靠、稳定运行。

(5) 模型优化准则。模型主要采用如下优化准则：最大蓄能量准则和最小库水位越限程度准则。约束条件包括机组运行约束、电站运行约束、水库运行约束、电力电量约束和调度约束等。

(6) 负荷分配约束条件。主要有如下约束条件：禁止负荷分配值在电站不可运行区域内；电站负荷分配限制；分配值与调度给定值尽可能最接近；避免机组频繁穿越不可运行区；相邻两次负荷调节所造成的电站负荷波动最小；尽可能减小站间负荷转移；满足下游用水要求等。

8.2.2　约束条件

梯级水电站厂间负荷实时分配中需要考虑的约束条件较多，包括电网、水库、电站及其机组等多方面的约束，具体如下。

(1) 出力平衡约束：

$$P_{c,t}=\sum_{i=1}^{n}P_{i,t} \tag{8-1}$$

式中，$P_{c,t}$ 为 t 时段电网下达给梯级 EDC 的发电负荷指令；$P_{i,t}$ 为 t 时段梯级 EDC 分配给 i 电站的发电负荷；n 为参与负荷分配的梯级水电站个数。

(2) 水量平衡约束：

$$V_{i,t+1}=V_{i,t}+(q_{i,t}-Q_{i,t})\Delta t \tag{8-2}$$

式中，$V_{i,t}$、$V_{i,t+1}$ 为 i 电站 t 时段初、末水库蓄水量；$q_{i,t}$ 为 i 电站 t 时段内的平均入库流量；$Q_{i,t}$ 为 i 电站 t 时段内的平均出库流量；Δt 为计算时段长度，本研究中取 $\Delta t=\tau$，τ 为流量滞时。

(3) 流量平衡约束：

$$Q_{i,t}=Q_{i,t}^{\text{fd}}+S_{i,t} \tag{8-3}$$

$$q_{i,t}=Q_{i-1,t-\tau}+q_{i,t}^{\text{qu}} \tag{8-4}$$

式中，$Q_{i,t}^{\text{fd}}$ 为 i 电站 t 时段内的平均发电流量；$S_{i,t}$ 为 i 电站 t 时段内的平均弃水流量；$q_{i,t}^{\text{qu}}$ 为 i 电站 t 时段内的平均区间来水流量；$Q_{i-1,t-\tau}$ 为 $i-1$ 电站 $t-\tau$ 时刻的出库流量，本研究取 $t-\tau$ 至 t 时刻(即 τ 时段)内的平均值。

(4) 水位约束：

$$\underline{Z}_{i,t}\leqslant Z_{i,t}\leqslant\overline{Z}_{i,t} \tag{8-5}$$

式中，$Z_{i,t}$、$\overline{Z}_{i,t}$、$\underline{Z}_{i,t}$ 分别为 i 电站 t 时段初的水库水位及其上、下限。

(5) 发电流量约束：

$$\underline{Q}_{i,t}^{\text{fd}}\leqslant Q_{i,t}^{\text{fd}}\leqslant\overline{Q}_{i,t}^{\text{fd}} \tag{8-6}$$

式中，$\overline{Q}_{i,t}^{\text{fd}}$、$\underline{Q}_{i,t}^{\text{fd}}$ 为 i 电站 t 时段内所允许的最大过机流量和最小过机流量。

(6) 出库流量约束：

$$Q_{i,t}\geqslant\underline{Q}_{i,t} \tag{8-7}$$

式中，$\underline{Q}_{i,t}$ 为 i 电站 t 时段内应保证的最小下泄流量。

(7) 有功可调区间约束：

$$\underline{N}_{i,t}\leqslant P_{i,t}\leqslant\overline{N}_{i,t} \tag{8-8}$$

式中，$\overline{N}_{i,t}$、$\underline{N}_{i,t}$ 为 i 电站 t 时段内的有功可调区间上、下限，由 i 电站 t 时段内的开机机组的有功可调区间组合求解得到。

(8) 电站出力变幅约束：

$$\left|P_{i,t}-N_{i,t}\right| \leqslant \Delta N_i \tag{8-9}$$

式中，$N_{i,t}$ 为 i 电站 t 时段初的实发出力；ΔN_i 为 i 电站允许的最大出力变幅，以防止电站的分配负荷相对于当前实发出力变化过大而不被电站 AGC 接受，由电站 AGC 的系统特性决定。

(9) 避开振动区约束：

$$\left(P_{i,t}-\underline{N}_{i,t}^{m}\right)\left(P_{i,t}-\overline{N}_{i,t}^{m}\right)>0 \tag{8-10}$$

式中，m 为 i 电站 t 时段存在于有功可调区间内的振动区个数；$\overline{N}_{i,t}^{m}$、$\underline{N}_{i,t}^{m}$ 分别为 i 电站 t 时段第 m 个振动区的上、下限，由电站开机机组在实时水头下的振动区组合求解得到。

(10) 站间负荷转移约束：

$$\left|P_{i,t}-N_{i,t}\right| \leqslant \Delta P_t \tag{8-11}$$

式中，ΔP_t 为 t 时段梯级发电负荷指令值相对于当前总实发出力值的变化量。

(11) 以上所有变量均为非负变量(≥0)。

8.3 模型求解方法

目前，用于负荷分配的求解算法主要有以等微增率法、动态规划法(DP)及其改进算法为主的传统经典算法和以遗传算法(GA)、粒子群算法(particle swarm optimization，PSO)等为代表的现代仿生学方法。

等微增率法引入了数学中“微分”的思想，通过研究各台机组流量特性曲线的微增率来进行负荷的最优分配。该方法适用于机组台数不多且性能曲线较简单的单个水电站的厂内经济运行计算。当机组较多、性能曲线较复杂或者需要进行一段时期内的优化调度计算，宜采用其他优化算法。

遗传算法(GA)、粒子群算法(PSO)等现代仿生学方法，从本质上来说是一些不依赖于具体问题的直接搜索方法，这种直接搜索特性决定了它们能够很好地处理多维寻优问题，目前已被证明能够很好地解决级数较多的梯级水电站群的优化调度计算。然而，这些算法普遍存在“早熟收敛”现象，虽有各种改进，也只是在一定程度上避免了收敛于局部最优解的问题，并不能绝对保证每次都能收敛于最优解，这就带来了计算结果的不确定性。在负荷实时分配中，这种不确定性将直接引起机组启停控制和负荷调整的不确定性。

也有电站采用简单实用的工程化算法，根据各电站流量平衡计算初始解，根据负荷调整策略表进行各电站负荷调整，根据约束条件进行负荷校核等。

8.3.1　动态规划算法

8.3.1.1　基于动态规划的负荷优化分配求解方法

1. 状态变量与决策变量的选取

使用动态规划或改进动态规划算法求解优化问题时，首先需要根据时间和空间特征将原问题划分为多个阶段，然后根据问题的决策内容选择合理的状态变量 s_i 和决策变量 d_i，最后建立相应的递推方程 $f_n(s_n)=\mathrm{opt}\sum g_i(s_i,d_i)=\mathrm{opt}\{g_n(s_n,d_n)+f_{n-1}(s_{n-1})\}$ 和状态转移方程 $S_{i+1}=T_i(s_i,d_i)$。

对于梯级水电站站间负荷分配问题，应该将投入成组运行的每个电站作为一个阶段，选取各阶段初的待分配有功负荷值 $P_{\mathrm{set},i}$ 作为状态变量，各个电站的有功负荷分配值 P_i 作为时段决策变量，则状态转移方程如下：

$$P_{\mathrm{set},i+1}=P_{\mathrm{set},i}-P_i \tag{8-12}$$

各时段初至终止时刻的最优过程仅仅与该时段初的待分配有功负荷值 $P_{\mathrm{set},i}$ 以及该时段及后续时段的电站有功负荷分配值 P_i 有关，而与该时段前的决策过程无关，因此该状态变量和决策变量的选取能够满足动态规划算法的无后效性要求。

2. 状态与决策变量离散化

作为决策变量的电站有功负荷分配值 P_i 本质上是一个连续变量，但为了进行动态规划求解，必须对其进行离散化处理。具体方法是将单个电站有功出力调节的死区值 P_{db} 作为步长，将全厂总的待分配有功负荷值 $P_{\mathrm{set}}-P_{\mathrm{fix}}$ 离散化，计算方法如下：

$$K=\mathrm{INT}\left(\left(P_{\mathrm{set}}-P_{\mathrm{fix}}\right)/P_{db}\right) \tag{8-13}$$

$$P_{\mathrm{set}}^k=k\cdot\left(P_{\mathrm{set}}-P_{\mathrm{fix}}\right)/K \qquad k=0,1,\cdots,K \tag{8-14}$$

由此，每个时段可在离散化的有功负荷网格中遍历各分配值 $P_i\left(P_i\in P_{\mathrm{set}}^k\right)$，并根据水头 H_i 和有功负荷分配值 P_i 在电站的 N-Q-H 特性曲线上进行二维插值，计算出相应的耗水量 Q_i，并进行约束条件判别及时段效益计算。

3. 优化调度求解过程

图 8-1 为运用动态规划算法求解梯级水电站站间负荷优化分配的程序框图。为了提高梯级水电站站间负荷分配实时性，可利用上述方法对不同水头、不同总有功负荷的组合进行预先计算，得到各类情况下的最优运行机组组合及负荷分配方案，称之为梯级水电站的经济运行总表。实时运行时，只需要根据机组检修状况及是否投入系统的情况，在该经济运行总表中进行快速插值，就能得到最优化的机组开机组合和负荷分配方案，避免每次计算时重复进行大量迭代计算。

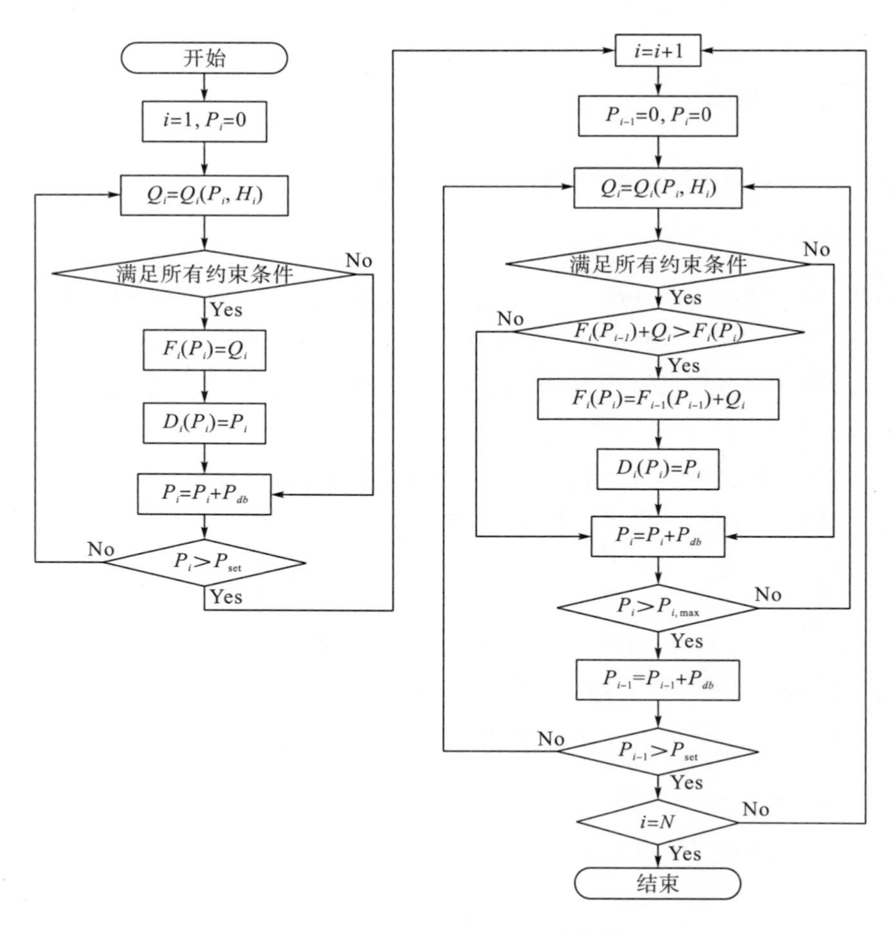

图 8-1　动态规划算法求解梯级水电站站间负荷优化分配流程

此外，大部分水电站仅能提供机组的模型效率特性曲线，而无法提供真机效率特性曲线。此时，可先使用模型机组效率特性曲线进行经济运行总表计算。实际运行中，将实时采集来的机组最新数据与原机组流量特性相比较，若偏差在允许范围内，认为原来的经济运行总表仍然正确，不需要进行修正，直接通过查表插值找出最优化的机组开机组合和负荷分配方案；若偏差超出允许范围，则用动态规划法根据新数据重新进行经济运行总表计算，并利用新的经济运行总表进行开停机组合和负荷分配优化。重新计算经济运行总表的时候，应另外启动计算进程并确保进程的优先级别低于梯级水电站站间负荷实时分配系统，避免对负荷分配实时性造成影响。

8.3.1.2　现有改进动态规划算法

针对动态规划算法存在的“维数灾”问题，国内外学者进行了大量的算法改进研究工作并提出了多种改进方法。这其中最常用的几种改进算法主要包括增量动态规划法(incremental dynamic programming，IDP；discrete differential dynamic programming，DDDP)、逐步优化算法(progressive optimality algorithm，POA)和动态规划逐次逼近法

(dynamic programming with successive approximation，DPSA)等。

增量动态规划(也称离散微分动态规划)首先根据一般经验和分析判断或用其他计算方法定出一个尽可能接近最优的决策序列，并求得相应于该初始决策序列的初始状态序列。然后在该初始状态序列的上下各变动一个增量，形成一个带状的“廊道”。在上述“廊道”内用常规的动态规划算法寻优，可求得一条新的更接近于最优解的状态序列和决策序列。在上述基础上再进行第二次迭代，即在新的状态序列上下再变动一个增量，并再次进行动态规划算法寻优。这样逐次进行迭代，直到逼近到最优决策序列和最优状态序列为止。

逐步优化算法(POA)基于逐步最优化原理，即最优线路具有这样的性质，每对决策集合相对于它的初始值和终止值来说是最优的。POA 算法最主要的优点就是算法本身收敛，能够获得总体的最优解，编程也比较容易。采用 POA 算法时，初始状态的确定很重要。如果采用任意初始状态，不仅计算时间很长，而且有可能由于不满足约束条件而得不到整体最优解。在进行寻优时，采用可变步长的一维遍历搜索法，可以在保证搜索速度的同时，提高解的精度。

动态规划逐次逼近法(DPSA)将多维动态规划问题简化成多个一维子问题来求解，其求解计算量随维数呈线性增长，而不是呈指数增长，因而缩短了计算时间。DPSA 求解梯级水电站群优化调度问题的具体流程见图 8-1。值得注意的是：①初始轨迹的选择对 DPSA 算法的收敛速度和精度影响很大，可以按自上游水电站至下游水电站的次序依次采用增量动态规划算法进行单个水电站优化调度计算，并将得到的计算结果作为梯级水电站群联合优化调度的初始轨迹。②固定其余水电站决策序列，单独求解某一个水电站的最优调度过程时必须以整个梯级最优作为调度目标。

国内外大量理论研究和仿真计算结果表明，通过大系统协调分解、逐步求解等方法，各类改进动态规划算法在一定程度上有效改善了“维数灾”问题。同时，改进动态规划又避免了 GA、PSO 等群智能优化算法的参数多、易陷入局部最优解等缺点。动态规划及其各种改进方法在今后一段时间内将仍然是水库优化调度的研究热点之一，能够很好地求解级数不太多的梯级水电站群的短、中、长期优化调度及单个水电站的短、中、长期优化调度和厂内经济运行问题。

8.3.2　改进双向逐次逼近解算方法

动态规划算法本质上属于有限穷举算法，计算量随着时段数增加而呈几何级增长，从而导致问题求解时间过长。梯级水电站站间负荷实时分配要求根据电网下达的指令实时计算站间负荷优化分配方案，计算实时性要求非常高，通常要求单次计算时间在 1s 以内完成。

根据梯级水电站站间负荷分配问题初始状态(待分配有功负荷为 P_{set})和终止状态(待分配有功负荷为零)均提前给定的特点，提出双向动态规划解算方法。结合计算机软件多线程技术或分布式并行计算技术，可以单机多线程或双机分别同时正向、逆向求解，理论上可以将问题求解速度提高近一倍。

8.3.2.1 算法的理论基础

根据最优化原理，一条最优路径的任意子路径必定也是最优路径。如图 8-2 所示，假定全局最优路径为$\{P_{set}-P_{fix},P_{Nc},0\}$，则左右两段子路径$\{P_{set}-P_{fix},P_{Nc}\}$和$\{P_{Nc},0\}$必定也是最优路径。因此，可以把原问题全局最优路径的求解分解为对如下两个子问题的求解：给定初始状态为$P_{set}-P_{fix}$及终止状态为P_{Nc}，求解最优子路径$\{P_{set}-P_{fix},P_{Nc}\}$的子问题 A 以及给定初始状态为$P_{Nc}$及终止状态为 0，求解最优子路径$\{P_{Nc},0\}$的子问题 B。

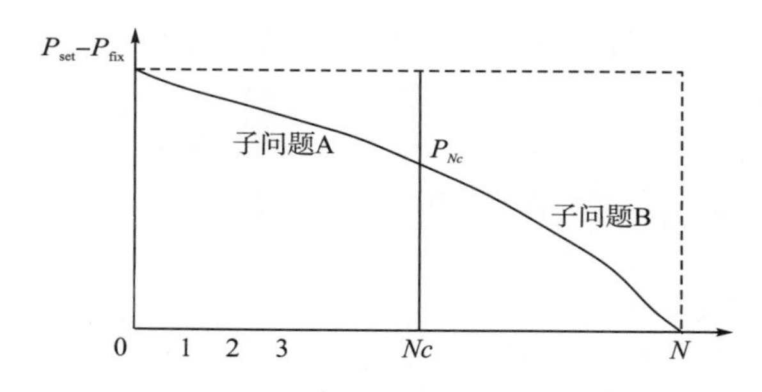

图 8-2 双向动态规划理论基础示意图

虽然无法预先计算出P_{Nc}的值，但是由于子路径$\{P_{set}-P_{fix},P_{Nc}\}$和$\{P_{Nc},0\}$均为最优路径，可以采用如下方法进行双向求解：首先，从$n=0$时段运用动态规划顺序求解法分别算出Nc时段末，P_{Nc}为各可行值时对应的子问题 A 的总目标函数值及最优子路径；然后，从$n=N$时段运用动态规划逆序求解法分别算出Nc时段末，P_{Nc}为各可行值时对应的子问题 B 的总目标函数值及最优子路径；最后，针对问题具体特点建立正确的耦合机制，并利用相应的耦合算法寻求全局最优路径。

8.3.2.2 双向耦合机制

将利用正向递推得到Nc时段末待分配有功负荷值为P_{Nc}时的从初始时刻至Nc时段末的最优总目标函数值记为$F_{A,Nc}(P_{Nc})$；将利用反向递推得到Nc时段末待分配有功负荷值为P_{Nc}时从Nc时段末至终止时刻的最优总目标函数值记为$F_{B,Nc}(P_{Nc})$。梯级水电站站间负荷优化分配问题中多个阶段的总目标函数值是各个阶段目标函数的累加值，因此$F_{Nc}(P_{Nc})=F_{A,Nc}(P_{Nc})+F_{B,Nc}(P_{Nc})$为$Nc$时段末待分配有功负荷值为$P_{Nc}$时的全局最优总目标函数值。在$Nc$时段末，$P_{Nc}$的取值范围为$[0,P_{set}-P_{fix}]$，如图 8-3 所示。同理，记$D_{A,Nc}(P_{Nc})$、$D_{B,Nc}(P_{Nc})$分别为$Nc$时段末待分配有功负荷值为$P_{Nc}$时利用正向及反向递推得到的问题 A 和问题 B 的最优决策序列。

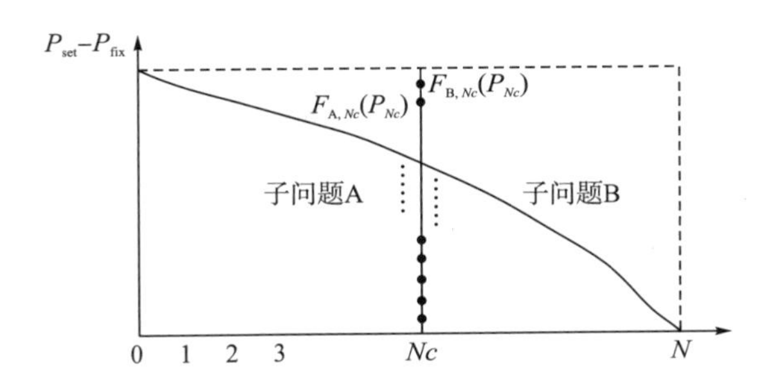

图 8-3　双向动态规划耦合机制

因此，双向动态规划耦合问题可以转化为如下一维有约束优化问题：

$$J=\max\left[F_{Nc}\left(P_{Nc}\right)\right] \tag{8-15}$$

可通过 P_{Nc} 在 $\left[0,P_{set}-P_{fix}\right]$ 内遍历计算得到该问题的最优解 P_{Nc}^{*} 以及全局总目标函数值 $F_{Nc}\left(P_{Nc}^{*}\right)$。然后将求得的最优解 P_{Nc}^{*} 分别代入 $D_{A,Nc}\left(P_{Nc}\right)$ 及 $D_{B,Nc}\left(P_{Nc}\right)$ 求解出正向以及反向递推的最优决策子序列 $D_{A,Nc}^{*}\left(P_{Nc}^{*}\right)$ 及 $D_{B,Nc}^{*}\left(P_{Nc}^{*}\right)$，共同组成整体最优决策序列 $D_{Nc}\left(P_{Nc}^{*}\right)$。

8.3.2.3　改进算法应用方法与求解流程

使用改进算法求解时，仍然要与常规改进动态规划算法求解类似，先进行状态变量与决策变量的选取，并对状态与决策变量离散化，具体方法见前文。在此基础上，可采用单台计算机多线程或两台计算机并行计算来实现模型求解。以单台计算机多线程实现方式为例，主线程负责初始化各类变量参数，启动子线程 A 和子线程 B，并监视两个子线程递推的当前时段。当子线程终止判定条件成立时，主线程将通知两个子线程停止递推计算。随后，主线程开始进行双向动态规划耦合计算，分别求解出正向及反向最优决策子序列，共同组成完整的最优决策序列 $\left\{P_i\right\}$，即问题的整体最优解。

子线程 A 负责进行动态规划正向递推计算，记其当前计算时段为 N_1；子线程 B 负责进行动态规划反向递推计算，记其当前计算时段为 N_2。当 $N_1\geqslant N_2$ 时说明子线程 A 和 B 共同完成了所有时段的搜索任务，可开始进行耦合计算。

根据主线程与子线程之间动态执行特性的不同，双向动态规划算法有同步和异步两种并行计算实现方式，分别见图 8-4 和图 8-5。

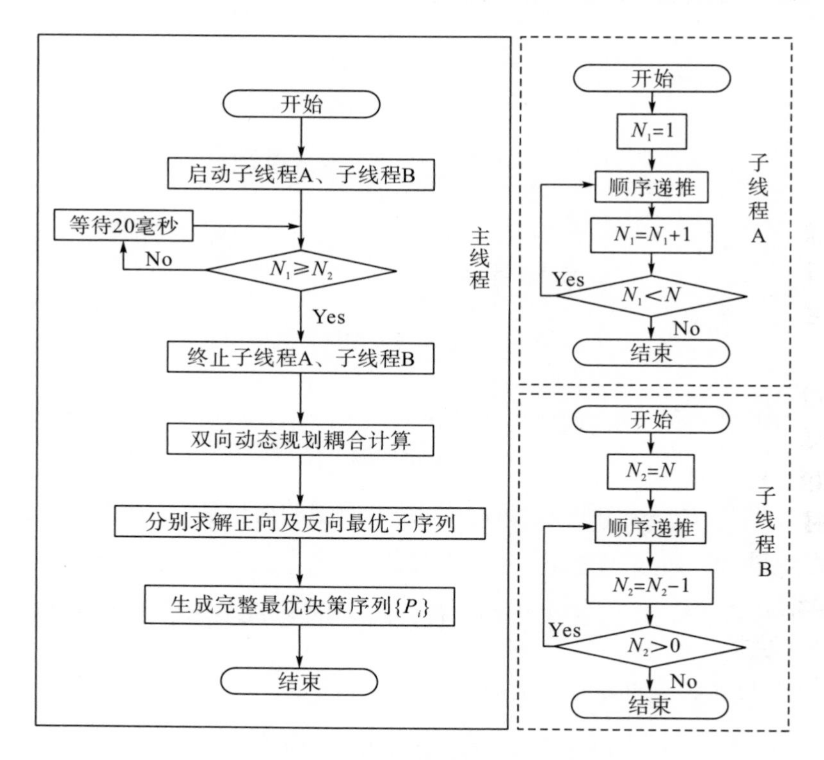

图 8-4 双向动态规划同步并行计算

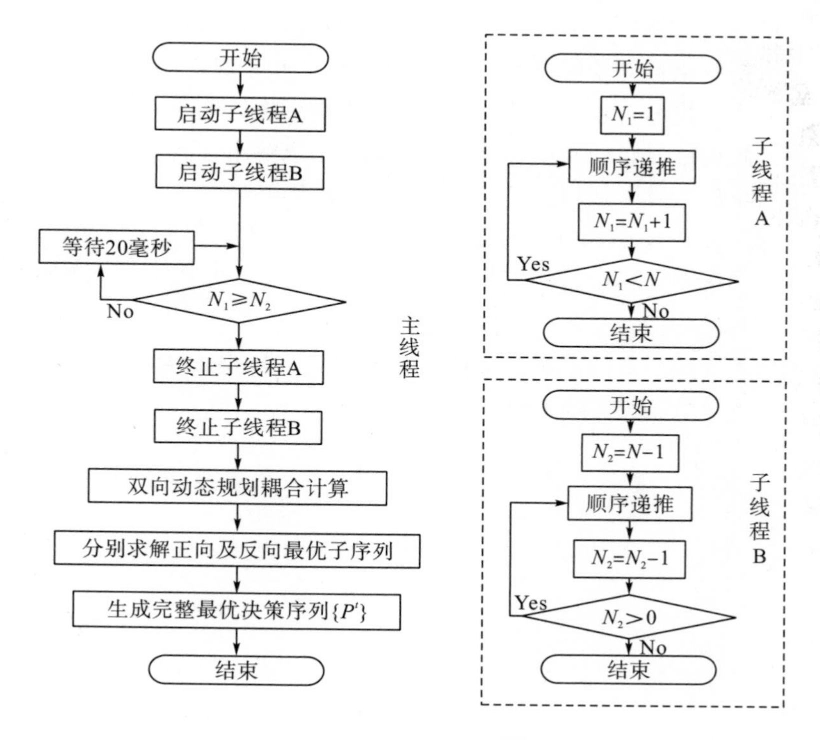

图 8-5 双向动态规划异步并行计算

同步并行计算方式下，每一轮循环中子线程 A 和子线程 B 均沿各自方向递推一个时段。当 T 为偶数时，子线程 A 和子线程 B 将同时递推至 $T/2$ 时段，主线程将在该时段进行耦合计算。当 T 为奇数时，子线程 A 递推至 $(T-1)/2$ 时段时，子线程 B 递推至 $(T+1)/2$ 时段。由于 $\left[(T-1)/2,(T+1)/2\right]$ 内的时段效益及最优路径未知，必须再进行一次循环使子线程 A 递推至 $(T+1)/2$ 时段而子线程 B 递推至 $(T-1)/2$ 时段。此时，主线程可以任意选择 $(T-1)/2$ 或 $(T+1)/2$ 时段进行耦合计算。图 8-6 描述了 T 为偶数和奇数两种情况下的双向递推及耦合时段计算方法。

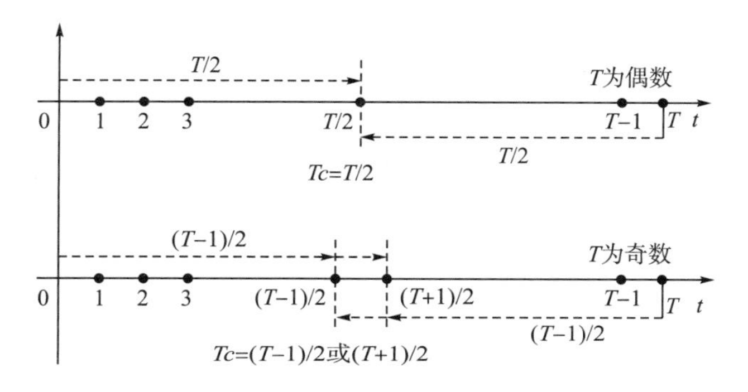

图 8-6 双向递推过程及耦合时段计算

因此，主线程进行耦合计算的时段 Tc 可用公式(8-16)计算：

$$Tc=\begin{cases}T/2 & T\text{为偶数}\\(T-1)/2\text{或}(T+1)/2 & T\text{为奇数}\end{cases} \tag{8-16}$$

异步并行计算方式下，子线程 A 和子线程 B 独立地沿着各自方向进行连续的递推计算。此时，耦合时段 Tc 是由子线程 A 和子线程 B 的递推速度共同决定的。而子线程 A 和子线程 B 的递推速度又是由各递推时段的动态可行决策空间大小决定的。因此，异步并行计算方式下难以用公式预先计算出耦合时段，必须在主线程中利用 $N_1 \geqslant N_2$ 判别式进行判定。

为了比较说明两种并行算法实现的优劣，现对它们的计算时间进行分析。如前所述，异步并行计算方式下无法预先计算出耦合时段 Tc，因此只能对计算时间进行定性分析。

记 Ts_{A}^{t} 为子线程 A 递推第 t 个时段所消耗的时间，Ts_{B}^{t} 为子线程 B 递推第 t 个时段所消耗的时间。如图 8-7 所示，同步方式下两个子线程必须在迭代过程中相互等待，因此其计算时间要比异步方式更长。当子线程 A 和子线程 B 相应各时段递推时间比较接近时，同步方式和异步方式的计算时间差距并不大；但是当子线程 A 和子线程 B 相应各时段递推时间相差较大时，异步方式的计算时间将明显小于同步方式。图中 ΔTs^2、ΔTs^3、ΔTs^4 分别为完成递推 2、3、4 个时段时同步实现方式消耗时间与异步实现方式消耗时间的差值。

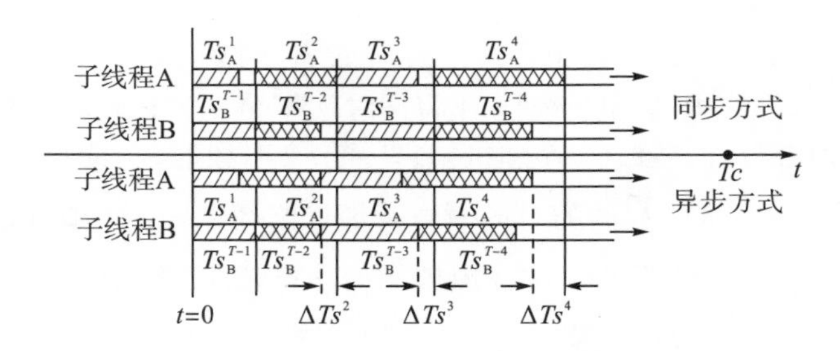

图 8-7 不同并行方式计算时间特性分析

8.4 瀑深枕三站 EDC 案例

瀑布沟、深溪沟、枕头坝一级电站是位于大渡河下游的三座以发电为主的大型水电站。深溪沟电站作为瀑布沟的反调节电站，其水库库容较小，水库水位受瀑布沟负荷影响较大，其电站 AGC(automatic generation control)建成后，不能长时间投入使用。2012 年，深溪沟电站完成了 AGC 相关试验，但因难以协调、经济地控制水位，而处于停用状态，只能被动地接受电网调度“带固定负荷”指令，而使其水库水位大起大落，很容易产生弃水或者水库拉空现象，影响梯级经济运行。枕头坝一级水电站作为瀑布沟的二重反调节水电站，其水库库容较小，水位同样受瀑布沟负荷影响较大。

针对瀑、深、枕三站 AGC 联合运行所涉及的实时调度问题，大渡河提出了一种厂网协调模式下的梯级 EDC 策略，建立了一套以深溪沟、枕头坝一级电站为主要控制对象的瀑深枕站间负荷实时分配控制模型，实现瀑布沟、深溪沟、枕头坝一级三站梯级总负荷的站间实时分配，使得瀑布沟、深溪沟、枕头坝一级电站在负荷与水量上匹配，达到提高水量利用率、增加发电效益的目的。

8.4.1 厂间负荷实时分配策略

大渡河瀑深枕梯级中，瀑布沟电站水库库容很大，具有不完全年调节能力，短期内水库水位变化不大；深溪沟、枕头坝一级电站水库库容很小，基本不具备任何调节能力，水库水位易在瀑布沟负荷的影响下陡涨陡落。为了很好地控制深溪沟、枕头坝一级水库水位的变化，避免不必要的弃水或水库拉空现象发生，分别在其死水位 $Z_{s,死}$(深溪沟水库死水位)、$Z_{z,死}$(枕头坝一级水库死水位)与正常蓄水位 $Z_{s,蓄}$(深溪沟水库正常蓄水位)、$Z_{z,蓄}$(枕头坝一级水库正常蓄水位)之间设置了一个水位控制范围 $Z_{s,down}\sim Z_{s,up}$、$Z_{z,down}\sim Z_{z,up}$。如果深溪沟实时水库水位 $Z_{s,t}$ 满足 $Z_{s,up}<Z_{s,t}\leqslant Z_{s,蓄}$，则认为进入了高水位运行区；如果 $Z_{s,死}\leqslant Z_{s,t}<Z_{s,down}$，则认为进入了死水位运行区；如果 $Z_{s,down}\leqslant Z_{s,t}\leqslant Z_{s,up}$，则认为在可运行区；若枕头坝一级实时水库水位 $Z_{z,t}$ 满足 $Z_{z,up}<Z_{z,t}\leqslant Z_{z,蓄}$，则认为进入了高水位运行区；如果 $Z_{z,死}\leqslant Z_{z,t}<Z_{z,down}$，则认为进入了死水位运行区；如果 $Z_{z,down}\leqslant Z_{z,t}\leqslant Z_{z,up}$，则认为在可运行区。

深溪沟或枕头坝一级任一水库水位进入高水位运行区或者死水位运行区，且没有返回可运行区的趋势时，采用水位异常下的负荷分配策略，以使得瀑、深、枕站间负荷重新匹配后的水位异常水库水位尽快返回其可运行区；如果深溪沟、枕头坝一级水库水位均在可运行区，且瀑、深、枕电站至少有一个电站有弃水时，采用弃水下的负荷分配策略，以充分利用弃水流量，减少电站弃水损失；如果深溪沟、枕头坝一级水库水位在可运行区，且瀑、深、枕三站均无弃水时，根据瀑深枕梯级总发电负荷指令值与其总实发出力的变化幅度大小，分别采用大负荷分配策略和小负荷分配策略。

大渡河瀑深枕梯级站间负荷实时分配策略构成如图 8-8 所示，其中水位异常下的负荷分配策略优先级最高，其次是弃水下的负荷分配策略，最后是大负荷分配策略和小负荷分配策略。

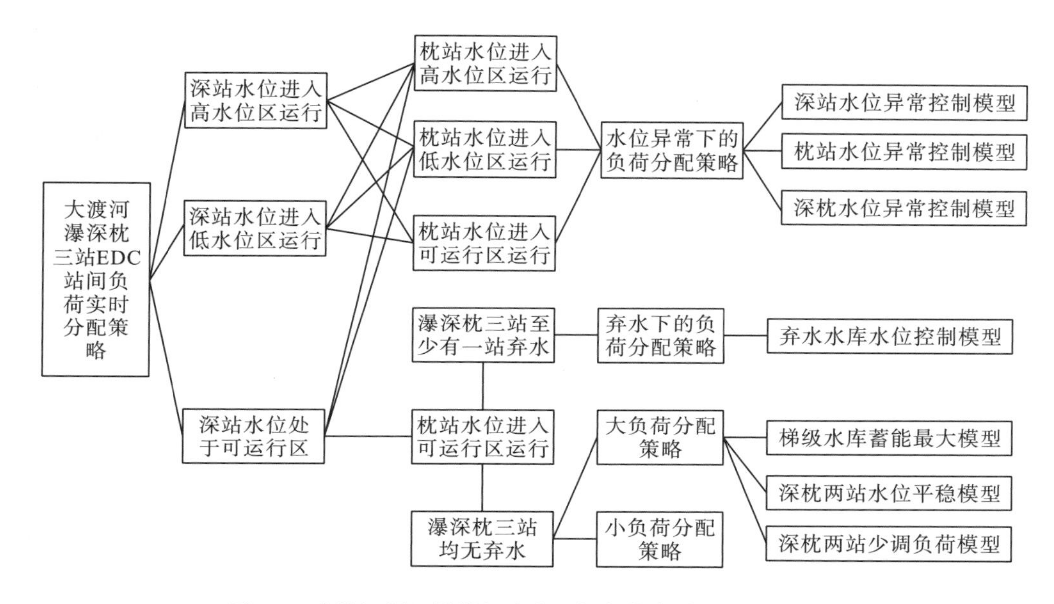

图 8-8　大渡河瀑深枕梯级水电厂间负荷实时分配策略构成

8.4.2　厂间负荷实时分配控制模型

不同于“以电定水”模式下的短期优化调度，梯级站间负荷实时分配中梯级总出力值实时跟踪电网负荷频率变化，具有不可预知性，且实时调度实质上是一个与时间无关的空间优化问题，站间水流滞时引起能量和水量传递上的滞后性同样不适合于梯级水电站的实时控制。瀑布沟与深溪沟梯级之间的流量滞时 τ_1=0.5h。深溪沟与枕头坝一级区间的流量滞时 τ_2=0.5h。为了有效地控制深溪沟、枕头坝一级电站水库水位的变化，充分利用已发生的水情信息，本研究拟按 t 时刻负荷分配方案执行 $\tau\left(\tau=\tau_1+\tau_2\right)$ 时长后的结果进行控制。

8.4.2.1　水位异常控制模型

在实时调度中，安全性第一，其次才是经济性。由于深枕两站的水库库容小、调节性能差，当其水库水位进入高水位运行区或者低水位运行区且没有返回可运行区的趋势时，容易产生弃水或水库拉空现象，这不利于电站及电网的安全运行。因此，本研究提出了深、枕两站水位异常控制模型，目标函数如式(8-17)所示。该模型旨在通过站间负荷的重新分配使得按分配结果执行τ时长后深溪沟、枕头坝一级的水库水位尽可能地靠近其可运行区的中间值，达到返回可运行区的目的。

$$F=\min\left(\alpha\left|Z_{\mathrm{s},t+\tau}-\frac{Z_{\mathrm{s,down}}+Z_{\mathrm{s,up}}}{2}\right|+\beta\left|Z_{\mathrm{z},t+\tau}-\frac{Z_{\mathrm{z,down}}+Z_{\mathrm{z,up}}}{2}\right|\right) \tag{8-17}$$

式中，当深溪沟水位异常时，α=1，当枕头坝一级水库水位异常时，β=1；$Z_{\mathrm{s},\,t+\tau}$为深溪沟按照t时刻的分配结果执行到$t+\tau$时刻对应的水库水位，根据水能计算原理和水量平衡原理计算得到；其他符号意义同前文。

8.4.2.2　能量转换效率最大模型

水库蓄水发电的本质是将储存的水体势能转换为电能，因此可以以提高能量的转化效率作为梯级水电站实时经济运行的优化准则，即：

$$\eta=\max\frac{E_{电,t}}{E_{耗,t}}=\max\frac{\sum_{i=1}^{n}P_{i,t}\Delta t}{\rho\cdot g\sum_{i=1}^{n}H_{i,t}Q_{i,t}\Delta t}=\max\frac{\sum_{i=1}^{n}P_{i,t}}{9.81\sum_{i=1}^{n}H_{i,t}Q_{i,t}} \tag{8-18}$$

式中，$E_{电,t}$为t时段系统要求电能；$E_{耗,t}$为t时段发电耗用的水体势能；ρ和g分别为水密度和重力加速度；$H_{i,t}$为i电站t时段内的平均发电水头；其他符号意义同前。

由于要求的梯级总发电负荷：

$$P_{c,t}=\sum_{i=1}^{n}P_{i,t}=常数 \tag{8-19}$$

所以式(8-18)等价于式(8-20)，该目标旨在保证梯级出力平衡下，梯级水电站耗用的蓄能最少：

$$F=\min\sum_{i=1}^{n}H_{i,t}Q_{i,t} \tag{8-20}$$

为了保持深溪沟、枕头坝一级水库水位在其可运行区内运行，在式(8-20)中引入了惩罚项A、B，以实现追求经济效益的同时，确保按照t时段初的分配出力执行到t时段末(t时段时长$\Delta t=\tau$)的深溪沟、枕头坝一级水库水位依然在其可运行区内，目标函数变为

$$F=\min\left(\sum_{i=1}^{n}H_{i,t}Q_{i,t}+A+B\right) \tag{8-21}$$

式中，A、B为惩罚因子；其他符号意义同前。

A、B的取值规则如下：

$$\begin{cases}A=0, & Z_{\mathrm{s,down}}\leqslant Z_{\mathrm{s},t+\tau}\leqslant Z_{\mathrm{s,up}}\\ A=\left|Z_{\mathrm{s},t+\tau}-Z_{\mathrm{s,down}}\right|\cdot\alpha, & Z_{\mathrm{s},t+\tau}<Z_{\mathrm{s,down}}\\ A=\left|Z_{\mathrm{s},t+\tau}-Z_{\mathrm{s,up}}\right|\cdot\alpha, & Z_{\mathrm{s},t+\tau}>Z_{\mathrm{s,up}}\end{cases} \tag{8-22}$$

$$\begin{cases} B=0, & Z_{z,down} \leqslant Z_{z,t+\tau} \leqslant Z_{z,up} \\ B=\left|Z_{z,t+\tau}-Z_{z,down}\right| \cdot \alpha, & Z_{z,t+\tau} < Z_{z,down} \\ B=\left|Z_{z,t+\tau}-Z_{z,up}\right| \cdot \alpha, & Z_{z,t+\tau} > Z_{z,up} \end{cases} \tag{8-23}$$

式中，α 为一正常数；其他符号意义同前。

8.4.2.3 水位平稳模型

针对实际运行中，有深溪沟、枕头坝一级水库水位不变或者变化幅度较小的需求，本研究提出了深、枕站水位平稳模型，目标函数如式(8-24)所示。该模型以深溪沟、枕头坝一级水库水位变化最小为控制，按流量平衡进行站间负荷分配，从而实现负荷与流量上的匹配，达到深溪沟、枕头坝一级水库水位尽可能平稳的目的。

$$F=\min\left(\left|Z_{s,t+\tau}-Z_{s,t}\right|+A+\left|Z_{z,t+\tau}-Z_{z,t}\right|+B\right) \tag{8-24}$$

式中，符号意义及其取值同前。

在式(8-24)的控制下，并不是说深溪沟、枕头坝一级水库水位保持不变，一直按照流量平衡进行负荷的站间分配，当以深溪沟、枕头坝一级水库水位平稳控制按流量平衡分配的负荷不满足其他各项约束条件时，是允许深、枕的水库水位发生变化的，只是追求的是在满足其他各项约束条件下深溪沟、枕头坝一级水库水位变化尽可能小。同时引入惩罚项 A、B，其取值规则与能量转换效率最大模型中的一致，旨在实现当采用深枕两站水位平稳控制模型进行负荷的厂间分配时深溪沟、枕头坝一级水库水位发生变化后，依然能够在其可运行区内。

8.4.2.4 少调负荷模型

针对实际运行中，有时候有深溪沟、枕头坝一级电站的负荷尽可能少波动的需求，本研究提出了深、枕站少调负荷模型，目标函数如式(8-25)所示。该模型以深溪沟、枕头坝一级电站的分配负荷相对于当前实发出力的变化最小为控制进行负荷的厂间分配，达到瀑布沟电站多调负荷，深溪沟、枕头坝一级电站少调负荷的目的。

$$P_{s,t}\ F=\min\left(\left|P_{s,t}-N_{s,t}\right|+A+\left|P_{z,t}-N_{z,t}\right|+B\right) \tag{8-25}$$

式中，$P_{s,t}$ 为深溪沟电站 t 时段所分配的负荷指令值；$N_{s,t}$ 为深溪沟电站 t 时段初的实发出力；$P_{z,t}$ 为枕头坝一级电站 t 时段所分配的负荷指令值；$N_{z,t}$ 为枕头坝一级电站 t 时段初的实发出力；其他符号意义及其取值同前。

在式(8-25)的控制下，并不是说深溪沟、枕头坝一级电站带固定负荷运行，不参与梯级负荷的调节，当按分配后的负荷运行一段时间(本研究取 $\Delta t=\tau=1\text{h}$)后，深溪沟和枕头坝一级水库水位依然在其可运行区内，且满足其他各项约束条件时，坚持深溪沟、枕头坝一级电站的负荷不变，否则是允许深溪沟、枕头坝一级电站所带的负荷发生变化的，只是追求的是在满足其他各项约束条件下的深枕两站所带负荷的变化尽可能小。同样引入惩罚项 A、B，其取值规则与能量转换效率最大模型中的一致，旨在实现当采用深枕两站少调负荷控制模型进行负荷的站间分配时，在追求深溪沟、枕头坝一级电站少调负荷目标的同时，能够确保深溪沟和枕头坝一级电站按调节后的负荷运行一段时间后，其水库水位依然能够在可运行区内。

8.4.2.5 弃水总量最小模型

为了确保水工建筑物的安全或满足下游用水需求，电站当前实发出力下的发电流量小于下泄流量而产生弃水时，为了充分利用弃水流量，减少电站弃水损失，本研究提出了弃水下的负荷分配策略。该策略是：梯级总负荷调增，有弃水的电站优先承担增加的负荷值；梯级总负荷调减，无弃水的电站优先承担减少的负荷值；若瀑深枕两站以上均存在弃水，则按梯级总弃水流量最小控制（目标函数如式(8-26)所示）进行负荷分配，以使更多的水存储在上游。控制的结果是：梯级总负荷调增，下游弃水电站优先承担增加的负荷值；梯级总负荷调减，上游弃水电站优先承担减少的负荷值。

$$F = \min \sum_{i=1}^{n} Q_{i,t}^{\mathrm{qi}} \tag{8-26}$$

式中，$Q_{i,t}^{\mathrm{qi}}$ 为 i 电站 t 时段内的平均弃水流量；n 为参与负荷分配的梯级水电站个数。

8.4.2.6 小负荷分配模型

当梯级总发电负荷指令值相对于当前总实发出力波动较小时，为了减少电站调节次数，采用小负荷分配策略，即将小负荷差额由一个电站来负担。具体策略是：梯级总负荷调增，若有电站水位位于高水位区，小负荷差额分配给高水位区运行电站，当高水位区运行电站数量大于 1 时，负荷差额优先分配给下游高水位区运行电站；梯级总负荷调减，若有电站水位位于低水位区，小负荷差额分配给低水位区运行电站，当低水位区运行电站数量大于 1 时，负荷差额优先分配给上游低水位区运行电站；若深、枕两站水位位于可运行区，不论梯级总负荷调增还是调减，小负荷差额由运行人员根据实际需要按事先设定的电站承担。

8.4.3 求解算法

大渡河瀑深枕梯级水电站开停机及站间负荷优化分配问题属于三站调度，且机组台数不太多，采用改进动态规划算法进行模型求解理论上可以满足实时性要求。根据实际情况，瀑深枕三站 EDC 采用的是分层控制理论，在梯级水电站站间负荷实时分配策略控制模型的构建过程中将梯级各电站概化为单一机组，并未考虑厂站内的经济运行，且时间维度只有一维。为了避免求解难度的增大及求解时间的延长，研究采用了简单实用的工程化算法，具体的求解步骤如下：

Step1：从数据库中读取电站水位库容关系曲线、水位库容限制、出力限制等参数数据。

Step2：通过通信系统由电站 AGC 获取电站实时数据，包括水库上游水位、下游水位、瀑布沟入库流量、瀑深区间流量、深枕区间流量、电站振动区及其实发出力等。

Step3：假定深溪沟分配出力 $N_{\mathrm{sfp}} = N_{\mathrm{sfp}} - 1$（若为初次假定，$N_{\mathrm{sfp}} = 660$）。

Step4：假定枕头坝一级分配出力 $N_{zfp} = N_{zfp} - 1$（若为初次假定，$N_{zfp} = 720$），则瀑布沟分配出力 $N_{pfp} = N_{order} - N_{sfp} - N_{zfp}$（$N_{order}$ 为梯级总发电负荷指令值）。

Step5：判断 N_{pfp}、N_{sfp}、N_{zfp} 是否满足电站有功可调区间约束、站间负荷转移约束、电站出力变幅约束和避开振动区约束，若均满足，进行 Step6；若枕头坝一级电站不满足，则返回 Step4，若深溪沟不满足，返回 Step3。

Step6：根据时段初水库水位和入库流量，由分配出力 N_{pfp}、N_{sfp}、N_{zfp} 分别反算瀑布沟、深溪沟、枕头坝一级对应的出库流量 Q_{pchu}、Q_{schu}、Q_{zchu} 和时段末水库水位 Z_{pend}、Z_{send}、Z_{zend}。

Step7：判断出库流量 Q_{pchu}、Q_{schu}、Q_{zchu} 和时段末水库水位 Z_{pend}、Z_{send}、Z_{zend} 是否满足水库出库流量约束和水位约束，若满足，进行 Step8；若枕头坝一级出库流量或时段末水位不满足约束条件，则返回 Step4；若深溪沟水库出库流量或时段末水位不满足约束条件，则返回 Step3。

Step8：计算 F 值，并同时记录 F、N_{pfp}、N_{sfp} 和 N_{zfp}。

Step9：如果 $N_{zfp} > 0$，返回 Step4；否则，进行 Step10。

Step10：如果 $N_{sfp} > 0$，返回 Step3；否则，进行 Step11。

Step11：输出最优 F 值对应的分配方案 N_{pfp}、N_{sfp} 和 N_{zfp}，此即为最优解。

算法流程如图 8-9 所示。

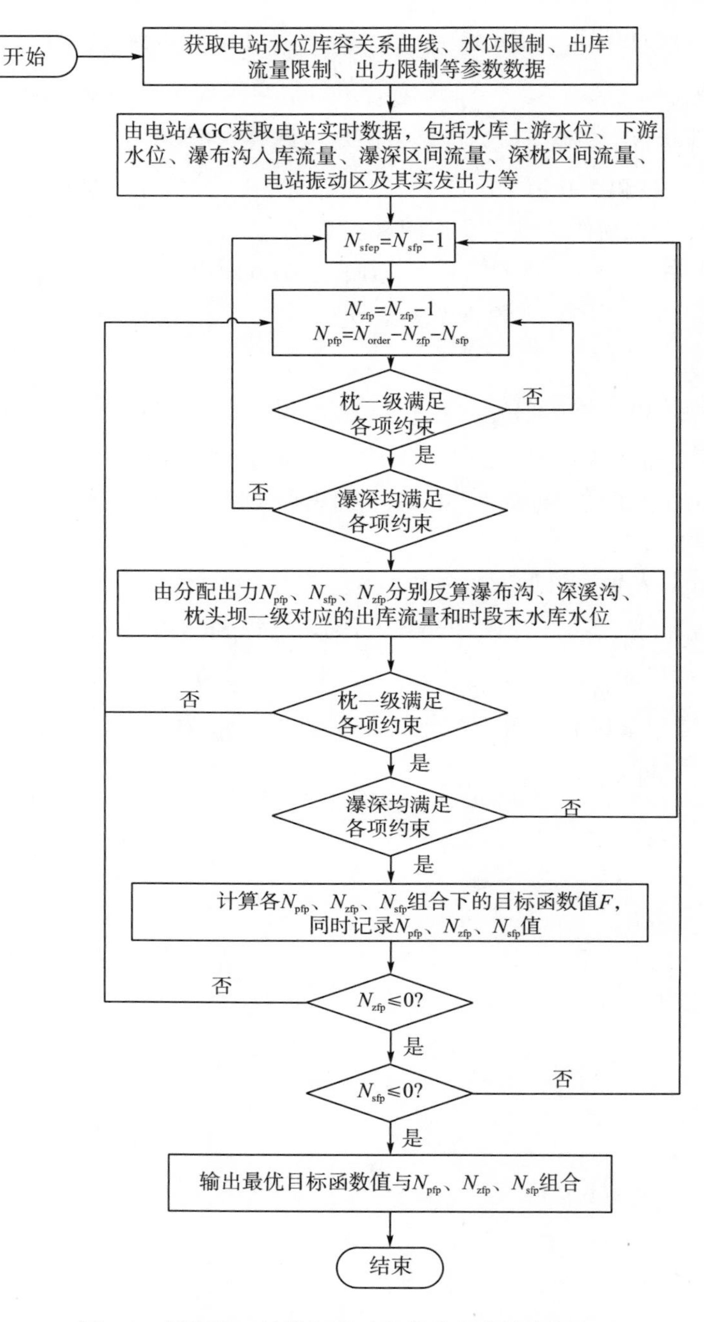

图 8-9 瀑深枕三站梯级实时负荷分配计算流程

第9章　闸门智能控制

梯级水电站普遍存在距离远、地域分散、信息不集中的情况，同时上游水电站的调节对下游水电站存在不同程度的影响。梯级水电站的运行涉及电力调峰、水量调洪、环境生态等多方面问题，因此在梯级水电站闸门远程集中控制的前提下，采用科学合理的梯级闸门自动控制系统进行统一调度，才能使梯级调节性能和水资源得到充分利用，提高梯级水电站的安全和经济效益。梯级水电站彼此之间受到水力和自身工况的约束，必须在梯级各级电站的综合约束条件下建立调洪模型，确保整个梯级方方面面的防洪安全，特别是在抗洪救灾等紧急情况下的控制模式，是梯级水电站防洪度汛中的重要问题。随着梯级水电站建设规模的不断扩大，一次洪水涉及的维度和数据量呈几何级迅速增加，人工手段无法全面跟踪这些数据的变化，有必要将累计的经验调度思维采用自动化的方式实现，达到整个梯级的调控目的。溢洪闸门智能控制中生成详细的开度控制策略，供梯级水电站运行人员参考决策，在防洪调度和洪水兴利等方面有不可替代的作用。

传统的水电站防洪调度以单电站为调节对象，外部信息匮乏，内部信息孤岛，加上上游水库调洪扰动，只能在来水预测精度不高的条件下开展人工洪水调度，被动根据当前情况进行泄洪调整，既无法达到安全、经济、高效的水电站运行需求，也不能充分发挥水电站自身调节性能。闸门智能控制技术通过挖掘最广泛梯级流域和电站机电设备的数据资源，在流域梯级水电站集中控制模式下，提供一种控制策略自动生成梯级水电站群溢洪闸门开度，兼顾电力安全生产和沿河所有防洪目标约束，充分利用梯级水电站调节性能和洪水资源，提高梯级水电站的安全和经济效益。

9.1　研 究 内 容

随着现代通信网络、自动化元件、计算机技术的飞速发展，闸门远方控制智能化程度不断提高。从最开始的人工操作测量到继电器、接触器等机械组合逻辑，到工业计算机的应用，特别是信息化时代基于 PLC 的分布式闸门控制系统的出现，加上远方监控系统的发展，闸门远方操作控制已没有技术瓶颈。

然而闸门可以远方控制并不等于闸门就可以自动控制，其中一个亟待解决的问题是闸门给定值的问题，即将闸门给定值设置为多少来完成闸门的生产任务。

目前一些水电站通过水库水位目标制定的启闭策略单独完成了泄洪闸门的自动控制或应急控制。这种闸门自动控制系统调洪目标单一，通过频繁启闭达到大坝防洪的目的。该方法工作效率低，只适用于来水流量小且闸门约束不大的水电站，很难应用于大中型水电站。对于远方集控的梯级水电站，大坝规模和闸门数量空前，大坝联合防洪点多面广，急需一套智能的闸门开度优化算法和管理模式来达到安全高效的防洪目的。

随着通信、自动化终端和测量等科学技术的发展，大量的气象、水文和电站运行数据实现了自动采集和远程传递，很多流域都建立了数字化地形、空间格点降水和电站机电设备实时感知数据库，数据储备达到空前规模。如何通过科学高效的计算模型将各类数据关联起来为实际生产服务是目前大型流域梯级水电站面临的重大课题，其中要研究解决的问题主要有以下几个方面。

(1) 构建梯级水电站预见期内的模拟运行过程。

实现梯级水电站群运行过程或趋势的精准预测，并利用预测结果进行联合调度决策。这里面涉及每个水电站自身的运行过程以及梯级水电站间的相互水力作用过程。水电站是一个水量平衡的载体，其运行过程涉及入库流量、发电流量、泄洪流量、库容变化几个过程量，数据来源和预处理方式各不相同，在进入水量平衡计算之前，各类数据来源和预处理方式需要不同的工具或模型来实现。在分类数据处理完成后，利用水量平衡原理演算出梯级水电站当前状态下后续的模拟运行过程。

(2) 闸门约束函数的建立。

电站内部泄洪设施类型多样，流域梯级水电站闸门数量众多，每个闸门的大坝布置、工程特性、机电建设、水力要求、周边水工建筑限制再加上上下游防洪对象的防护目标，需要在综合闸门自身特性和外部制约的基础上，构建出闸门约束函数集来确保闸门的安全运行。

(3) 确定闸门调节的水量和调节的时间目标。

梯级水电站预测模拟运行过程建立后，优化运行过程，包括优化时间点的确定、优化方式和实际操作手段，在确保水电站及其防护对象安全的前提下充分利用洪水资源。在优化策略的框架下，对洪水过程进行调节和分配，得到闸门动作时间和开度大小目标。

(4) 闸门开度数值的分配。

闸门调节的洪水量确定后，如何通过水电站闸门启闭来实现，就涉及闸门开度值的计算。闸门开度受实际开度、调整开度和闸门约束等条件限制，在满足约束的同时，还需要考虑闸门组合泄洪的水流形态造成的影响、闸门实际操作的烦琐程度和准备时间的提前量。在寻找一种寻优方法来进行处理的同时，还需要考虑洪水量在闸门最小调整幅度范围内无最优解的问题。

(5) 闸门数据的票样制作、流转和操作的具体实施过程控制。

水电站闸门操作时对水电站自身和上下游影响很大，必须在三级审核的基础上，对中间过程进行跟踪反馈，起到闭环控制的目的。另外各级人员在信息的交互上需要尽可能准确、迅速、便利地提高工作效率，避免人为原因带来的不利情况。

9.2 水位控制策略及模拟运行

9.2.1 水库水位控制策略库

水电站水库水位控制范围在汛期防洪兴利中意义重大，防洪限制水位、死水位、排沙运用水位等特征水位均有相应作用。水电站需要根据不同的来水情况结合自身调节性能控制水库水位在合理区间运行，在保证防洪安全的前提下提高电站经济运行水平，合理利用洪水资源增加发电收益。

根据河流汛期来水过程的多年数据统计分析，洪水径流的年内分配和分布具有一定的特征，容易集中在某些月份和暴雨区域产生。大洪水的洪峰和洪量需要一定的防洪库容进行调节，电站宜处于较低水位运行，预留部分库容进行防洪。中小洪水对建立梯级联合运行和具有控制性调节水库的流域防洪压力小，通过优化水库水位，可以充分利用洪水资源，提高梯级综合效益。对于平稳的退水过程和长时间无雨偏旱的时期，应尽可能提高水电站机组发电水头，提高机组发电能力，宜将水库控制在较高的水位运行。

基于水电站相关运行特征的数据分析，建立分期分流量级的水位运行范围策略，即在不同的月份根据来水的大小级别设定不同的水库水位运行范围。

在水位控制范围内的调节方式。水电站水库在实际运行时受到各种不确定因素的扰动，水库水位不可能处于完全静止状态，运行方式往往是将其控制在一定的范围内达到近似稳定的状态。计算模型需要将水库水位控制在一定范围内上下波动，当入库大于出库时水位不断上涨到上限，此时调节泄洪闸门将出库流量调整到大于入库流量，让库水位逐步下降。当库水位下降至控制范围下限时，再调整泄洪闸门使库水位逐渐上升。以水位涨落速率和趋势控制来达到控制水库水位在规定范围内运行的目的。这就需要在入库流量的基础上附加一个流量数据作为出库流量来达到对水位变化趋势的控制。在水位变幅上、下限已确定的基础上，水位的变化速率和附加流量可以通过一个时间参数来计算。

附加的流量为

$$\Delta Q=\frac{f_{\mathrm{zw}}(Z_m)-f_{\mathrm{zw}}(Z'_m)}{\Delta t} \tag{9-1}$$

其中，$f_{\mathrm{zw}}(Z)$ 为 Z 水位对应库容；Z_m 为运行水位上限；Z'_m 为运行水位下限。

水位变化速率为

$$v=\frac{Z_m-Z'_m}{T}$$

这样就可以建立一个在不同时期、不同流量级下的水位控制范围策略表作为水库水位控制的计算模型。水电站水库有了水位区间和区间波动时间，很容易得到水位的涨落速率和附加的流量。因而闸门调整的时间点即为预见到水位到达控制策略的上下限的时间，调整闸门的泄洪量使其满足上述水位波动规律。

9.2.2　水电站模拟运行

水电站作为水能利用的载体，其本身并不消耗水量，生产运行过程可以通过水量平衡方程对生产过程的关键量进行演算，水量平衡计算公式如下：

$$Q_{入}=Q_{发}+Q_{泄}+Q_k \tag{9-2}$$

其中，$Q_{入}$ 为电站的入库流量；$Q_{发}$ 为电站的发电流量；$Q_{泄}$ 为电站的泄洪流量；Q_k 为电站的时段库容差流量。

水电站入库流量主要由两部分组成，即由上游电站的出库流量汇流模型和区间内的产汇流模型叠加产生。计算方式如下：

$$Q_{入i,t}=f_h\left(Q_{出i-1,t-\delta}\right)+f_c\left(q_{区i,t},E_{区i,t},\eta,\theta\right) \tag{9-3}$$

其中，$Q_{入i,t}$ 为第 i 级电站 t 时刻的入库流量；$Q_{出i-1,t-\delta}$ 为第 i−1 级电站 $t-\delta$ 时刻的出库流量，δ 为区间流达时间；$q_{区i,t}$ 为区间降雨量；$E_{区i,t}$ 为区间蒸发量；η 为区间河道和土壤特性；θ 为历史数据统计量。

第 i+1 级电站的入流等于上一级断面 i（上一级电站或水文站）出流量经汇流计算的流量加上断面间的区间流量。由于上一断面出流有汇流时间的影响，故该电站的入库流量在汇流时间内为实际计算流量，汇流时间外为预测流量。

入库流量过程基于预报模型获得，各流域可结合适合本流域的水文预报模型完成该模块的建设，由于本节重点为梯级水电站闸门调度，入库流量预报部分只作为接口数据引用，内部计算原理和方法模型不再详细介绍，在具体实例部分仅提供预报模型的名称作参考。

水电站发电流量为该电站机组的出力在某水头下的引用流量，通过 *N-H-Q* 曲线计算获得：

$$Q_{发i+1}=\sum_{n=1}^{m}f_{NHQ}\left(N_n,\Delta h_{i+1}\right) \tag{9-4}$$

其中，N_n 为 i+1 级电站第 n 台机组的出力；Δh_{i+1} 为 i+1 级电站的水头；$f_{NHQ}\left(N,h\right)$ 为机组 *N-H-Q* 曲线查值计算。

分期分流量级即水库按日期所处的时间段分别按照不同的水位区间规范水库的运行。

泄洪流量由电站在某时刻所有泄洪闸门开度及水位查闸门泄流曲线得到。

$$Q_{泄i+1}=\sum_{n=1}^{m}f_{KZQ}\left(K_n,Z_{i+1}\right) \tag{9-5}$$

其中，$Q_{泄i+1}$ 为第 i+1 级水电站的总泄洪流量；m 为该电站闸门的个数；K_n 为第 n 个闸门的开度；Z_{i+1} 为第 i+1 级水电站的上游水位；$f_{KZQ}\left(K,Z\right)$ 为泄流曲线查值计算得到。

库容差流量为某电站在一定时段内库容变化量换算出的流量差：

$$Q_k=\frac{f_{ZW}\left(Z_{t+\Delta t}\right)-f_{ZW}\left(Z_t\right)}{\Delta t} \tag{9-6}$$

其中，$Z_{t+\Delta t}$ 为 $t+\Delta t$ 时刻的水库水位；Z_t 为 t 时刻的水库水位；$f_{ZW}\left(Z\right)$ 为水位库容关系曲线查值计算所得库容值。

9.2.3 水电站模拟运行计算流程

水电站模拟计算由数据初始化和运行参数演算两部分组成，数据初始化包含实时数据的采集和静态曲线的配置。

(1) 实时数据采集，包括梯级水电站库水位、电站当前出力、闸门状态和开度。静态曲线配置包括水位库容曲线、*N-H-Q* 曲线、闸门溢流曲线。

(2) 预计参数的设置，包括预出力方式、预测流量和区间流量、汇流时间等。

其中，预出力方式是根据当前电站的运行方式选择预期的出力过程，一般选择为计划出力曲线或固定出力方式。

(3) 预测入库流量，根据预报系统、历史流量特征值、近期流量、典型历史流量选取预测的天然来水流量和区间产流量。

按当前闸门运行情况模拟电站后期水位变化过程，即通过预测流量根据产汇流模型演算电站的入库流量，并根据当前日期和流量级确定该电站水位的运行区间。通过 N-H-Q 曲线计算电站的发电流量，按闸门泄流曲线计算当前闸门开度对应的泄洪流量。然后按水量平衡公式计算出库容差，按水位库容关系反推出下一时段该电站的水库水位 $Z_{t+\Delta t}$，按时段间隔 Δt 向后不断演算出水电站的水位变化过程。

具体循环演算过程如图 9-1 所示。

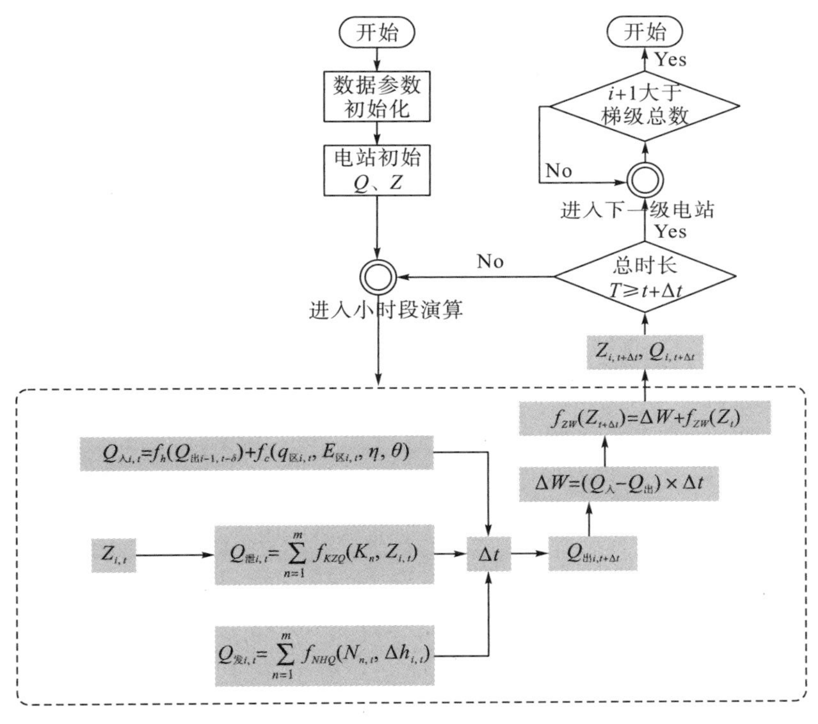

图 9-1 梯级水电站模拟演算流程图

9.3 闸门调度及算法

9.3.1 调度模式的目标函数

在水库水位运行至上下边界时，通过对溢洪闸门泄洪量的调整使水库水位在一定时长后尽可能地靠近安全的控制区域，达到控制库水位的目的。通过上级电站出流过程加区间产汇流计算出电站的入库流量，根据预设的出力过程可以计算出发电流量过程，再根据目标库水位与调整时库水位的库容差在一定时长上的流量换算，最后通过水量平衡计算出泄洪流量，进而进行溢洪闸门开度的分配。

根据区域来水情况判别，可以制定不同的调度目标函数，得到安全、平稳、经济相协调的调度过程。

9.3.2 闸门约束

根据水电站泄洪过程中涉及的限制条件，结合电站机电和水工设施的运行要求，梯级水电站调洪演算及溢洪闸门开度一般须满足的约束条件包括：

(1) 闸门振动、不利工况等对开度的限制；

(2) 下游防洪对象对泄流的限制；

(3) 水工建筑对流态的限制；

(4) 消能约束；

(5) 闸门作业、检修和维护等异常工况约束。

9.3.3 闸门开度分配中的次优解

由于闸门工况和众多约束条件的限制，严格按计算得到的目标泄洪流量进行闸门分配时，部分控制策略下闸门开度的分配值找不到可行解。

该情况的次优解具体处理方式为：需调整泄洪流量的值按闸门最小调整幅度放大，达到闸门最小差额调整需求。

当水电站调洪性能达到上、下限时，即所有泄洪设施全关或全开时水库水位仍然无法控制在规定范围内时，水电站处于调洪临界状态，只有通过其他非水工方式实现，系统维持临界方式运行作为次优解，并对预破坏的时间点给出告警提示。

9.4 典型站闸门智能控制案例

目前已接入大渡河集控中心远方控制的水电站为猴子岩、大岗山、瀑布沟、深溪沟、枕头坝一级、龚嘴和铜街子七座水电站。闸门智能控制模型主要对这些水电站的泄洪闸门进行开度计算，根据每个电站大坝和闸门特点、地区洪水特征、防洪限制因素等相关资料，制定高度安全约束的防洪调度方式，并自动生成每个闸门的启闭数据，实现闸门智能控制。

单一水电站内各机组和闸门数据按照实际组合形式形成相应电站的出库流量数据，进而作为下一级水电站的入库流量参数。梯级水电站的闸门运算是由上到下按时空和汇流顺序逐级演算的。闸门的开度分配先是将电站需求的泄洪量按策略分配至每个闸门，然后通过将所有闸门的泄洪量累加为以电站为对象的泄洪量传递至下一级电站。上一级电站的泄洪量作为下一级电站的参数经本电站相关约束条件处理后成为该电站的闸门开度分量，经调洪后的各闸门分量形成新的综合泄洪量又作为其更下一级电站的参数，逐级调整至整个梯级。

9.4.1　大岗山水电站

大岗山水电站位于大渡河中游上段的四川省雅安市石棉县挖角乡境内，上游与规划的硬梁包水电站衔接，下游与龙头石水电站衔接，为大渡河干流规划中的第 15 个梯级水电站。电站总装机容量 2600MW，正常蓄水位 1130.00m，死水位 1120.00m，调节库容 1.16 亿 m^3，具有日调节能力。

综合闸门的布置和自身特性，闸门约束条件如表 9-1 所示。

表 9-1　大岗山闸门自身约束

特征参数	泄洪洞	深孔
最小开度/m	5	全关
最大开度/m	全开	全开
最小动作幅度/m	0.5	全程
控泄/(m^3/s)	无	无
顺序	唯一	$2^\#\rightarrow3^\#\rightarrow1^\#\rightarrow4^\#$

根据大岗山断面处的降雨和洪水特性，结合大岗山水电站度汛方式，其水位控制策略初步按表 9-2 模式根据实际情况优化相关参数。

表 9-2　大岗山水位控制策略

电站号	流量级/(m^3/s)	水位/m	时间/h	水位标志	标志备注	初始日期	结束日期
40	1500	1129	4	3	**上限	5 月 1 日	12 月 31 日
40	1500	1128		2	**中间	5 月 1 日	12 月 31 日
40	1500	1126	3	1	**下限	5 月 1 日	12 月 31 日
40	1500	1123		0	**超下限	5 月 1 日	12 月 31 日
40	1500	1120.5		0	**超下限	5 月 1 日	12 月 31 日
40	2500	1129		4	**超上限	5 月 1 日	12 月 31 日
40	2500	1128	3	3	**上限	5 月 1 日	12 月 31 日
40	2500	1126		2	**中间	5 月 1 日	12 月 31 日
40	2500	1123	3	1	**下限	5 月 1 日	12 月 31 日
40	2500	1120.5		0	**超下限	5 月 1 日	12 月 31 日
40	3700	1129		4	**超上限	5 月 1 日	12 月 31 日
40	3700	1128		4	**超上限	5 月 1 日	12 月 31 日
40	3700	1126	2	3	**上限	5 月 1 日	12 月 31 日
40	3700	1123		2	**中间	5 月 1 日	12 月 31 日

续表

电站号	流量级 /(m^3/s)	水位/m	时间/h	水位标志	标志备注	初始日期	结束日期
40	3700	1120.5	3	1	**下限	5月1日	12月31日
40	5000	1129		4	**超上限	5月1日	12月31日
40	5000	1128		4	**超上限	5月1日	12月31日
40	5000	1126		4	**超上限	5月1日	12月31日
40	5000	1123	1.5	3	**上限	5月1日	12月31日
40	5000	1120.5	1.5	1	**下限	5月1日	12月31日
40	7500	1129		4	**超上限	5月1日	12月31日
40	7500	1128		4	**超上限	5月1日	12月31日
40	7500	1126		4	**超上限	5月1日	12月31日
40	7500	1123	1	3	**上限	5月1日	12月31日
40	7500	1120.5	1	1	**下限	5月1日	12月31日
40	8570	1129		4	**超上限	5月1日	12月31日
40	8570	1128		4	**超上限	5月1日	12月31日
40	8570	1126		4	**超上限	5月1日	12月31日
40	8570	1123	1	3	**上限	5月1日	12月31日
40	8570	1120.5	1	1	**下限	5月1日	12月31日

闸门计算过程如下：程序启动时首先读取时段入库流量级别，查策略表获得该流量级对应的上下水位边界和计算时间。判断当前水位是否超越水位边界，如果超越水位边界则按超限调度模式回归至边界条件做调洪计算分配闸门方案，否则维持当前开度调洪演算。当演算至库水位达到边界时间点，则前推一个操作控制(大岗山溢洪设备操作准备所需时间)时间点做闸门调整。然后根据控制时间内的平均入库流量、平均发电流量以及初水位、运行范围中值水位、计算时间算出库容差流量，计算出目标泄洪流量。对该泄洪流量进行闸门分配，给出闸门调整方案。然后按给出的闸门方案继续演算，不断调整闸门直至整个时段结束。

9.4.2 瀑布沟水电站

瀑布沟水电站是大渡河干流梯级规划中的第19个梯级，电站总装机容量3600MW，水库正常蓄水位850.00m，主汛期运行限制水位841.00m，死水位790.00m，调节库容38.9亿m^3，为不完全年调节水库。坝前最大壅水高度173m，干流回水至石棉县城过河大桥处，回水长72km；支流流沙河回水长12km；水库面积84km^2。

综合闸门的布置和自身特性，闸门约束条件如表9-3所示。

表 9-3　瀑布沟闸门自身约束

特征参数	泄洪洞	溢洪道
水位限制/m	>805	>833
最小开度/m	1	2
最大开度/m	全开	全开
最小动作幅度/m	0.5	1
控泄流量/(m^3/s)	<2000（入库流量小于 8230m^3/s 时）	>800
顺序	唯一	$2^{\#}\to 1^{\#}\to 3^{\#}$

根据瀑布沟断面处的降雨和洪水特性，结合瀑布沟水电站度汛方式，其水位控制策略初步按表 9-4 根据实际情况优化相关参数。

表 9-4　瀑布沟水位控制策略

电站号	流量级/(m^3/s)	水位/m	时间/h	水位标志	标志备注	初始日期	结束日期
20	1500	850	38	3	**上限	10 月 1 日	11 月 30 日
20	1500	849	35	1	**下限	10 月 1 日	11 月 30 日
20	1500	841	35	3	**上限	8 月 1 日	9 月 30 日
20	1500	840	32	1	**下限	8 月 1 日	9 月 30 日
20	1500	836.2	24	3	**上限	6 月 1 日	7 月 31 日
20	1500	835.5	24	1	**下限	6 月 1 日	7 月 31 日
20	2500	850	38	3	**上限	10 月 1 日	11 月 30 日
20	2500	849	38	1	**下限	10 月 1 日	11 月 30 日
20	2500	841	35	3	**上限	8 月 1 日	9 月 30 日
20	2500	840	35	1	**下限	8 月 1 日	9 月 30 日
20	2500	836.2	24	3	**上限	6 月 1 日	7 月 31 日
20	2500	835.5	24	1	**下限	6 月 1 日	7 月 31 日
20	3700	850	35	3	**上限	10 月 1 日	11 月 30 日
20	3700	849	38	1	**下限	10 月 1 日	11 月 30 日
20	3700	841	32	3	**上限	8 月 1 日	9 月 30 日
20	3700	840	35	1	**下限	8 月 1 日	9 月 30 日
20	3700	836.2	24	3	**上限	6 月 1 日	7 月 31 日
20	3700	835.5	24	1	**下限	6 月 1 日	7 月 31 日
20	5000	850	35	3	**上限	10 月 1 日	11 月 30 日
20	5000	849	35	1	**下限	10 月 1 日	11 月 30 日
20	5000	841	32	3	**上限	8 月 1 日	9 月 30 日
20	5000	840	32	1	**下限	8 月 1 日	9 月 30 日
20	5000	836.2	20	3	**上限	6 月 1 日	7 月 31 日
20	5000	835.5	20	1	**下限	6 月 1 日	7 月 31 日

续表

电站号	流量级/(m^3/s)	水位/m	时间/h	水位标志	标志备注	初始日期	结束日期
20	8230	850	28	3	**上限	10月1日	11月30日
20	8230	849	28	1	**下限	10月1日	11月30日
20	8230	841	27	3	**上限	8月1日	9月30日
20	8230	840	27	1	**下限	8月1日	9月30日
20	8230	836.2	18	3	**上限	6月1日	7月31日
20	8230	835.5	18	1	**下限	6月1日	7月31日

闸门计算过程如下：程序启动时首先读取时段入库流量级别和系统时间，查策略表获得该流量级及时段对应的上下水位边界和计算时间。判断当前水位是否超越水位边界，如果超越水位边界则按超限调度模式做调洪计算分配闸门方案，否则维持当前开度调洪演算。当演算至库水位达到边界时间点，则前推一个操作控制(瀑布沟泄洪设施操作准备时间)时间点做闸门调整。然后根据控制时间内的平均入库流量、平均发电流量以及初水位、运行范围中值水位、计算时段长度算出库容差流量，按水量平衡方程计算出泄洪流量。对该泄洪流量进行闸门分配，给出闸门调整方案。然后按给出的闸门方案继续演算，不断调整闸门至整个时段结束。

瀑布沟水库为不完全年调节水库，水库调节性能较强，主要泄洪设备为泄洪洞，只需要对泄洪洞做约束处理，通过步长计算即可达到调洪目的。

闸门开启时，当入库流量小于 8230m^3/s 时，泄洪洞逐步加开至 2000m^3/s 的泄洪上限，然后三孔溢洪道均开 2m，随后按三孔溢洪道均加开 1m 的梯度不断计算至溢洪门全开。

闸门关闭时，泄洪洞逐步关闭至 1m，然后溢洪道三孔均匀逐步关至 2m，仍然需要降低下泄时，维持泄洪洞开度并全关溢洪门，然后逐步关闭泄洪洞至满足条件。

参 考 文 献

艾学山, 董前进, 王先甲, 等. 2009. 小波分维估计法在三峡水库汛期洪水分期中的应用[J]. 系统工程理论与实践, 29(01): 145-151.

白继中, 师彪, 冯民权, 等. 2011. 基于自适应调整蚁群-RBF 神经网络模型的中长期径流预测[J]. 自然资源学报, 26(06): 1065-1074.

包红军, 赵琳娜. 2012. 基于集合预报的淮河流域洪水预报研究[J]. 水利学报, 43(02): 216-224.

曹国臣, 蔡国伟, 王海军. 2003. 继电保护整定计算方法存在的问题与解决对策[J]. 中国电机工程学报, (10): 51-56.

曾克娥. 2004. 电力系统继电保护装置运行可靠性指标探讨[J]. 电网技术, (14): 83-85.

曾微波, 王履华, 吴长彬, 等. 2013. 基于虚拟现实与物联网技术的水闸智能调度系统研究[J]. 水利水电技术, 44(11): 120-123.

陈心池, 张利平, 陈少丹, 等. 2018. SRM 融雪径流模型在奎屯河流域洪水预报的应用[J]. 南水北调与水利科技, 16(01): 50-56.

陈争杰. 2015 极值统计模型在大渡河流域暴雨频率分析中的应用[D]. 徐州: 中国矿业大学.

崔春光, 彭涛, 殷志远, 等. 2011. 暴雨洪涝预报研究的若干进展[J]. 气象科技进展, 1(02): 32-37.

邓颂霖, 张利, 樊亮. 2018. 境外水电开发项目中水情测报系统建设与维护[J]. 人民长江, 49(S2): 200-202.

邓维, 刘方明, 金海, 等. 2013. 云计算数据中心的新能源应用:研究现状与趋势[J]. 计算机学报, 36(03): 582-598.

刁艳芳, 王本德, 刘冀. 2007. 基于最大熵原理方法的洪水预报误差分布研究[J]. 水利学报, (05): 591-595.

丁杰, 李晓斌, 汤煜明, 等. 1999. 电网水调自动化系统[J]. 电力系统自动化, (17): 48-50.

方崇惠, 雒文生. 2005. 分形理论在洪水分期研究中的应用[J]. 水利水电科技进展, (06): 9-13.

方祖捷, 叶青, 刘峰, 等. 2006. 毫米波副载波光纤通信技术的研究进展[J]. 中国激光, (04): 481-488.

冯利华. 2000. 基于神经网络的洪水预报研究[J]. 自然灾害学报, (02): 45-48.

冯雁敏, 李承军, 张雪源. 2009. 基于改进粒子群算法梯级水电站短期优化调度研究[J]. 水力发电, 35(04): 24-28.

傅新忠, 冯利华, 陈闻晨. 2009. ARIMA 与 ANN 组合预测模型在中长期径流预报中的应用[J]. 水资源与水工程学报, 20(05): 105-109.

甘仲民, 张更新. 2006. 卫星通信技术的新发展[J]. 通信学报, (08): 2-9.

高波. 2005. 洪水资源安全利用的理论和实践[D]. 南京: 河海大学.

高文杰, 井天军, 杨明皓, 等. 2013. 微电网储能系统控制及其经济调度方法[J]. 中国电力, 46(01): 11-15.

郭富强. 2010. 梯级水电站实时优化调度与经济运行[D]. 武汉: 武汉大学.

郭富强, 郭生练, 刘攀, 等. 2011. 清江梯级水电站实时负荷分配模型研究[J]. 水力发电学报, 30(01): 5-11.

郭生练, 刘攀. 2012. 梯级水库群洪水资源调控与经济运行[M]. 北京: 中国水利水电出版社.

贺家李. 1999. 电力系统继电保护技术的现状与发展[J]. 中国电力, (10): 40-42.

贺玉彬, 杨忠伟, 张祥金, 等. 2012. 瀑布沟水电站中小洪水实时预报调度技术研究[J]. 人民长江, 43(07): 15-18, 62.

洪兰秀. 2006. 互联区域电网 AGC 模式研究与仿真[D]. 杭州: 浙江大学.

胡辽林, 刘增基. 2004. 光纤通信的发展现状和若干关键技术[J]. 电子科技, (02): 3-10.

胡渝, 刘华. 1998. 空间激光通信技术及其发展[J]. 电子科技大学学报, (05): 2-10.

胡泽春, 罗浩成. 2018. 大规模可再生能源接入背景下自动发电控制研究现状与展望[J]. 电力系统自动化, 42(08): 2-15.
黄孔海, 邱超, 虞开森, 等. 2006. 基于 WebGIS 的实时水情信息发布与预警系统的设计与实现[J]. 水文, (04): 73-77.
黄睿, 郭谋发, 陈永往. 2019. 基于径向基函数神经网络的配电网参数估计[J]. 电气技术, 20(04): 42-46.
黄炜斌, 马光文, 王和康, 等. 2009. 雅砻江下游梯级水电站群中长期优化调度模型及其算法研究[J]. 水力发电学报, 28(01): 1-4.
黄湘俊. 2015. 尾矿库坝体变形稳定性监测技术研究[D]. 淄博: 山东理工大学.
黄晓荣, 李俊, 杨鹏鹏. 2015. 山区河流水资源利用技术与实践[M]. 北京: 中国水利水电出版社.
姜树海, 范子武. 2004. 水库防洪预报调度的风险分析[J]. 水利学报, (11): 102-107.
乐全明, 郁惟镛, 柏传军, 等. 2005. 基于提升算法的电力系统故障录波数据压缩新方案[J]. 电力系统自动化, (05): 74-78.
李安强, 王丽萍, 李崇浩, 等. 2007. 基于免疫粒子群优化算法的梯级水电厂间负荷优化分配[J]. 水力发电学报, (05): 15-20.
李安强, 王丽萍, 蔺伟民, 等. 2008. 免疫粒子群算法在梯级水电站短期优化调度中的应用[J]. 水利学报, (04): 426-432.
李德毅. 2010. 云计算支撑信息服务社会化、集约化和专业化[J]. 重庆邮电大学学报(自然科学版), 22(06): 698-702.
李鸿雁, 刘寒冰, 苑希民, 等. 2002. 人工神经网络峰值识别理论及其在洪水预报中的应用[J]. 水利学报, (06): 15-20.
李可, 刘跃, 周新志. 2007. 基于 ARM 和 GPRS 网络的水情信息系统设计[J]. 电子技术应用, (12): 130-133.
李亮, 周云, 黄强. 2009. 梯级水电站短期周优化调度规律探讨[J]. 水力发电学报, 28(04): 38-42, 70.
李敏. 2010. 可变模糊近似推理方法在径流中长期预报中的应用[J]. 水电能源科学, 28(02): 16-18.
李蓬路. 2016. 经济调度控制(EDC)在四川黑水河集控的运用[J]. 水电厂自动化, 37(01): 17-18, 30.
李雪峰. 2010. 互联电力系统的 AGC 容量需求和控制策略研究[D]. 大连: 大连理工大学.
李源鸿, 敖振浪. 2003. 自动气象站网实时监控系统结构设计方法[J]. 气象, (01): 32-34.
李致家, 刘金涛, 葛文忠, 等. 2004. 雷达估测降雨与水文模型的耦合在洪水预报中的应用[J]. 河海大学学报(自然科学版), (06): 601-606.
梁楚盛, 邹祖建, 黄炜斌, 等. 2017. 大渡河中下游梯级水电站模拟优化运行研究[J]. 水力发电, 43(03): 98-101.
梁国华, 王国利, 王本德, 等. 2009. GFS 可利用性研究及其在旬径流预报中的应用[J]. 水电能源科学, 27(01): 10-13, 43.
梁国华, 习树峰, 王本德. 2009. 基于 BP 神经网络的旬降雨径流相关预报模型[J]. 水力发电, 35(08): 10-12, 39.
梁家志, 刘志雨. 2006. 中国水文情报预报的现状及展望[J]. 水文, (03): 57-59, 80.
梁志飞, 陈玮, 张志翔, 等. 2017. 南方区域电力现货市场建设模式及路径探讨[J]. 电力系统自动化, 41(24): 16-21, 66.
林剑艺, 程春田. 2006. 支持向量机在中长期径流预报中的应用[J]. 水利学报, (06): 681-686.
林雨. 2014. 水库水情数据采集与闸门自动控制系统的研究[D]. 昆明: 昆明理工大学.
刘芳. 2007. 基于小波分析和相关向量机的非线性径流预报模型研究[D]. 武汉: 华中科技大学.
刘冀, 王本德, 袁晶瑄, 等. 2008. 基于相空间重构的支持向量机方法在径流中长期预报中应用[J]. 大连理工大学学报, (04): 591-595.
刘攀. 2005. 水库洪水资源化调度关键技术研究[D]. 武汉: 武汉大学.
刘仁义. 2001. 集成多种 GIS 平台和技术的浙江省水利综合管理信息系统研究[J]. 浙江大学学报(理学版), (02): 204-210.
刘尧成, 华小军, 韩友平. 2007. 北斗卫星通信在水文测报数据传输中的应用[J]. 人民长江, (10): 120-121.
刘志超, 黄俊, 承文新. 2003. 电网继电保护及故障信息管理系统的实现[J]. 电力系统自动化, (01): 72-75.
刘志雨. 2004. 基于 GIS 的分布式托普卡匹水文模型在洪水预报中的应用[J]. 水利学报, (05): 70-75.
卢立宇, 黄炜斌, 陶春华, 等. 2017. 大渡河流域梯级水电站经济调度策略研究[J]. 水力发电, 43(03): 106-110, 131.
卢鹏, 周建中, 莫莉, 等. 2014. 梯级水电站发电计划编制与厂内经济运行一体化调度模式[J]. 电网技术, 38(07): 1914-1922.

卢文芳, 王永华. 1989. 空间结构函数在上海地区气象站网设计中的应用[J]. 南京气象学院学报, (03): 325-332.

骆健, 丁网林, 唐涛. 2001. 国内外故障录波器的比较[J]. 电力自动化设备, (07): 27-31.

吕昌贵. 2005. 光纤布拉格光栅传输特性理论分析及其实验研究[D]. 南京: 东南大学.

吕龙, 曹伟. 2018. SKYWAN VSAT 卫星通信网络在水电行业的应用[J]. 数字通信世界, (10): 159-163.

马光文, 刘金焕, 李菊根. 2008 流域梯级水电站群联合优化运行[M]. 北京: 中国电力出版社.

马晓婷, 梁忠民, 李彬权, 等. 2013. 尼尔基水库上游融雪径流模拟及预报[J]. 水电能源科学, 31(06): 40-42, 191.

马渝勇, 华明, 李佳. 2007. 基于移动通信网络的中小尺度加密自动气象站网资料收集技术[J]. 气象科技, (01): 143-147.

毛谦. 2006. 我国光纤通信技术发展的现状和前景[J]. 电信科学, (08): 1-4.

毛学工. 2012. 雅砻江流域梯级水电站水情自动测报系统[M]. 北京: 中国水利水电出版社.

梅晓莉. 2007. 闸门流量智能控制系统研究[D]. 武汉: 武汉理工大学.

孟祥锦. 2006. 水情测报系统数据采集和传输的设计及研发[D]. 成都: 四川大学.

沐连顺, 崔立忠, 安宁. 2011. 电力系统云计算中心的研究与实践[J]. 电网技术, 35(06): 171-175.

聂一雄, 尹项根, 张哲. 2001. 基于光学传感器和光纤网的变电站自动化系统构想[J]. 中国电力, (08): 39-42.

裴哲义. 2005. 水电厂水情自动测报系统和电网水调自动化系统发展回顾与展望[J]. 水电自动化与大坝监测, (03): 1-4, 15.

裴哲义, 孙芹芳. 2001. 水电厂水情自动测报与水库调度自动化[J]. 电力系统自动化, (09): 12-14.

彭涛, 沈铁元, 高玉芳, 等. 2014. 流域水文气象耦合的洪水预报研究及应用进展[J]. 气象科技进展, 4(02): 52-58.

彭涛, 位承志, 叶金桃, 等. 2014. 汉江丹江口流域水文气象预报系统[J]. 应用气象学报, 25(01): 112-119.

彭勇. 2007. 中长期水文预报与水库群优化调度方法及其系统集成研究[D]. 大连: 大连理工大学.

钱葵东, 常歌. 2012. 云计算技术在信息系统中的应用[J]. 指挥信息系统与技术, 3(06): 51-54, 80.

钱琼芬, 李春林, 张小庆, 等. 2012. 云数据中心虚拟资源管理研究综述[J]. 计算机应用研究, 29(07): 2411-2415, 2421.

钱晓燕, 邵骏, 袁鹏, 等. 2010. 基于 EMD 和 LS-SVM 的中长期径流预报[J]. 水电能源科学, 28(04): 11-13.

屈亚玲, 周建中, 刘芳, 等. 2006. 基于改进的 Elman 神经网络的中长期径流预报[J]. 水文, (01): 45-50.

冉笃奎, 李敏, 武晟, 等. 2010. 丹江口水库中长期径流量的多模型预报结果分析及综合研究[J]. 水利学报, 41(09): 1069-1073.

任建文, 周明, 李庚银. 2002. 电网故障信息综合分析及管理系统的研究[J]. 电网技术, (04): 38-41.

芮孝芳. 2001. 洪水预报理论的新进展及现行方法的适用性[J]. 水利水电科技进展, (05): 1-4, 69.

尚金成. 2010. 跨区跨省电力交易机制与风险控制策略[J]. 电力系统自动化, 34(19): 53-58, 63.

尚金成. 2010. 中国电力市场体系模式设计(一)互联电网电力市场设计[J]. 电力系统自动化, 34(08): 49-55.

尚金成, 张显, 高春成, 等. 2011. 电力用户与发电企业直接交易平台的设计与实现[J]. 电网技术, 35(09): 199-204.

尚金成, 张勇传, 岳子忠, 等. 1998. 梯级水电站短期优化运行的新模型及其最优性条件[J]. 水电能源科学, (03): 2-10.

邵骏, 袁鹏, 张文江, 等. 2010. 基于贝叶斯框架的 LS-SVM 中长期径流预报模型研究[J]. 水力发电学报, 29(05): 178-182, 189.

沈军. 2012. 气象自动观测站数据处理方法研究[D]. 长沙: 中南大学.

史连军, 邵平, 张显, 等. 2017. 新一代电力市场交易平台架构探讨[J]. 电力系统自动化, 41(24): 67-76.

舒大兴. 2005. 水文信息系统现代化研究[D]. 南京: 河海大学.

苏学灵. 2010. 混合式蓄能水电站优化调度与风险分析方法及应用研究[D]. 北京: 华北电力大学.

孙德升. 2014. 水文预报方案精度评定和检验标准综述[J]. 黑龙江水利科技, 42(06): 30-32.

孙兆伟, 吴国强, 孔宪仁, 等. 2005. 国内外空间光通信技术发展及趋势研究[J]. 光通信技术, (09): 61-64.

覃光华, 丁晶, 刘国东. 2002. 自适应 BP 算法及其在河道洪水预报上的应用[J]. 水科学进展, (01): 37-41.

王爱华, 罗伟雄. 2001. Ka 频段卫星通信信道建模及系统性能仿真[J]. 通信学报, (09): 61-69.

王彬, 孙勇, 吴文传, 等. 2015. 应用于高风电渗透率电网的风电调度实时控制方法与实现[J]. 电力系统自动化, 39(21): 23-29.
王德文, 刘杨. 2014. 一种电力云数据中心的任务调度策略[J]. 电力系统自动化, 38(08): 61-66, 97.
王栋, 潘少明, 吴吉春, 等. 2006. 洪水风险分析的研究进展与展望[J]. 自然灾害学报, (01): 103-109.
王富强, 霍风霖. 2010. 中长期水文预报方法研究综述[J]. 人民黄河, 32(03): 25-28.
王宏记, 王海军, 曾又枝, 等. 2008. 省级气象信息综合数据库系统的设计与实现[J]. 暴雨灾害, (03): 283-286.
王金龙, 贺玉彬, 黄炜斌, 等. 2017. 瀑-深梯级 AGC 厂间负荷实时分配策略研究及应用[J]. 人民长江, 48(17): 96-103.
王金龙, 陶春华, 马光文, 等. 2013. 梯级水电站厂间 AGC 系统研究[J]. 中国农村水利水电, (09): 134-137, 141.
王靖, 鄢尚, 陈仕军, 等. 2014. 考虑闸门实际运行的雅砻江下游梯级水库联合防洪优化调度[J]. 四川大学学报(工程科学版), 46(04): 20-25.
王俊. 2014. 梯级水电站水文泥沙信息管理分析系统设计与实现[M]. 武汉: 武汉大学出版社.
王文, 马骏. 2005. 若干水文预报方法综述[J]. 水利水电科技进展, (01): 56-60.
吴付华, 樊明兰, 程琳. 2013. 大渡河干流暴雨洪水特性初步分析[J]. 四川水力发电, 32(01): 4-7.
吴欣, 郭创新, 曹一家. 2005. 基于贝叶斯网络及信息时序属性的电力系统故障诊断方法[J]. 中国电机工程学报, (13): 14-18.
伍光胜, 敖振浪, 李源鸿, 等. 2010. 大型自动气象监测网及数据采集中心的设计及应用[J]. 气象, 36(03): 128-135.
武晓明. 2006. 基于 GPRS 网络水情遥测系统的研究与实现[D]. 南京: 河海大学.
夏军. 1993. 中长期径流预报的一种灰关联模式识别与预测方法[J]. 水科学进展, (03): 190-197.
谢开, 刘军, 宁文元, 等. 2005. 华北电网一体化调度计划和实时发电控制系统的设计与实现[J]. 电网技术, (18): 6-11.
邢贞相, 芮孝芳, 崔海燕, 等. 2007. 基于 AM-MCMC 算法的贝叶斯概率洪水预报模型[J]. 水利学报, (12): 1500-1506.
徐刚. 2012. 梯级水电站厂间负荷分配算法研究[J]. 水力发电学报, 31(03): 49-52, 58.
徐刚. 2013. 流域梯级水电站联合优化调度理论与实践[M]. 北京: 中国水利水电出版社.
徐宁军, 陈战平, 冯智伟. 2006. GPRS 业务在自动气象站网数据传输中的应用[J]. 气象科技, (01): 112-115.
徐玉英, 王本德. 2001. 水库洪水预报子系统的风险分析[J]. 水文, (02): 1-4.
许永功, 李书琴, 裴金萍. 2001. 径流中长期预报的人工神经网络模型的建立与应用[J]. 干旱地区农业研究, (03): 104-108.
薛伟, 毛敏. 2002. GSM 短消息业务在水情自动测报系统中的应用[J]. 电讯技术, (06): 109-112.
严宇, 李庚银, 李国栋, 等. 2017. 新一轮电改形势下电力直接交易组织情况分析[J]. 中国电力, 50(07): 33-37.
杨贤为, 何素兰. 1987. 江淮平原二类气象站网的设计[J]. 气象学报, (01): 104-110.
杨增力, 石东源, 段献忠. 2008. 基于方向比较原理的广域继电保护系统[J]. 中国电机工程学报, (22): 87-93.
姚作新. 2012. 基于北斗卫星短信通信方式的无人值守自动气象站网[J]. 气象科技, 40(03): 340-344.
叶凌飞, 王兴林, 魏林. 2018. 大型梯级流域电站智慧后勤管理模式探索与实践[J]. 中国管理信息化, 21(21): 76-77.
易克初, 李怡, 孙晨华, 等. 2015. 卫星通信的近期发展与前景展望[J]. 通信学报, 36(06): 161-176.
于占江, 李建明, 居丽玲. 2007. 河北省加密自动气象监测网络系统[J]. 气象科技, (02): 289-291.
俞日新, 苏平. 2000. 水文情报预报经济效益实用推算方法[J]. 水文, (05): 22-26.
袁桂丽. 2010. 人工免疫系统及其在电站控制中的应用研究[D]. 北京: 华北电力大学.
袁秀娟, 夏军. 1994. 径流中长期预报的灰色系统方法研究[J]. 武汉水利电力大学学报, (04): 367-375.
袁宇波, 丁俊健, 陆于平, 等. 2001. 基于 Internet/Intranet 的电网继电保护及故障信息管理系统[J]. 电力系统自动化, (17): 39-42.
湛洋, 黄炜斌, 马光文. 2015. 大渡河梯级联合优化运行下发电补偿效益分析[J]. 中国农村水利水电, (10): 197-201.
张洪明, 梅益立, 张立翔, 等. 2004. 基于 GSM 短信息的远程水情数据采集控制系统[J]. 计算机工程, (09): 180-181.

张建云. 2010. 中国水文预报技术发展的回顾与思考[J]. 水科学进展, 21(04): 435-443.

张铭, 李承军, 张勇传. 2009. 贝叶斯概率水文预报系统在中长期径流预报中的应用[J]. 水科学进展, 20(01): 40-44.

张娜, 郭生练, 闫宝伟, 等. 2008. Copula 函数在分期设计洪水中的应用研究[J]. 水文, (05): 28-32.

张双虎, 黄强, 蒋云钟, 等. 2009. 梯级水电站长期负荷分配模型及其求解方法[J]. 西安理工大学学报, 25(02): 135-140.

张显, 郑亚先, 耿建, 等. 2016. 支持全业务运作的电力用户与发电企业直接交易平台设计[J]. 电力系统自动化, 40(03): 122-128.

张新有, 许登元, 李成忠. 2005. 水情自动测报系统设计与实现[J]. 计算机工程与应用, (10): 207-211.

张雁. 1999. 亚洲自动气象站网使用的 PAM-III[J]. 气象科技, (02): 56-59.

张宗亮, 钟登华. 2008. 超高面板堆石坝监测信息管理与安全评价的理论及实践[J]. 天津大学学报, (09): 1083-1086.

赵大平, 孙业成. 2002. 浅析 SDH 光纤通信传输继电保护信号的误码特性和时间延迟[J]. 电网技术, (10): 66-70.

赵铜铁钢, 杨大文, 蔡喜明, 等. 2012. 基于随机森林模型的长江上游枯水期径流预报研究[J]. 水力发电学报, 31(03): 18-24, 38.

郑敏, 黄华林, 吕鹏, 等. 2001. 故障录波数据通用分析与管理软件的设计[J]. 电网技术, (02): 75-77.

钟青祥, 何红荣, 罗玮, 等. 2013. 大渡河流域梯级水电站集控中心"调控一体化"系统的建设与运行[C]. 2013 年电力系统自动化专委会年会: 6.

周惠成, 梁国华, 王本德, 等. 2002. 水库洪水调度系统通用化模板设计与开发[J]. 水科学进展, (01): 42-48.

周惠成, 张杨, 唐国磊, 等. 2009. 二滩水电站中长期径流预报研究[J]. 水电能源科学, 27(01): 5-9.

周京阳, 王斌, 周劼英, 等. 2015. 市场机制下智能电网调度控制系统调度计划应用模型及分析[J]. 电力系统自动化, 39(01): 124-130.

周凌炜. 2019. VSAT 卫星通信组网技术分析与探究[J]. 信息与电脑(理论版), (04): 204-205.

周新春, 闵要武, 冯宝飞, 等. 2011. 大型水库中小洪水实时预报调度技术在三峡水库中的应用[J]. 水文, 31(S1): 180-184.

周育琳, 穆振侠, 高瑞, 等. 2017. 基于多方法优选预报因子的天山西部山区融雪径流中长期水文预报[J]. 水电能源科学, 35(07): 10-12, 5.

周育琳, 穆振侠, 彭亮, 等. 2018. 基于互信息与神经网络的天山西部山区融雪径流中长期水文预报[J]. 长江科学院院报, 35(08): 17-21.

宗航, 李承军, 周建中, 等. 2003. POA 算法在梯级水电站短期优化调度中的应用[J]. 水电能源科学, (01): 46-48.

邹进, 张勇传. 2005. 三峡梯级水电站短期优化调度的模糊多目标动态规划[J]. 水利学报, (08): 925-931.

Agal'tseva N A, Bolgov M V, Spektorman T Y, et al. 2011. Estimating hydrological characteristics in the Amu Darya River basin under climate change conditions[J]. Russian Meteorology and Hydrology, 36(10): 681-689.

Alqurashi A, Etemadi A H, Khodaei A. 2017. Model predictive control to two-stage stochastic dynamic economic dispatch problem[J]. Control Engineering Practice, 69: 112-121.

Azasoo J Q, Kuada E, Boateng K O, et al. 2017 An algorithm for micro-load shedding in generation constrained electricity distribution network[C]. 4th IEEE PES and IAS PowerAfrica Conference: 396-401.

Bai L, Ye M, Sun C, et al. 2019. Distributed economic dispatch control via saddle point dynamics and consensus algorithms[J]. IEEE Transactions on Control Systems Technology, 27(2): 898-905.

Barbhuiya S, Liang Y. 2012. A multi-threaded programming strategy for parallel Weather Forecast Model using C#[C]. 2012 2nd IEEE International Conference on Parallel, Distributed and Grid Computing: 319-324.

Benghanem M. 2009. Measurement of meteorological data based on wireless data acquisition system monitoring[J]. Applied Energy,

86(12): 2651-2660.

Bhatt R P. 2017. Hydropower Development in Nepal - Climate Change, Impacts and Implications[M]. London: IntechOpen.

Bogner K, Liechti K, Bernhard L, et al. 2018. Skill of hydrological extended range forecasts for water resources management in Switzerland[J]. Water Resources Management, 32(3): 969-984.

Bortoni E C, Bastos G S, Souza L E. 2007. Optimal load distribution between units in a power plant[J]. ISA Transactions, 46(4): 533-539.

Bruns E, Ohlhorst D, Wenzel B, et al. 2011. Innovation Framework for Generating Electricity from Hydropower[M]. Berlin：Springer Netherlands.

Cepeda J C, Ramirez D, Colome D G. 2014. Real-time adaptive load shedding based on probabilistic overload estimation[C]. 2014 IEEE PES Transmission and Distribution Conference and Exposition - Latin America.

Challa B P, Challa S, Chakravorty R, et al. 2005. A novel approach for electrical load forecasting using distributed sensor networks[C]. 3rd International Conference on Intelligent Sensing and Information Processing: 189-194.

Chalov S, Ermakova G. 2011. Fluvial response to climate change: A case study of northern Russian rivers[C]. Symposium H02 on Cold Regions Hydrology in a Changing Climate, Held During the 25th General Assembly of the International Union of Geodesy and Geophysics:111-119.

Chen T Q, Li G Y. 2014. A short-term joint optimal dispatching method of wind farms, photovoltaic generations, hydropower stations and gas power plants[C]. 2014 International Conference on Power System Technology: 890-896.

Chen W, Wen T F, Feng P. 2008. Risk analysis of flood forecast and pre-discharge operation of reservoir[J]. Tianjin Daxue Xuebao (Ziran Kexue yu Gongcheng Jishu Ban)/Journal of Tianjin University Science and Technology, 41(9): 1068-1072.

Cheng C T, Liao S L, Wu X Y, et al. 2010. Key technologies to optimize operation system for large-scale hydropower stations in provincial power grid[J]. Shuili Xuebao/Journal of Hydraulic Engineering, 41(4): 477-482.

Cheng Z, Liu Y, Gao C, et al. 2018. Long-term runoff prediction for reservoir based on Mahalanobis distance discrimination[C]. 1st International Symposium on Water System Operations.

Chengming Y, Ling H, Jie L, et al. 2011. The research of water information extraction techniques based on remote sensing[C]. 2011 IEEE 3rd International Conference on Communication Software and Networks:403-406.

Cherubini T, Ghelli A, Lalaurette F. 2002. Verification of precipitation forecasts over the Alpine region using a high-density observing network[J]. Weather and Forecasting, 17(2): 238-249.

Chiew F H S, Zheng H, Potter N J. 2018. Rainfall-runoff modelling considerations to predict streamflow characteristics in ungauged catchments and under climate change[J]. Water (Switzerland), 10(10).

Chou F N F, Wu C W. 2013. Expected shortage based pre-release strategy for reservoir flood control[J]. Journal of Hydrology, 497: 1-14.

Chu H, Wei J, Li J, et al. 2017. Improved medium- and long-term runoff forecasting using a multimodel approach in the yellow river headwaters region based on large-scale and local-scale climate information[J]. Water (Switzerland), 9(8).

Corradini C, Flammini A, Morbidelli R, et al. 2006. On the adaptive component of a real-time flood forecasting model[C]. 17th IASTED International Conference on Modelling and Simulation: 568-572.

Da Costa Bortoni E, De Souza L E, Bastos G S, et al. 2006. Intelligent process for on-line optimal load distribution between units in a hydro power plant[C]. 16th Annual Joint ISA POWID/EPRI Controls and Instrumentation Conference and 49th Annual ISA Power Industry Division: 499-509.

Daidi H, Yuan S, Mingtao G. 2015. PCA-IBP model application in medium and long-term runoff forecasting[C]. 4th International Conference on Computer Science and Network Technology: 207-210.

Dalseno T C, Zambon R C, Barros M T L, et al. 2017. Evaluation of monthly inflow forecasting models for the planning and management of the Brazilian hydropower system[C]. 17th World Environmental and Water Resources Congress 2017: 530-539.

Dasigenis A T, Shoults R R, Mcavoy M. 1995. Multivariable real-time economic dispatch for coordinated plant and system control[C]. Proceeding of the 1995 International Conference, Exhibition ISA/95: 1355-1366.

Deng H, Zhao H B, Gao J L. 2005. Building and application analysis of water information system model[J]. Harbin Gongye Daxue Xuebao/Journal of Harbin Institute of Technology, 37(1): 63-65.

Dey S, Bhattacharya N, Chakrabarti S, et al. 2017. Real-time OGC compliant online data monitoring and acquisition network for management of hydro-meteorological hazards[J]. ISH Journal of Hydraulic Engineering, 23(2): 157-166.

Dilib F A, Jackson M D, Zadeh A M, et al. 2015. Closed-loop feedback control in intelligent wells: Application to a heterogeneous, thin oil-rim reservoir in the North Sea[J]. SPE Reservoir Evaluation and Engineering, 18(1): 69-83.

Dong S H, Zhou H C, Xu H J. 2004. A forecast model of hydrologic single element medium and long-period based on rough set theory[J]. Water Resources Management, 18(5): 483-495.

Eidson D B, Ilic M D. 1995. Advanced generation control with economic dispatch[C]. Proceedings of the 1995 34th IEEE Conference on Decision and Control: 3450-3458.

Emesowum H, Paraskelidis A, Adda M. 2018. Achieving a fault tolerant and reliable cloud data center network[C]. 2018 IEEE International Conference on Services Computing: 201-208.

Feng L, Lu J. 2006. Application of artificial neural networks in the flood forecast[C]. Applied Artificial Intelligence - 7th International Fuzzy Logic and Intelligent Technologies in Nuclear Science Conference: 659-664.

Feng P, Xu X, Wen T, et al. 2009. Risk analysis of researvoir operation with considering flood forecast error[J]. Shuili Fadian Xuebao/Journal of Hydroelectric Engineering, 28(3): 47-51.

Ferrer Castillo C, Moreno Santaengracia M L. 2011. Gauging stations: Water information system base and the management of water resources[C]. 2nd International Congress on Dam Maintenance and Rehabilitation: 407-410.

Fundel F, Zappa M. 2011. Hydrological ensemble forecasting in mesoscale catchments: Sensitivity to initial conditions and value of reforecasts[J]. Water Resources Research, 47(9).

Galindo-Garcia I F, Rodriguez-Lozano S. 2011. Implementation and validation of a generic real-time hydroelectric plant simulator[C]. ASME 2011 Power Conference: 95-102.

Gao B, Yang D, Gu X, et al. 2012. Flood forecast of Three Gorges reservoir based on numerical weather forecast model and distributed hydrologic model[J]. Shuili Fadian Xuebao/Journal of Hydroelectric Engineering, 31(1): 20-26.

Gonzalez D M, Robitzky L, Liemann S, et al. 2016. Distribution network control scheme for power flow regulation at the interconnection point between transmission and distribution system[C]. 2016 IEEE Innovative Smart Grid Technologies – Asia: 23-28.

Gu W, Wu Y, Wu J. 2012. Application of chaotic univariate marginal distribution algorithm to economic dispatch control of cascade hydropower plants[C]. 1st International Conference on Energy and Environmental Protection: 1326-1331.

Guerrero-Lemus R, Shephard L E. 2017. Hydropower and Marine Energy[M]. Berlin: Springer International Publishing.

Guo X Y, Ma C, Tang Z-B. 2018. Multi-timescale joint optimal dispatch model considering environmental flow requirements for a dewatered river channel: Case study of Jinping cascade hydropower stations[J]. Journal of Water Resources Planning and

Management, 144(10).

Hannerz F, Langaas S. 2007. Establishing a water information system for Europe: Constraints from spatial data heterogeneity[J]. Water and Environment Journal, 21(3): 200-207.

Horne J. 2015. Water information as a tool to enhance sustainable water management - The Australian experience[J]. Water (Switzerland), 7(5): 2161-2183.

Huang G M, Hsieh S C. 1993. Some examples to illustrate the exact convergence theorem of a parallel textured algorithm for constrained economic dispatch control problems[C]. Proceedings of the 1993 American Control Conference Part 3 (of 3): 2061-2065.

Huang G M, Song K B. 1993. Some convergence properties of a distributed textured algorithm for constrained economic dispatch control problem of large power systems[C]. Proceedings of the 32nd IEEE Conference on Decision and Control. Part 2 (of 4): 3722-3724.

Ji C, Zhou T, Wang L, et al. 2013. A review on implicit stochastic optimization for medium-long term operation of reservoirs and hydropower stations[J]. Dianli Xitong Zidonghua/Automation of Electric Power Systems, 37(16): 129-135.

Jian J, Webster P J. 2011. Operational hazard weather forecast in East and South Asia on 5-15 day time scale[C]. ICTIS 2011: Multimodal Approach to Sustained Transportation System Development - Information, Technology, Implementation - Proceedings of the 1st Int. Conf. on Transportation Information and Safety: 2501-2507.

Jiang F, Huang W, Li J, et al. 2018. Improved bat algorithm for economic dispatch in cascade hydropower stations[J]. Gongcheng Kexue Yu Jishu/Advanced Engineering Science, 50(2): 84-90.

Jin J, Wang B. 2010. Design of automatic meteorological data acquisition system based on ARM and CAN bus[C]. International Conference on Measuring Technology and Mechatronics Automation: 989-992.

Jun R, Chen S L. 2009. Optimal regulation control system for cascade hydropower stations[C]. 1st International Conference on Sustainable Power Generation and Supply: 1-5.

Kappel B, Bellini J, Hultstrand D M, et al. 2017. Enhanced real-time rainfall and flood forecasting -Understanding the storm and implications for dam safety[C]. 2017 ASDSO Annual Dam Safety Conference: 814-832.

Karamouz M, Taheriyoun M, Baghvand A, et al. 2010. Optimization of watershed control strategies for reservoir eutrophication management[J]. Journal of Irrigation and Drainage Engineering, 136(12): 847-861.

Kikuchi T. 2003. Space weather hazards to communication satellites and the space weather forecast system[C]. 21st International Communications Satellite Systems Conference and Exhibit.

Kim S, Kim B S, Jun H, et al. 2014. Assessment of future water resources and water scarcity considering the factors of climate change and socialenvironmental change in Han River basin, Korea[J]. Stochastic Environmental Research and Risk Assessment, 28(8): 1999-2014.

Korytny L M, Kichigina N V, Cherkashin V A. 2009. Threats to Global Water Security[M]. Berlin: Springer Netherlands.

Kuang L, Yang L T, Rho S, et al. 2016. A tensor-based framework for software-defined cloud data center[J]. ACM Transactions on Multimedia Computing, Communications and Applications, 12(5s).

Kustamar, Ajiza M. 2019. Flood control strategy in waibakul city, central sumba, Indonesia[C]. 1st International Postgraduate Conference on Mechanical Engineering.

Lai J C Y, Leung F H F, Ling S H, et al. 2011. Economic load dispatch using intelligent optimization with fuzzy control[C]. FUZZ 2011 - 2011 IEEE International Conference on Fuzzy Systems - Proceedings: 2219-2224.

Lettenmaier D P, Gan T Y. 1990. Hydrologic sensitivities of the Sacramento-San Joaquin River Basin, California, to global warming[J]. Water Resources Research, 26(1): 69-86.

Li A Q, Wang L P, Lin W M, et al. 2008. Application of immune particle swarm optimization algorithm to short-term optimal dispatch of cascade hydropower stations[J]. Shuili Xuebao/Journal of Hydraulic Engineering, 39(4): 426-432.

Li J, Huang W, Zhan Y, et al. 2017. Optimized daily total load allocation of cascade hydropower stations based on nested optimization mechanism[J]. Gongcheng Kexue Yu Jishu/Advanced Engineering Science, 49: 59-65.

Li J, Yang C, Zhou A, et al. 2015. An online cloud data center simulation system[C]. 23rd IEEE International Symposium on Quality of Service: 53-54.

Li N, Chen L, Zhao C, et al. 2014. Connecting automatic generation control and economic dispatch from an optimization view[C]. 2014 American Control Conference: 735-740.

Li Q, Chen S, Wang D. 2006. An intelligent runoff forecasting method based on fuzzy sets, neural network and genetic algorithm[C]. ISDA 2006: Sixth International Conference on Intelligent Systems Design and Applications: 948-953.

Li Q, Gao D W, Zhang H, et al. 2019. Consensus-based distributed economic dispatch control method in power systems[J]. IEEE Transactions on Smart Grid, 10(1): 941-954.

Li X, Lu H, An T, et al. 2011. Real-time flood forecast using a Support Vector Machine[C]. 5th International Symposium on Integrated Water Resources Management, IWRM 2010 and the 3rd International Symposium on Methodology in Hydrology: 584-591.

Li Y, You F, Huang Q, et al. 2010. Least squares support vector machine model of multivariable prediction of stream flow[J]. Shuili Fadian Xuebao/Journal of Hydroelectric Engineering, 29(3): 28-33.

Li Z, Chen D-H, Chen H, et al. 2015. Research on real-time flood forecast for small and medium bridges[J]. Tiedao Xuebao/Journal of the China Railway Society, 37(4): 116-120.

Lian J-J, Ma C, Zhang Z. 2006. Short-term optimal dispatch of cascaded hydropower stations based on improved ant algorithm[J]. Tianjin Daxue Xuebao (Ziran Kexue yu Gongcheng Jishu Ban)/Journal of Tianjin University Science and Technology, 39(3): 264-268.

Liguori S, Rico-Ramirez M, Cluckie I. 2009. Uncertainty propagation in hydrological forecasting using ensemble rainfall forecasts[C]. Hydroinformatics in Hydrology, Hydrogeology and Water Resources: 30-40.

Liu F, Zhang L. 2018. Bi-level optimization model for medium and long-term scheduling and cross-price area trading portfolio of cascade hydropower stations[J]. Zhongguo Dianji Gongcheng Xuebao/Proceedings of the Chinese Society of Electrical Engineering, 38(2): 444-455.

Liu J, Wang B D, Yuan J X, et al. 2008. Application of support vector machine based on phase-space reconstruction to medium-term and long-term runoff forecast[J]. Dalian Ligong Daxue Xuebao/Journal of Dalian University of Technology, 48(4): 591-595.

Liu Y, Gao J, Yao Y. 2017. Research on virtual machine migration algorithm for cloud data center[C]. 2017 International Conference on Computer Systems, Electronics and Control: 1376-1381.

Liu Y L, Yuan J X, Zhou H C. 2008. Research on application of fuzzy optimization neural network model to medium-term and long-term runoff forecast[J]. Dalian Ligong Daxue Xuebao/Journal of Dalian University of Technology, 48(3): 411-416.

Ma C. 2010. Short term hydropower dispatching optimization of cascaded hydropower stations based on two-stage optimization[C]. 2010 2nd International Conference on Industrial and Information Systems: 230-233.

Ma C. 2013. Fast optimal decision of short-term dispatch of Three Gorges and Gezhouba cascade hydropower stations with navigation demand considered[J]. Xitong Gongcheng Lilun yu Shijian/System Engineering Theory and Practice, 33 (5): 1345-1350.

Ma C, Lian J, Wang J. 2013. Short-term optimal operation of Three-gorge and Gezhouba cascade hydropower stations in non-flood season with operation rules from data mining[J]. Energy Conversion and Management, 65: 616-627.

Ma J, Yang L Q. 2014. Reservoir flood forecast of NanSi lake in China[C]. 3rd International Conference on Civil, Architectural and Hydraulic Engineering: 88-91.

Ma X, Ping J, Yang L, et al. 2011. Combined model of chaos theory, wavelet and support vector machine for forecasting runoff series and its application[C]. ISWREP 2011 - Proceedings of 2011 International Symposium on Water Resource and Environmental Protection: 842-845.

Majumder M. 2013. Comparison of Bat and Fuzzy Clusterization for Identification of Suitable Locations for a Small-Scale Hydropower Plant[M]. Berlin: Springer Netherlands.

Maroof L K, Sule B F, Ogunlela O A. 2015. Economic Sustainability of Integrated Hydropower Development of Ero-Omola Falls, Kwara State, Nigeria[M]. Berlin: Springer International Publishing.

Marty R, Zin I, Obled C. 2013. Sensitivity of hydrological ensemble forecasts to different sources and temporal resolutions of probabilistic quantitative precipitation forecasts: Flash flood case studies in the Cevennes-Vivarais region (Southern France) [J]. Hydrological Processes, 27 (1): 33-44.

Masoudi R, Karkooti H, Jalan S, et al. 2013. Deep water production improvement through proactive reservoir management and conformance control[C]. International Petroleum Technology Conference 2013: Challenging Technology and Economic Limits to Meet the Global Energy Demand: 2176-2188.

Maurer T. 2005. The global terrestrial network for river discharge (GTN-R): Near real-time data acquisition and dissemination tool for online river discharge and water level information[M]. Springer Berlin Heidelberg: 1297-1314.

Mcgettigan S F, Fidalgo C B, Carty T C. 2000. Demonstration on the usability of the 1999 Terminal Convective Weather Forecast (TCWF) product for Air Traffic Control managers[C]. 19th Digital Avionics Systems Conference (DASC): 1-7.

Nassourou M, Puig V, Blesa J, et al. 2017. Economic model predictive control for energy dispatch of a smart micro-grid system[C]. 4th International Conference on Control, Decision and Information Technologies: 944-949.

Niimura T, Yokoyama R. 1995. Water level control of small-scale hydro-generating units by fuzzy logic[C]. Proceedings of the 1995 IEEE International Conference on Systems, Man and Cybernetics. Part 2 (of 5):2483-2487.

Niu W, Shen J, Feng Z, et al. 2017. Data mining based optimization method for instruction dispatching of cascade hydropower station group[J]. Dianli Xitong Zidonghua/Automation of Electric Power Systems, 41 (15): 66-73.

Okamoto Y. 1993. Method for conducting real-time flood forecast[C]. Proceedings of the Symposium on Engineering Hydrology:790-795.

Orr C H, Coelho S S, Alegre H. 1991. Water information system for decision support in design, operation and management of distribution systems[C]. Proceedings of the 18th Annual Conference and Symposium: 974-979.

Pappenberger F, Thielen J, Del Medico M. 2011. The impact of weather forecast improvements on large scale hydrology: Analysing a decade of forecasts of the European Flood Alert System[J]. Hydrological Processes, 25 (7): 1091-1113.

Pei W, Zhu Y Y. 2008. A multi-factor classified runoff forecast model based on rough fuzzy inference method[C]. 5th International Conference on Fuzzy Systems and Knowledge Discovery: 221-225.

Peng S, Wang Y, Zhang Y, et al. 2016. Optimal control of drought limit water level for multi-year regulating storage reservoir[J]. Shuili Xuebao/Journal of Hydraulic Engineering, 47 (4): 552-559.

Peng Y, Wang G, Tang G, et al. 2011. Study on reservoir operation optimization of Ertan Hydropower Station considering GFS forecasted precipitation[J]. Science China Technological Sciences, 54(1 SUPPL.): 76-82.

Priya G S, Sivakumar P, Santhana Krishnan T. 2018. Survey on combinations of load frequency control, abt and economic dispatch control in a deregulated environment[C]. 6th International Conference on Computation of Power, Energy, Information and Communication: 819-828.

Qin G H, Song K C, Zhou Z J, et al. 2013. Research on annual runoff prediction based on WA-GRNN model[J]. Sichuan Daxue Xuebao (Gongcheng Kexue Ban)/Journal of Sichuan University (Engineering Science Edition), 45(6): 39-46.

Qin H, Zhou J Z, Xiao G, et al. 2010. Multi-objective optimal dispatch of cascade hydropower stations using strength Pareto differential evolution[J]. Shuikexue Jinzhan/Advances in Water Science, 21(3): 377-384.

Reynolds J E, Halldin S, Xu C Y, et al. 2017. Sub-daily runoff predictions using parameters calibrated on the basis of data with a daily temporal resolution[J]. Journal of Hydrology, 550: 399-411.

Ribeiro A F. 2015. Optimal Control for a Cascade of Hydroelectric Power Stations: Case Study[M]. Berlin: Springer International Publishing.

Rodriguez-Blanco M L, Arias R, Taboada-Castro M M, et al. 2016. Potential impact of climate change on suspended sediment yield in NW Spain: A case study on the corbeira catchment[J]. Water (Switzerland), 8(10).

Rogers A K, Brooks C E. 1998. Supporting meteorological and oceanographic nowcasting through in-situ data acquisition, real-time processing and information transfer[C]. Proceedings of the 1998 Oceans Conference. Part 1 (of 3): 88-92.

Rosiek S, Batlles F J. 2008. A microcontroller-based data-acquisition system for meteorological station monitoring[J]. Energy Conversion and Management, 49(12): 3746-3754.

Ruiz J E, Cordery I, Sharma A. 2007. Forecasting streamflows in Australia using the tropical Indo-Pacific thermocline as predictor[J]. Journal of Hydrology, 341(3-4): 156-164.

Ruiz N, Cobelo I, Oyarzabal J. 2009. A direct load control model for virtual power plant management[J]. IEEE Transactions on Power Systems, 24(2): 959-966.

Sambo A, Pott A, Kime D, et al. 2015. The national integrated water information system (NIWIS) for South Africa[C]. 36th Hydrology and Water Resources Symposium: The Art and Science of Water: 1229-1236.

Shankar R, Chatterjee K, Chatterjee T K. 2012. A very short-term load forecasting using Kalman filter for load frequency control with economic load dispatch[J]. Journal of Engineering Science and Technology Review, 5(1): 97-103.

Shi Z W, Luo Y X, Qiu J J. 2005. Optimal dispatch of cascaded hydropower stations using Matlab genetic algorithm toolbox[J]. Dianli Zidonghua Shebei / Electric Power Automation Equipment, 25(11): 32-33.

Sihui D. 2009. A forecast model of hydrologic single element medium and long-period based on rough set theory[C]. 6th International Conference on Fuzzy Systems and Knowledge Discovery: 19-25.

Simaityte Volskiene J, Augutis J, Upuras E, et al. 2005. Flood forecast using Bayesian approach[C]. 16th European Safety and Reliability Conference: 1825-1829.

Su S, Ma T, Wang W, et al. 2017. Strategy based on virtual power plant for load balancing between EVs and distribution network[J]. Dianli Zidonghua Shebei/Electric Power Automation Equipment, 37(8): 256-263.

Tang B, Liu B, Deng Z. 2014. A Study on Sequential Post Project Evaluation of Cascade Hydropower Stations Based on Multi-objective-AHP Decision-Making Model[M]. Berlin: Springer Berlin Heidelberg.

Thiemig V, Bisselink B, Pappenberger F, et al. 2015. A pan-African medium-range ensemble flood forecast system[J]. Hydrology and

Earth System Sciences, 19(8): 3365-3385.

Timmerman J G, Beinat E, Termeer C J A M, et al. 2010. A methodology to bridge the water information gap[J]. Water Science and Technology, 62(10): 2419-2426.

Tong F, Guo P. 2013. Forecast method of irrigation water use considering uncertain runoff[J]. Nongye Gongcheng Xuebao/Transactions of the Chinese Society of Agricultural Engineering, 29(7): 66-75.

Trambauer P, Maskey S, Werner M, et al. 2014. Identification and simulation of space-time variability of past hydrological drought events in the Limpopo River basin, southern Africa[J]. Hydrology and Earth System Sciences, 18(8): 2925-2942.

Trichtchenko L, Lam H L, Boteler D H, et al. 2009. Canadian space weather forecast services[J] Canadian Aeronautics & Space Journal, 2009,55(2): 107-113.

Tseng F H, Wang X, Chou L D, et al. 2018. Dynamic resource prediction and allocation for cloud data center using the multiobjective genetic algorithm[J]. IEEE Systems Journal, 12(2): 1688-1699.

Viies V, Ennet P, Aigro J, et al. 2012. Processing multiple databases in the estonian water information system[C]. Materials of Doctoral Consortium of the 10th International Baltic Conference on Databases and Information Systems: 29-36.

Wang B Q, Wang Z R, Yang L L. 2010. Design of embedded meteorological data acquisition system based on CANopen[C]. Proceedings - International Conference on Electrical and Control Engineering: 732-735.

Wang D G, Chen F. 1998. A preliminary flow algorithm of network flow programming in economic dispatching of cascade hydropower station[C]. 1998 International Conference on Power System Technology: 581-585.

Wang H, Lu Z, Yan J, et al. 2018. An optimal spacedomain algorithm for economic dispatch control considering load uncertainty[J]. Transactions of the Institute of Measurement and Control, 40(5): 1615-1624.

Wang X. 2018. Design and application of visualization function of meteorological environment information based on android mobile terminal[C]. 2018 International Conference on Air Pollution and Environmental Engineering.

Wang Y, Ma X Q, Liu A. 2008. Study on plant-level optimal load distribution based on automatic generation control[J]. Zhongguo Dianji Gongcheng Xuebao/Proceedings of the Chinese Society of Electrical Engineering, 28(14): 103-107.

Wang Y, Wu L. 2017. Improving economic values of day-ahead load forecasts to real-time power system operations[J]. IET Generation, Transmission and Distribution, 11(17): 4238-4247.

Wang Y, Zhou J, Lu Y, et al. 2009. Chaos Cultural Particle Swarm Optimization and Its Application[M]. Berlin: Springer Berlin Heidelberg.

Wei L, Xu X K, Xia Z H, et al. 2011. Building Optimal Operation Model of Cascade Hydropower Stations Based on Chaos Optimal Algorithm[M]. Berlin: Springer Berlin Heidelberg.

Wu C, Wang Y, Huang Q, et al. 2011. Study on combined optimal operation of cascade hydropower stations based on accelerating genetic algorithm[J]. Shuili Fadian Xuebao/Journal of Hydroelectric Engineering, 30(6): 171-177.

Xia X, Zhang J, Elaiw A. 2011. An application of model predictive control to the dynamic economic dispatch of power generation[J]. Control Engineering Practice, 19(6): 638-648.

Xie W, Ji C M, Yang Z J, et al. 2012. Short-term power generation scheduling rules for cascade hydropower stations based on hybrid algorithm[J]. Water Science and Engineering, 5(1): 46-58.

Xie Y, Xue Y, Chen J, et al. 2011. Extensions of power system early-warning defense schemes by integrating wide area meteorological information[C]. DRPT 2011 - 2011 4th International Conference on Electric Utility Deregulation and Restructuring and Power Technologies: 57-62.

Xu P, Sharma A, Cordery I, et al. 2005. A water balance model for the simulation of complex headworks operations[C]. MODSIM05 - International Congress on Modelling and Simulation: Advances and Applications for Management and Decision Making, Proceedings: 1929-1935.

Yoo J, Kim K, Park Y. 2015. Development of water information system for SWG based simulation analysis[C]. 36th Asian Conference on Remote Sensing: Fostering Resilient Growth in Asia.

Yuan L, Zhou J, Chang C, et al. 2016. Short-term joint optimization of cascade hydropower stations on daily power load curve[C]. 2016 IEEE International Conference on Knowledge Engineering and Applications: 236-240.

Zeng D L, Yang T T, Cheng X, et al. 2010. Application of data mining method in real-time optimal load dispatching of power plant[J]. Zhongguo Dianji Gongcheng Xuebao/Proceedings of the Chinese Society of Electrical Engineering, 30(11): 109-114.

Zhang G, Wu Y, Zhang F, et al. 2012. Application of adaptive quantum particle swarm optimization algorithm for optimal dispatching of cascaded hydropower stations[C]. 8th International Conference on Intelligent Computing Theories and Applications: 463-470.

Zhang Q, Wang B D, He B, et al. 2011. Singular spectrum analysis and ARIMA hybrid model for annual runoff forecasting[J]. Water Resources Management, 25(11): 2683-2703.

Zhang R, Zhou J, Lu Y, et al. 2011. A PSO-Based Bacterial Chemotaxis Algorithm and Its Application[M]. Berlin: Springer Berlin Heidelberg.

Zhang R, Zhou J, Xiao G, et al. 2013. Analysis on complementary benefit from combined dispatching of cascaded hydropower stations at lower reaches of Jinsha river with those at Three Gorges[J]. Dianwang Jishu/Power System Technology, 37(10): 2738-2744.

Zhang X, Peng Y, Xu W, et al. 2019. An optimal operation model for hydropower stations considering inflow forecasts with different lead-times[J]. Water Resources Management, 33(1): 173-188.

Zhang Y, Wang G, Peng Y, et al. 2011. Risk analysis of dynamic control of reservoir limited water level by considering flood forecast error[J]. Science China Technological Sciences, 54(7): 1888-1893.

Zhao T, Hou H, Wang Y. 2013. The multi-object optimal dispatcher research of cascade hydropower stations based on MSM-SANGA[J]. Journal of Chemical and Pharmaceutical Research, 5(9): 542-548.

Zhao T H, Man Z B, Qi X Y. 2008. The united optimal operation system of cascade hydropower stations based on multi-agent[C]. 4th International Conference on Natural Computation: 571-575.

Zhou H C, Zhu Y Y. 2009. A multi-factor classified runoff forecast model based on rough-fuzzy inference method[J]. Sichuan Daxue Xuebao (Gongcheng Kexue Ban)/Journal of Sichuan University (Engineering Science Edition), 41(1): 1-7.

Zhou J, Ma G, Zhang Z. 2010. Study on the mid-long term optimal dispatching of cascaded hydropower stations on Yalong river based on POA modified adaptive algorithm[J]. Shuili Fadian Xuebao/Journal of Hydroelectric Engineering, 29(3): 18-22.

Zhou J, Zhou X, Zhang J. 2012. Application of ARIMA model on the prediction of medium and long-term runoff[J]. Journal of Convergence Information Technology, 7(1): 290-296.

Zhou J Z, Li Y H, Xiao G, et al. 2010. Multi-objective optimal dispatch of cascade hydropower stations based on shuffled particle swarm operation algorithm[J]. Shuili Xuebao/Journal of Hydraulic Engineering, 41(10): 1212-1219.

Zhou R, Lu D, Wang B, et al. 2016. Risk analysis of raising reservoir flood limited water level based on Bayes theorem and flood forecast error[J]. Nongye Gongcheng Xuebao/Transactions of the Chinese Society of Agricultural Engineering, 32(3): 135-141.

Zhu J Z, Chang C S, Xu G Y. 1998. New model and algorithm of secure and economic automatic generation control[J]. Electric Power Systems Research, 45(2): 119-127.

Zhu Y Y, Zhou H C. 2009. Rough fuzzy inference model and its application in multi-factor medium and long-term hydrological forecast[J]. Water Resources Management, 23(3): 493-507.

Zou J G, Rui J, Wu Z Y. 2007. Research and solution of optimal dispatch control of cascaded hydropower stations[J]. Dianli Zidonghua Shebei / Electric Power Automation Equipment, 27(10): 107-111.